全国职业教育规划教材·数学系列

高等数学及应用

（下册）

毛建生　沈荣泸　主　编

李　涛　陈　芳　邹　涛　张小芳　副主编

叶永春　朱　勤　胡　频　张延利　参　编

U0251336

北京大学出版社
PEKING UNIVERSITY PRESS

图书在版编目（CIP）数据

高等数学及应用. 下册/ 毛建生，沈荣泸主编. —北京：北京大学出版社，2014.8
（全国职业教育规划教材·数学系列）
ISBN 978-7-301-24616-0

Ⅰ.①高… Ⅱ.①毛… ②沈… Ⅲ.①高等数学—高等职业教育—教材 Ⅳ.①O13

中国版本图书馆 CIP 数据核字（2014）第 184152 号

书　　　名：高等数学及应用（下册）
著作责任者：毛建生　沈荣泸　主编
策 划 编 辑：李　玥
责 任 编 辑：李　玥
标 准 书 号：ISBN 978-7-301-24616-0/O·0093
出 版 发 行：北京大学出版社
地　　　址：北京市海淀区成府路 205 号　100871
电　　　话：邮购部 62752015　发行部 62750672　编辑部 62765126　出版部 62754962
网　　　址：http://www.pup.cn　　新浪官方微博：@北京大学出版社
电 子 信 箱：zyjy@pup.cn
印　刷　者：**北京富生印刷厂**
经　销　者：新华书店
787 毫米×1092 毫米　16 开本　11.5 印张　287 千字
2014 年 8 月第 1 版　2014 年 8 月第 1 次印刷
定　　　价：26.00 元

前　　言

本套教材是在充分研究当前我国高职高专教育教学发展趋势，认真总结、分析高职高专院校高等数学教学改革的经验和教育现状，遵循高等数学自身的科学性和规律性，根据教育部《高职高专教育数学课程教学基本要求》和《高职高专教育专业人才培养目标及规格》，并参考《全国各类成人高等学校专科起点本科班招生复习考试大纲（非师范类）》，以数学在高等职业技术教育中的功能定位和作用为基础而编写的。本书既适用于理工科类专业，也适用于经济管理类各专业，还适用于各类“专升本考试”培训，弹性大，可选择性强。教材突出高等数学的基础性与应用性，具有以下特色：

第一，简明性。在内容的选择上，大胆省去传统高等数学中较为繁杂的定理、公式推导，突出数学的基础性及数学思想、数学方法的应用，使知识点和内容易于掌握。

第二，易读性。教材编写过程中遵循高等数学自身规律，以学生为主体的教学理念，将教材的编排顺序与呈现方式同学生的数学基础与心理发展水平有机结合，突出可读性。引进数学概念时，尽量借助几何直观图形、物理意义与生活背景进行解释，使之切合学生认知水平。在部分定理证明时，采用描述性证明，去掉过多理论推导，保留主要的证明，在配制例题时，尽量做到每例均有思路分析，引导学生循序渐进，易学易懂，减少学生学习障碍。

第三，应用性。依据高职教育培养生产一线的应用型技术人才这一目标，本书注重数学应用能力的培养：一是培养用数学思想、概念、方法去认识、理解工程概念、工程原理的能力；二是把实际问题转化为数学模型的能力；三是求解数学模型的能力。无论是实例的引入、例题的讲解、习题的选择都贯穿了这一特色，且在每一章都提供了较多类型的应用实例供各专业学生学习。

第四，层次性。针对高职高专各专业的特点，各章内容分模块、分层次编排，有较强的选择性。将各专业都必须使用的基本内容作为基本层，后续内容可根据专业实际在基础层上进行组装，构造出不同层次。

本教材的基本教学时数约 150 学时，选修章节（上册第 5 章、下册第 5 章）教师可根据专业需求另行安排教学。

本套教材主要由泸州职业技术学院数学教研室编写。上册第 1 章由叶永春编写，第 2 章由胡频编写，第 3 章由朱勤编写，第 4 章由刘坚编写，第 5 章由张延利编写；下册第 1 章由李涛编写，第 2 章由毛建生编写，第 3、4 章由沈荣泸编写，第 5 章由陈芳编写；邹涛、任修红、张小芳参与本套教材答案的核对与校稿工作，叶永春负责全套教材统筹规划、审核及校对。老师们都有较丰富的教学经验，既熟悉我国高职高专教育发展的现状，又了解本学科教与学的具体要求，为保证编写质量，对编写大纲进行了反复修改、讨论，并推选了一批教学水平高又有长期教材编写经验的老师参与教材的编写和审定。在本书的编审过程中，得到了同行专家的精心指导，得到了泸州职业技术学院领导的大力支持，谨在此表示衷心感谢。

由于成书仓促，编写人员水平有限，不足之处，请有关专家、学者及使用本书的师生指正。我们诚恳地希望各界同人及广大教师关注并支持这套教材的建设，及时将教材使用过程中遇到的问题和改进意见反馈给我们，以供修订时参考。

编　者

2014 年 5 月

目　　录

第1章　微分方程基础

在科学研究和生产实践中，常常需要寻求表示客观事物变量之间的函数关系，但经常不能直接得到所求的函数关系，只能得到含有未知函数的导数或微分的关系，即通常所说的微分方程，通过求解微分方程而得到函数关系．本章主要介绍微分方程的基本概念和几种常用的微分方程的解法．

1.1　微分方程的基本概念

首先，请看以下实例．

【例1】 求过(3,5)点，且在曲线上任一点 $M(x,y)$ 处切线斜率等于 $2x$ 的曲线方程．

解 设所求曲线的方程为 $y=f(x)$．根据导数的几何意义，可知所求曲线应满足方程

$$\frac{dy}{dx}=2x, \tag{1-1}$$

或

$$dy=2xdx.$$

由于曲线过点(3,5)，因此未知函数 $y=f(x)$ 还应满足条件

$$y|_{x=3}=5. \tag{1-2}$$

对(1-1)式两端积分，得

$$y=x^2+C, \tag{1-3}$$

这里 C 是任意常数．把(1-2)式代入(1-3)式，得 $C=-4$．所以，所求曲线的方程为

$$y=x^2-4.$$

【例2】 在直线轨道上，一个物体以 20 m/s 的速度运动，制动获得的加速度为 $-0.4\ m/s^2$．求开始制动后物体的运动方程．

解 设物体的运动方程为 $s=f(t)$．由导数的力学意义，物体运动的速度为 $\frac{ds}{dt}$，加速度为 $\frac{d^2s}{dt^2}$．于是，$s=f(t)$ 应满足方程

$$\frac{d^2s}{dt^2}=-0.4. \tag{1-4}$$

此外，还应满足条件

$$\frac{ds}{dt}\Big|_{t=0}=20,\quad s|_{t=0}=0. \tag{1-5}$$

对(1-4)式两端积分，得

$$\frac{ds}{dt}=-0.4t+C_1. \tag{1-6}$$

再对(1-6)式积分，得

$$s=-0.2t^2+C_1t+C_2. \tag{1-7}$$

这里 C_1,C_2 都是任意常数.将条件 $\frac{\mathrm{d}s}{\mathrm{d}t}\Big|_{t=0}=20, s\big|_{t=0}=0$ 依次代入(1-6)式和(1-7)式，得 $C_1=20, C_2=0$.所以，所求物体的运动方程为

$$s=-0.2t^2+20t.$$

可以看到，以上两例的共同点，都是已知未知函数的导数(或微分)所满足的方程，求未知函数.这类问题就是微分方程问题.

定义 1.1.1 含有未知函数的导数或微分的方程叫作**微分方程**.微分方程中所出现的未知函数的最高阶导数的阶数叫作**微分方程的阶**.

方程(1-1)和方程(1-4)都是微分方程.又如，方程

$$2y'+5xy=0, \tag{1-8}$$

$$\mathrm{d}y+3xy\mathrm{d}x=0, \tag{1-9}$$

$$x^2y''+3xy=2x^5, \tag{1-10}$$

$$y^{(5)}-3y'''+4y''x+18y'+5yx=\sin x \tag{1-11}$$

等也都是微分方程.

上面的方程(1-1),(1-8),(1-9)是一阶微分方程,(1-4),(1-10)是二阶微分方程,(1-11)是五阶微分方程.

一般地，n **阶微分方程的形式**是

$$F(x,y,y',\cdots,y^{(n)})=0,$$

其中 $x,y,y',\cdots,y^{(n-1)}$ 中的某些变量可以不出现.例如，四阶微分方程

$$\mathrm{e}y^{(4)}+8=0$$

中，除 $y^{(4)}$ 外，其他变量都没有出现.

定义 1.1.2 如果将一个函数代入微分方程中，使方程成为恒等式，则称这个函数是该**微分方程的解**.

例如，在【例 1】中，因为函数 $y=x^2+C$(C 为任意常数)和 $y=x^2-4$ 的导数都等于 $2x$，所以都是微分方程 $\frac{\mathrm{d}y}{\mathrm{d}x}=2x$ 的解.

又如，在【例 2】中，因为函数 $s=-0.2t^2+C_1t+C_2$(C_1,C_2 为任意常数)和 $s=-0.2t^2+20t$ 的二阶导数都等于 -0.4，所以都是微分方程 $\frac{\mathrm{d}^2s}{\mathrm{d}t^2}=-0.4$ 的解.

可以看到，上述解中，有些含有任意常数，有些不含任意常数.

定义 1.1.3 如果微分方程的解中含有任意常数，且独立的任意常数的个数与微分方程的阶数相同，则这样的解叫作**微分方程的通解**.

例如，函数 $y=x^2+C$(C 为任意常数)是 $\frac{\mathrm{d}y}{\mathrm{d}x}=2x$ 的通解，函数 $s=-0.2t^2+C_1t+C_2$(C_1, C_2 为任意常数)是 $\frac{\mathrm{d}^2s}{\mathrm{d}t^2}=-0.4$ 的通解.

如果微分方程的某个解不含任意常数，则称这个解是微分方程在某一特定条件下的解，简称为**特解**.

例如，函数 $y=x^2-4$ 是 $\frac{\mathrm{d}y}{\mathrm{d}x}=2x$ 的特解，函数 $s=-0.2t^2+20t$ 是 $\frac{\mathrm{d}^2s}{\mathrm{d}t^2}=-0.4$ 的特解.

很明显，微分方程的通解给出了解的一般形式，如果把通解中的任意常数确定下来，就得到微分方程的特解. 这种确定特解的条件叫作**初始条件**.

例如，【例 1】中的 $y|_{x=3}=5$ 和【例 2】中的 $\left.\frac{ds}{dt}\right|_{t=0}=20$，$s|_{t=0}=0$ 都是初始条件.

求微分方程的特解时，通常是首先求出其通解，然后根据初始条件确定通解中的任意常数的值，得到特解.

求微分方程的解的过程叫作**解微分方程**.

注意　如果不特别声明，也没有给出初始条件，解微分方程就是求微分方程的通解.

【例 3】　验证：函数 $y=\cos kt+\sin kt$ 是微分方程

$$\frac{d^2y}{dt^2}+k^2y=0$$

的解(k 为常数).

解　对函数求导，得

$$\frac{dy}{dt}=-k\sin kt+k\cos kt,$$

$$\frac{d^2y}{dt^2}=-k^2\cos kt-k^2\sin kt=-k^2(\cos kt+\sin kt).$$

把 $\frac{d^2y}{dt^2}$ 和 y 的表达式代入所给微分方程中，得

$$-k^2(\cos kt+\sin kt)+k^2(\cos kt+\sin kt)=0.$$

所以，$y=\cos kt+\sin kt$ 是所给微分方程的解.

【例 4】　解微分方程 $y''=3x^2+\sin x+5$.

解　对方程两端积分，得

$$\int y''dx=\int(3x^2+\sin x+5)dx,$$

即

$$y'=x^3-\cos x+5x+C_1.$$

对上式再积分，得

$$\int y'dx=\int(x^3-\cos x+5x+C_1)dx,$$

即

$$y=\frac{1}{4}x^4-\sin x+\frac{5}{2}x^2+C_1x+C_2.$$

所以，所求微分方程的通解为

$$y=\frac{1}{4}x^4-\sin x+\frac{5}{2}x^2+C_1x+C_2\quad(C_1,C_2\text{ 为任意常数}).$$

【例 5】　解微分方程 $dy=(3\sin x-x^2)dx$，$y|_{x=0}=3$.

解　对方程两端积分，得

$$\int dy=\int(3\sin x-x^2)dx,$$

即

$$y=-3\cos x-\frac{1}{3}x^3+C.$$

将初始条件 $y|_{x=0}=3$ 代入上述通解中，得 $C=6$. 所以，满足初始条件的特解为

$$y=-3\cos x-\frac{1}{3}x^3+6.$$

一般来说，求微分方程的解常常是比较困难的，每一种特定类型的微分方程都有其特定的解法.在后面几节内，我们将介绍几类常用的微分方程及其解法.

习题1-1

1. 解下列微分方程：

(1) $\frac{dy}{dx}=\cos x$；

(2) $y''=e^x+2$；

(3) $xdy=(1-x^2)dx, y|_{x=1}=\frac{1}{2}$；

(4) $\frac{d^2y}{dx^2}=\sin 2x, y|_{x=0}=2, y'|_{x=0}=0$；

(5) $y'''=e^{2x}, y|_{x=0}=\frac{1}{8}, y'|_{x=0}=\frac{1}{2}$.

2. 确定常数 k，使 $y=e^{kx}$ 成为微分方程 $y''-4y=0$ 的解.

3. 已知曲线上任意点 $M(x,y)$ 处切线的斜率为 $3x^2$，求该曲线的方程.

4. 一个物体作直线运动，其运动速度为 $v=2\sin t$ m/s，当 $t=\frac{\pi}{4}$ s时，物体与原点相距10 m.求物体在时刻 t 与原点的距离 s.

5. 写出由下列条件确定的曲线所满足的微分方程：

(1) 曲线在点 (x,y) 处切线的斜率等于该点横坐标.

(2) 曲线上点 $P(x,y)$ 处法线与 x 轴的交点为 Q，且线段 PQ 被 y 轴平分.

1.2 一阶线性微分方程

本节讨论简单的一阶线性微分方程的解法，其形式为 $y'=f(x,y)$，下面主要讨论三种常见形式的方程的解法.

1.2.1 可分离变量的微分方程

【例1】 对微分方程

$$y'=2xy^2 \tag{1-12}$$

能否直接用积分法求通解呢？

解 如果对(1-12)式两边直接求积分，则得

$$\int y'dx=\int 2xy^2dx,$$

即

$$y=\int 2xy^2dx.$$

很明显，上式右端同时含有 x,y，无法直接求得积分.因此，直接积分法是行不通的.下面我们考虑将方程写成：

$$\frac{dy}{dx}=2xy^2,$$

上式两端同乘以 dx，再同除以 $y^2(y\neq 0)$.把变量 x 和 y 分离，得

$$\frac{1}{y^2}dy=2xdx. \tag{1-13}$$

然后再对(1-13)式两端求积分,得

$$\int \frac{1}{y^2}\,dy = \int 2x\,dx,$$

即

$$-\frac{1}{y} = x^2 + C,$$

或

$$y = -\frac{1}{x^2 + C}, \tag{1-14}$$

其中 C 是任意常数.

可以验证,(1-14)式满足微分方程(1-12),所以它就是(1-12)式的通解.

上述例子提供了一类微分方程的解法. 这类微分方程的一般形式是

$$\frac{dy}{dx} = f(x)g(y), \tag{1-15}$$

称为**可分离变量的微分方程**.

根据【例 1】,得到求解可分离变量的微分方程的步骤如下:

第一步,分离变量,得

$$\frac{1}{g(y)}dy = f(x)dx,(g(y) \neq 0). \tag{1-16}$$

第二步,两边积分,得

$$\int \frac{dy}{g(y)} = \int f(x)\,dx.$$

第三步,求出积分,得

$$G(y) = F(x) + C, \tag{1-17}$$

其中 $G(y)$,$F(x)$分别是$\frac{1}{g(y)}$,$f(x)$的原函数,C 为任意常数.

【例 2】 解微分方程 $y' = 2xy$.

解　原方程可改写为

$$\frac{dy}{dx} = 2xy.$$

分离变量,得

$$\frac{dy}{y} = 2x\,dx \quad (y \neq 0).$$

两边积分. 得

$$\int \frac{1}{y}\,dy = 2\int x\,dx,$$

即

$$\ln|y| = x^2 + C_1.$$

因此

$$|y| = e^{x^2 + C_1} = e^{C_1}e^{x^2},$$

$$y = \pm e^{C_1}e^{x^2} = Ce^{x^2}\ (C = \pm e^{C_1}).$$

所以,所求微分方程的通解为

$$y = Ce^{x^2} \quad (C \text{ 为任意常数}).$$

思考

函数 $y=0$ 是本题中微分方程的解吗？如果是，它是否包含在上述通解中？

【例 3】 求微分方程 $(1+e^x)yy'=e^x$ 满足初始条件 $y|_{x=0}=1$ 的特解.

解 原方程可改写为

$$ydy=\frac{e^x}{1+e^x}dx.$$

两边积分，得通解

$$\frac{1}{2}y^2=\ln(1+e^x)+C \quad (C\text{ 为任意常数}).$$

把初始条件 $y|_{x=0}=1$ 代入上式，得

$$C=\frac{1}{2}-\ln 2,$$

即所求特解为

$$y^2=2\ln(1+e^x)+1-2\ln 2.$$

1.2.2 一阶齐次线性微分方程

下面我们来研究一阶线性微分方程.

定义 1.2.1 形如

$$\frac{dy}{dx}+P(x)y=Q(x) \tag{1-18}$$

的方程，称为**一阶线性微分方程**，简称**线性方程**，其中 $P(x)$，$Q(x)$ 都是 x 的连续函数. 当 $Q(x)=0$ 时，方程(1-18)成为

$$\frac{dy}{dx}+P(x)y=0, \tag{1-19}$$

称为**一阶齐次线性微分方程**；当 $Q(x)\neq 0$ 时，方程(1-18)称为**一阶非齐次线性微分方程**.

这类微分方程的特点是：它所含未知函数和未知函数的导数都是一次的，且不含 $y'y$ 项. 例如，一阶微分方程

$$4y'-3y=5x+1, \quad y'+5(\sin x)y=\sin x, \quad xy'-2x^3y=3$$

所含的 y'，y 都是一次的且不含 $y'y$ 项，所以都是一阶线性微分方程. 其中，前面两个方程是非齐次线性微分方程，最后一个是齐次线性微分方程. 但是，微分方程

$$y'-2y^3=3x, \quad yy'+5y=\sin x, \quad y'-4\ln y=6$$

都不是一阶线性微分方程. 第一个方程中含有 y^3，第二个方程中含有 yy' 项，第三个方程中含有 $\ln y$ 项，它们都不是 y 或 y' 的一次式.

下面讨论一阶齐次线性方程(1-19)的通解. 很明显，方程(1-19)是可分离变量的. 分离变量后，得

$$\frac{dy}{y}=-P(x)dx.$$

两边积分，得

$$\ln|y|=-\int P(x)\,dx+C_1 \quad (C_1\text{ 为任意常数}),$$

即

$$|y|=e^{C_1}e^{-\int P(x)dx}.$$

去绝对值,得

$$y=\pm e^{C_1}e^{-\int P(x)dx}.$$

令 $C=\pm e^{C_1}$,得

$$y=Ce^{-\int P(x)dx}. \tag{1-20}$$

在(1-20)式中,当 $C=0$ 时,得 $y=0$,它仍然是(1-19)的解.因此,(1-20)式中的 C 可取任意值.这就是说,(1-20)式是一阶齐次线性方程(1-19)的通解.

注意 为了书写简便,今后对 $\frac{dy}{y}=-P(x)dx$ 积分时,可直接写成

$$\ln y=-\int P(x)dx+\ln C.$$

于是,由上式可立即得到 $y=Ce^{-\int P(x)dx}$.但应记住,最后的常数 C 可取任意值.

【例 4】 解微分方程 $y'-\frac{1}{x}y=0$.

解 方程分离变量得

$$\frac{dy}{y}=\frac{dx}{x},$$

两边积分得

$$\ln y=\ln x+\ln C,\quad 即\quad \ln y=\ln Cx.$$

所以,方程的通解为

$$y=Cx\quad (C 为任意常数).$$

1.2.3 一阶非齐次线性微分方程

要求一阶非齐次线性微分方程

$$\frac{dy}{dx}+P(x)y=Q(x) \tag{1-21}$$

的通解,通常采用常数变易法来求解,其基本思路为:

(1) 将对应的一阶齐次线性方程通解中的任意常数 C 换成待定函数 $u(x)$,得到

$$y=u(x)e^{-\int P(x)dx};$$

(2) 将 $y=u(x)e^{-\int P(x)dx}$ 代入原非齐次线性方程中,求出 $u(x)$;

(3) 将求出的 $u(x)$ 代入 $y=u(x)e^{-\int P(x)dx}$,得到非齐次线性方程的通解.

照此思路,得到一阶非齐次线性方程(1-21)的通解为

$$y=e^{-\int P(x)dx}\left[\int Q(x)e^{\int P(x)dx}dx+C\right]. \tag{1-22}$$

上式可改写成下面的形式:

$$y=Ce^{-\int P(x)dx}+e^{-\int P(x)dx}\int Q(x)\,e^{\int P(x)dx}dx.$$

可以看到,上式右边第一项是对应的一阶齐次线性方程(1-19)的通解,第二项是一阶非齐次线性方程(1-18)的一个特解(令 $C=0$ 便得这个特解).这就是说,一阶非齐次线性方程的通解等于对应的齐次线性方程的通解与非齐次线性方程的一个特解之和.

【例 5】 求微分方程 $y'+2xy=\cos x\mathrm{e}^{-x^2}$ 的通解.

解 对此例,我们可用常数变易法求解,也可直接利用通解公式求解,一般情况下,用通解公式求解要方便些.

因为 $P(x)=2x$,$Q(x)=\cos x\mathrm{e}^{-x^2}$，所以,由公式(1-22)得非齐次线性方程的通解为

$$\begin{aligned} y &= \mathrm{e}^{-\int 2x\mathrm{d}x}\left(\int \cos x\mathrm{e}^{-x^2}\mathrm{e}^{\int 2x\mathrm{d}x}\mathrm{d}x+C\right) \\ &= \mathrm{e}^{-x^2}\left(\int \cos x\mathrm{e}^{-x^2}\mathrm{e}^{x^2}\mathrm{d}x+C\right) \\ &= \mathrm{e}^{-x^2}\left(\int \cos x\mathrm{d}x+C\right)=\mathrm{e}^{-x^2}(\sin x+C)\quad (C\text{为任意常数}). \end{aligned}$$

【例 6】 求微分方程 $xy'-y=1+x^3$ 满足初始条件 $y|_{x=1}=2$ 的特解.

解 原方程可改写为

$$y'-\frac{1}{x}y=\frac{1}{x}+x^2.$$

它是一阶线性微分方程,这里

$$P(x)=-\frac{1}{x},Q(x)=\frac{1}{x}+x^2.$$

把它们代入公式(1-22),得

$$\begin{aligned} y &= \mathrm{e}^{\int \frac{1}{x}\mathrm{d}x}\left[\int\left(\frac{1}{x}+x^2\right)\mathrm{e}^{-\int\frac{1}{x}\mathrm{d}x}\mathrm{d}x+C\right] \\ &= x\left[\int\left(\frac{1}{x}+x^2\right)\frac{1}{x}\mathrm{d}x+C\right] \\ &= x\left(-\frac{1}{x}+\frac{1}{2}x^2+C\right) \\ &= \frac{1}{2}x^3+Cx-1. \end{aligned}$$

所以,原方程的通解为

$$y=\frac{1}{2}x^3+Cx-1\quad (C\text{为任意常数}).$$

把初始条件 $y|_{x=1}=2$ 代入上式,求得 $C=\frac{5}{2}$. 于是,所求微分方程的特解为

$$y=\frac{1}{2}x^3+\frac{5}{2}x-1.$$

习 题 1-2

1. 求下列微分方程的通解:

(1) $(1+x^2)y'=\arctan x$;　　(2) $y'=\left(\frac{x}{y}\right)^2$;

(3) $\mathrm{d}y-y\cos x\mathrm{d}x=0$;　　(4) $\sin x\mathrm{d}y=2y\cos x\mathrm{d}x$.

2. 求下列微分方程的特解:

(1) $xy'-y=0,y|_{x=1}=5$;　　(2) $y\mathrm{d}x=(x-1)\mathrm{d}y,y|_{x=2}=1$.

3. 求下列微分方程的通解:

(1) $y'-2xy=\mathrm{e}^{x^2}\cos x$;　　(2) $\frac{\mathrm{d}y}{\mathrm{d}x}-3xy=x$;

(3) $xy'+y=\mathrm{e}^x$;　　(4) $(x^2-1)y'+2xy-\cos x=0$;

(5) $y'+y\tan x=\sin 2x$.

4. 求下列微分方程满足初始条件的特解：

(1) $2y'+y=3, y|_{x=0}=10$；

(2) $xy'-y=2, y|_{x=1}=3$；

(3) $y'-\frac{2y}{1-x^2}-1-x=0, y|_{x=0}=0$.

1.3　可降阶的高阶微分方程

二阶及二阶以上的微分方程称为**高阶微分方程**. 下面介绍可降阶的三种特殊类型的高阶微分方程的解法.

1.3.1　$y^{(n)}=f(x)$型的微分方程

$y^{(n)}=f(x)$型的微分方程的特点是右端仅含 x 的函数. 方程只要连续 n 次积分，就可以得到通解.

【例 1】　求微分方程 $y'''=\cos x+2x$ 的通解.

解　逐项积分，得
$$y''=\sin x+x^2+C_1,$$
$$y'=-\cos x+\frac{1}{3}x^3+C_1x+C_2.$$
再积分得通解 $y=-\sin x+\frac{1}{12}x^4+\frac{1}{2}C_1x^2+C_2x+C_3$　(C_1, C_2, C_3 为任意常数).

1.3.2　$y''=f(x,y')$型的微分方程

一般的二阶微分方程可表示为 $F(x,y,y',y'')=0$，将它与二阶微分方程
$$y''=f(x,y') \tag{1-23}$$
比较知，方程(1)中缺少了 y. 因此，上述微分方程(1)又称为**不显含 y 的微分方程**.

这类微分方程的解法是：令 $y'=p$，则 $y''=p'$. 将它们代入(1-23)式中，得
$$p'=f(x,p).$$
它是关于变量 x 和 p 的一阶微分方程. 根据一阶微分方程的解法，如果能求得它的通解 $p=\varphi(x,C_1)$，则得
$$y'=\varphi(x,C_1).$$
对上式两端积分，得
$$y=\int\varphi(x,C_1)\mathrm{d}x,$$
它就是原方程的通解. 这种解微分方程的方法称为**降阶法**.

【例 2】　求微分方程 $y''=\frac{1}{x}y'$ 的通解.

解　因为原方程不显含 y，所以令 $y'=p$，则 $y''=p'$. 将它们代入原方程，得
$$p'=\frac{1}{x}p.$$
分离变量，得
$$\frac{1}{p}\mathrm{d}p=\frac{1}{x}\mathrm{d}x.$$

求不定积分，得

$$\ln p=\ln x+\ln C_1 \quad (C_1\text{ 为任意常数}),$$

即

$$p=C_1x.$$

因此，有

$$y'=C_1x.$$

对上式两端再积分，得原微分方程的通解为

$$y=\frac{1}{2}C_1x^2+C_2 \quad (C_2\text{ 为任意常数}).$$

1.3.3 $y''=f(y,y')$ 型的微分方程

这类微分方程中缺少了 x，因此又称为**不显含 x 的微分方程**. 仍采用降阶法求解，即令 $y'=p$，则

$$y''=\frac{dp}{dx}=\frac{dp}{dy}\frac{dy}{dx}=\frac{dp}{dy}p=p\frac{dp}{dy}.$$

将它们代入 $y''=f(y,y')$ 中，得

$$p\frac{dp}{dy}=f(y,p).$$

它是关于变量 y 和 p 的一阶微分方程. 根据一阶微分方程的解法，如果能求出它的通解，并可表示为

$$p=\varphi(y,C_1) \quad (C_1\text{ 为任意常数}),$$

则

$$y'=\varphi(y,C_1).$$

对上式分离变量，再积分，即得原方程的通解为

$$\int\frac{1}{\varphi(y,C_1)}dy=x+C_2 \quad (C_2\text{ 为任意常数}).$$

【例 3】 求微分方程 $yy''-y'^2=0$ 的通解.

解 设 $y'=p$，则 $y''=p\frac{dp}{dy}$. 将它们代入原方程中，得

$$yp\frac{dp}{dy}-p^2=0.$$

当 $p\neq0, y\neq0$ 时，约去 p，并分离变量，得

$$\frac{dp}{p}=\frac{dy}{y}.$$

两端积分，得

$$\ln p=\ln y+\ln C_1,$$

即

$$p=C_1y \text{ 或 } y'=C_1y.$$

再分离变量并两端积分，便得原方程的通解为

$$y=C_2e^{C_1x} \quad (C_1, C_2\text{ 为任意常数}).$$

习 题 1-3

1. 求下列微分方程的通解：

(1) $(1+e^x)y''+y'=0$；　(2) $(1-x^2)y''-xy'=0$；

(3) $2yy''+(y')^2=0$；　(4) $y''=1+(y')^2$.

2. 求下列各微分方程满足初始条件的特解：

(1) $y''-e^{2y}y'=0, y|_{x=0}=0, y'|_{x=0}=\frac{1}{2}$；

(2) $y''+(y')^2=1, y|_{x=0}=0, y'|_{x=0}=0$.

1.4　二阶常系数线性微分方程

1.4.1　线性微分方程解的结构

定义 1.4.1　对于两个不恒等于零的函数 y_1 与 y_2，如果存在一个常数 C，使 $y_2=Cy_1$，则称函数 y_2 与 y_1 线性相关；否则，称函数 y_2 与 y_1 线性无关.

例如，函数 $y_1=e^{2x}$ 和 $y_2=3e^{2x}$，因为 $y_2=3y_1$，所以 y_1 与 y_2 线性相关. 又如，$y_3=e^{-x}$ 与 $y_1=e^{2x}$ 的比 $\frac{y_3}{y_1}=\frac{e^{-x}}{e^{2x}}=e^{-3x}$ 不是一个常数 C，所以它们线性无关.

定义 1.4.2　方程

$$y''+P(x)y'+Q(x)y=f(x) \tag{1-24}$$

称为**二阶线性微分方程**，其中 $P(x)$，$Q(x)$，$f(x)$ 都是 x 的连续函数. 当 $f(x)=0$ 时，方程(1-24)成为

$$y''+P(x)y'+Q(x)y=0, \tag{1-25}$$

称为**二阶齐次线性微分方程**；当 $f(x)\neq 0$ 时，方程(1)称为**二阶非齐次线性微分方程**.

为了求得二阶线性微分方程的解，先讨论二阶齐次线性微分方程和非齐次线性微分方程的解的一些性质.

定理 1.4.1　如果函数 y_1，y_2 都是方程(2)的解，则

$$y=C_1y_1+C_2y_2$$

也是方程(1-25)的解，其中 C_1，C_2 是任意常数.

证明　将 $y=C_1y_1+C_2y_2$ 代入(2)式左边，得

$$\begin{aligned}&(C_1y''_1+C_2y''_2)+P(x)(C_1y'_1+C_2y'_2)+Q(x)(C_1y_1+C_2y_2)\\&=C_1[y''_1+P(x)y'_1+Q(x)y_1]+C_2[y''_2+P(x)y'_2+Q(x)y_2].\end{aligned}$$

因为 y_1 与 y_2 是方程(1-25)的解，所以上式右边方括号中的表达式都等于零，因而整个式子等于零. 这就是说，$y=C_1y_1+C_2y_2$ 是方程(1-25)的解. 但这个解不一定是通解，那什么样的解才是方程的通解呢？

一般地，有下面的定理.

定理 1.4.2(二阶齐次线性微分方程解的结构定理)　如果函数 y_1，y_2 是方程(1-25)两个线性无关的特解，则

$$y=C_1y_1+C_2y_2$$

是方程(1-25)的通解，其中 C_1，C_2 为任意常数.

现在再来讨论二阶非齐次线性方程(1-24). 我们把方程(1-25)叫作与非齐次方程(1-24)对应的齐次方程.

在前一节的讨论中得知，一阶非齐次线性微分方程的通解由两部分构成：一部分是对应的齐次方程的通解；另一部分是非齐次方程本身的一个特解. 实际上，对二阶及更高阶的非齐次线性微分方程的通解也具有同样的性质.

定理 1.4.3(二阶非齐次线性微分方程解的结构定理) 设 y^* 是二阶非齐次线性微分方程(1-24)的一个特解，Y 是它对应的齐次方程(1-25)的通解，则

$$y=Y+y^*$$

是二阶非齐次线性微分方程(1-24)的通解.

证明 把 $y=Y+y^*$ 代入方程(1-24)中，得

$$\begin{aligned}&(Y''+y^{*\prime\prime})+P(x)(Y'+y^{*\prime})+Q(x)(Y+y^*)\\&=[Y''+P(x)Y'+Q(x)Y]+[y^{*\prime\prime}+P(x)y^{*\prime}+Q(x)y^*].\end{aligned}$$

因为 Y 是方程(1-25)的解，y^* 是方程(1-24)的解，所以上式第一个方括号内的表达式等于零，第二个等于 $f(x)$，即 $y=Y+y^*$ 满足方程(1-24)，所以是方程(1-24)的解.

又因为对应的齐次方程(1-25)的通解 $Y=C_1y_1+C_2y_2$ 中含有独立两个任意常数，所以 $y=Y+y^*$ 中含有两个任意常数，即它是方程(1-24)的通解. 例如，方程 $y''-y'-2y=x$ 是一个二阶非齐次线性微分方程，它对应的齐次方程 $y''-y'-2y=0$ 的通解是 $y=C_1e^{2x}+C_2e^{-x}$ (C_1, C_2 是任意常数). 容易验证，函数

$$y^*=-\frac{1}{2}x+\frac{1}{4}$$

是该非齐次线性微分方程的一个特解. 因此，方程 $y''-y'-2y=x$ 的通解是

$$y=C_1e^{2x}+C_2e^{-x}-\frac{1}{2}x+\frac{1}{4}.$$

1.4.2 二阶常系数齐次线性微分方程

在二阶齐次线性微分方程

$$y''+p(x)y'+q(x)y=0$$

中，如果 y', y 的系数 $p(x)$, $q(x)$ 都是常数，即上式为

$$y''+py'+qy=0,$$

其中 p, q 是常数，则上式叫作**二阶常系数齐次线性微分方程**.

通常把代数方程 $r^2+pr+q=0$ 叫作微分方程 $y''+py'+qy=0$ 的**特征方程**. 特征方程的根 r 叫作微分方程的**特征根**.

特征方程 $r^2+pr+q=0$ 是一元二次方程，其中 r^2, r 的系数及常数项恰好依次是微分方程 $y''+py'+qy=0$ 中 y'', y' 及 y 的系数. 因此，我们只要将微分方程中的 y'' 换成 r^2, y' 换成 r, y 换成 1，即可得对应的特征方程.

特征方程的两个根 r_1, r_2 可以用公式

$$r_{1,2}=\frac{-p\pm\sqrt{p^2-4q}}{2}$$

表示方程的通解有下列三种情况：

(1) 特征根是两个不相等的实根：$r_1\neq r_2$. 方程 $y''+py'+qy=0$ 的通解是

$$y=C_1e^{r_1x}+C_2e^{r_2x}\quad (C_1,C_2\text{ 为任意常数}).$$

【例 1】 求微分方程 $y''+3y'-4y=0$ 的通解.

解 所给微分方程的特征方程为

$$r^2+3r-4=0,\quad \text{即}\quad (r+4)(r-1)=0.$$

因此,特征根为 $r_1=-4,r_2=1(r_1\neq r_2)$. 所以,方程的通解为

$$y=C_1e^{-4x}+C_2e^{x}\quad (C_1,C_2\text{ 为任意常数}).$$

(2) 特征根是两个相等的实根:$r_1=r_2=r$. 方程 $y''+py'+qy=0$ 的通解为

$$y=C_1e^{rx}+C_2xe^{rx},$$

即

$$y=(C_1+C_2x)e^{rx}\quad (C_1,C_2\text{ 为任意常数}).$$

【例 2】 求微分方程$\frac{d^2s}{dt^2}+2\frac{ds}{dt}+s=0$ 满足初始条件 $s|_{t=0}=4,s'|_{t=0}=-2$ 的特解.

解 所给方程的特征方程为

$$r^2+2r+1=0,\quad \text{即}\quad (r+1)^2=0.$$

因此,特征根为 $r=-1$. 所以,所求方程的通解为

$$s=(C_1+C_2t)e^{-t}\quad (C_1,C_2\text{ 为任意常数}).$$

将 $s|_{t=0}=4$ 代入上式,得 $C_1=4$. 于是,有

$$s'=(C_2-4-C_2t)e^{-t}.$$

将初始条件 $s'|_{t=0}=-2$ 代入上式,得 $C_2=2$. 所以,所求特解为

$$s=(4+2t)e^{-t}.$$

(3) 特征根是一对共轭复根:$r_1=\alpha+\beta i,r_2=\alpha-\beta i(\alpha,\beta\in R,\beta\neq 0)$. 方程 $y''+py'+qy=0$ 的通解为

$$y=e^{\alpha x}(C_1\cos\beta x+C_2\sin\beta x)\quad (C_1,C_2\text{ 为任意常数}).$$

【例 3】 求微分方程 $y''-4y'+13y=0$ 的通解.

解 所给微分方程的特征方程为

$$r^2-4r+13=0.$$

特征根为 $r_1=2+3i,r_2=2-3i$. 所以,方程的通解为

$$y=e^{2x}(C_1\cos 3x+C_2\sin 3x)\quad (C_1,C_2\text{ 为任意常数}).$$

综上所述,求二阶常系数齐次线性微分方程 $y''+py'+qy=0$ 的通解,步骤如下:

第一步,写出微分方程 $y''+py'+qy=0$ 的特征方程:$r^2+pr+q=0$;

第二步,求出特征方程的两个根 r_1 与 r_2;

第三步,根据特征方程的两个根的不同情形,按下表有相应方程的通解公式.

特征方程的两个根 r_1 与 r_2	微分方程 $y''+py'+qy=0$ 的通解
$r_1\neq r_2$	$y=C_1e^{r_1x}+C_2e^{r_2x}$
$r_1=r_2$	$y=(C_1+C_2x)e^{rx}$
$r_{1,2}=\alpha\pm i\beta$	$y=e^{\alpha x}(C_1\cos\beta x+C_2\sin\beta x)$

1.4.3 二阶常系数非齐次线性微分方程

二阶常系数非齐次线性微分方程的一般形式为

$$y''+py'+qy=f(x)(f(x)\neq 0),$$

其中 p,q 是常数.

现在讨论这类方程的解法.

根据定理 1.4.3，求 $y''+py'+qy=f(x)$ 的通解，可以先求出它对应的齐次方程

$$y''+py'+qy=0$$

的通解 $C_1y_1+C_2y_2$，再求出方程 $y''+py'+qy=f(x)$ 的一个特解 y^*，然后把它们相加，得

$$y=C_1y_1+C_2y_2+y^* \quad (C_1,C_2\text{ 为任意常数}),$$

它就是方程 $y''+py'+qy=f(x)$ 的通解.

前面已经讨论了求齐次线性微分方程 $y''+py'+qy=0$ 的通解的方法，因此，在这里只要讨论如何求非齐次线性微分方程 $y''+py'+qy=f(x)$ 的一个特解就可以了. 对于这个问题，下面只对 $f(x)$ 取以下两种常见形式进行讨论.

(1) $f(x)=P_n(x)e^{\lambda x}$，其中 $P_n(x)$ 是一个 n 次多项式，λ 是常数. 这时，方程 $y''+py'+qy=f(x)$ 成为

$$y''+py'+qy=P_n(x)e^{\lambda x}.$$

经分析知，它具有形如

$$y^*=x^kQ_n(x)e^{\lambda x}$$

的特解，其中 $Q_n(x)$ 是一个待定的 n 次多项式，k 是一个整数. 当 λ 不是特征根时，$k=0$；当 λ 是特征根，但不是重根时，$k=1$；当 λ 是特征根，且为重根时，$k=2$.

根据这一结论，只要用待定系数法，就可以求得方程 $y''+py'+qy=f(x)$ 的一个特解，从而得到它的通解.

【例 4】 求微分方程 $y''-2y'-3y=3x+1$ 的通解.

解 该方程对应的齐次方程是

$$y''-2y'-3=0.$$

特征方程为

$$r^2-2r-3=0.$$

特征根为 $r_1=-1,r_2=3$. 于是，齐次方程的通解为

$$y=C_1e^{-x}+C_2e^{3x} \quad (C_1,C_2\text{ 为任意常数}).$$

又由原方程中 $f(x)=3x+1=(3x+1)e^{0x}$ 可知，$\lambda=0$，$P_n(x)=3x+1$. 因为 $\lambda=0$ 不是特征根，且 $P_n(x)=3x+1$ 是一次多项式，所以应取 $k=0$，可设原方程的特解为

$$y^*=Ax+B.$$

对上式求导，得

$$y^{*\prime}=A,\quad y^{*\prime\prime}=0.$$

代入原方程，化简得

$$-2A-3(Ax+B)=3x+1,\quad \text{即}\quad -3Ax-2A-3B=3x+1.$$

比较等式两端同类项的系数，得

$$\begin{cases}-3A=3,\\ -2A-3B=1.\end{cases}$$

解得 $A=-1,B=\frac{1}{3}$. 因此，原方程的一个特解为

$$y^*=-x+\frac{1}{3}.$$

于是原方程的通解为

$$y=C_1e^{-x}+C_2e^{3x}-x+\frac{1}{3}.$$

【例 5】 求微分方程 $y''+2y'=4xe^{-2x}$ 的通解.

解　原方程对应的齐次方程是

$$y''+2y'=0.$$

特征方程为

$$r^2+2r=0.$$

特征根为 $r_1=0, r_2=-2$. 于是,齐次方程的通解为

$$y=C_1+C_2e^{-2x}.$$

又由原方程中 $f(x)=4xe^{-2x}$ 可知, $\lambda=-2, P_n(x)=4x$. 因为 $\lambda=-2$ 是特征根,但不是重根,且 $P_n(x)=4x$ 是一次多项式,所以应取 $k=1$,可设原方程的特解为

$$y^*=x(Ax+B)e^{-2x}.$$

对上式求导数,得

$$y^{*\prime}=e^{-2x}[-2Ax^2+2(A-B)x+B],$$
$$y^{*\prime\prime}=e^{-2x}[4Ax^2-4(2A-B)x+2(A-2B)].$$

将它们代入原方程,化简后约去 e^{-2x},得

$$-4Ax+(2A-2B)=4x.$$

分别比较 x 的系数和常数项,得

$$\begin{cases}-4A=4,\\2A-2B=0.\end{cases}$$

解得 $A=-1, B=-1$. 因此,原方程的一个特解为

$$y^*=x(-x-1)e^{-2x}.$$

于是原方程的通解为

$$y=C_1+C_2e^{-2x}-x(x+1)e^{-2x}.$$

【例 6】 求微分方程 $y''-2y'+y=(x-1)e^x$ 满足初始条件 $y|_{x=0}=0, y'|_{x=0}=1$ 的特解.

解　该方程对应的齐次方程是

$$y''-2y'+y=0.$$

特征方程为

$$r^2-2r+1=0.$$

特征根为 $r_1=r_2=1$. 于是,齐次方程的通解为

$$y=(C_1+C_2x)e^x.$$

又由原方程中 $f(x)=(x-1)e^x$ 可知, $\lambda=1, P_n(x)=x-1$. 因为 $\lambda=1$ 是二重特征根,且 $P_n(x)=x-1$ 是一次多项式,所以应取 $k=2$,设原方程的特解为

$$y^*=x^2(Ax+B)e^x.$$

将上式代入原方程中,求得 $A=\frac{1}{6}, B=-\frac{1}{2}$. 因此,原方程的一个特解为

$$y^*=x^2\left(\frac{1}{6}x-\frac{1}{2}\right)e^x.$$

于是原方程的通解为

$$y=(C_1+C_2x)e^x+x^2\left(\frac{1}{6}x-\frac{1}{2}\right)e^x=\left(C_1+C_2x-\frac{1}{2}x^2+\frac{1}{6}x^3\right)e^x.$$

将初始条件 $y|_{x=0}=0, y'|_{x=0}=1$ 代入以上通解中，求得 $C_1=0, C_2=1$. 于是，所求方程的特解为

$$y=\left(x-\frac{1}{2}x^2+\frac{1}{6}x^3\right)e^x.$$

（2）$f(x)=e^{\lambda x}[P_l(x)\cos\omega x+P_n(x)\sin\omega x]$，其中 λ,ω 是常数，$P_l(x),P_n(x)$ 分别是 l 次和 n 次多项式. 这时，方程 $y''+py'+qy=f(x)$ 成为

$$y''+py'+qy=e^{\lambda x}[P_l(x)\cos\omega x+P_n(x)\sin\omega x].$$

经分析知，它具有形如

$$y^*=x^k e^{\lambda x}[R_m^{(1)}(x)\cos\omega x+R_m^{(2)}(x)\sin\omega x]$$

的特解，其中 $R_m^{(1)}(x),R_m^{(2)}(x)$ 是 m 次多项式，$m=\max\{l,n\}$；k 是一个整数，当 $\lambda\pm\omega i$ 不是特征根时，$k=0$；当 $\lambda\pm\omega i$ 是特征根时，$k=1$.

【例 7】 求微分方程 $y''+y=x\cos 2x$ 的通解.

解 该方程对应的齐次方程是

$$y''+y=0.$$

特征方程为

$$r^2+1=0.$$

特征根为 $r_{1,2}=\pm i$. 所以对应的齐次方程的通解为

$$y=C_1\cos x+C_2\sin x.$$

又由原方程中 $f(x)=x\cos 2x$ 可知，$\lambda=0,\omega=2,P_l(x)=x,P_n(x)=0$. 因为 $\lambda\pm 2i$ 不是特征根，所以应取后 $k=0$，设原方程的特解为

$$y^*=(ax+b)\cos 2x+(cx+d)\sin 2x.$$

把它代入原方程，得

$$(-3ax-3b+4c)\cos 2x-(3cx+3d+4a)\sin 2x=x\cos 2x.$$

比较等式两端的系数，得

$$\begin{cases}-3a=1,\\-3b+4c=0,\\-3c=0,\\-3d-4a=0,\end{cases}$$

解得 $a=-\frac{1}{3},b=0,c=0,d=\frac{4}{9}$. 因此，原方程的一个特解为

$$y^*=-\frac{1}{3}x\cos 2x+\frac{4}{9}\sin 2x.$$

于是原方程的通解为

$$y=C_1\cos x+C_2\sin x-\frac{1}{3}x\cos 2x+\frac{4}{9}\sin 2x.$$

习 题 1-4

1. 求下列微分方程的通解：

(1) $y''-y'-2y=0$；　(2) $y''-4y=0$；

(3) $3y''-2y'-8y=0$；　(4) $y''+y=0$；

(5) $y''+6y'+13y=0$；　(6) $4y''-8y'+5y=0$；

(7) $y''-2y'+y=0$；　(8) $4y''-20y'+25y=0$.

2. 求下列微分方程满足初始条件的特解：

(1) $y''-4y'+3y=0,\quad y|_{x=0}=6,\quad y'|_{x=0}=0$；

(2) $4y''+4y'+y=0,\quad y|_{x=0}=1,\quad y'|_{x=0}=2$；

(3) $y''+4y=0,\quad y|_{x=0}=2,\quad y'|_{x=0}=6$；

(4) $\dfrac{d^2s}{dt^2}+2\dfrac{ds}{dt}+s=0,\quad s|_{t=0}=4,\quad \left.\dfrac{ds}{dt}\right|_{t=0}=2$.

3. 写出下列微分方程的特解形式：

(1) $y''+5y'+4y=3x^2+1$；　(2) $y''+3y'=(3x^2+1)e^{-3x}$；

(3) $3y''-8y=x^3$；　(4) $4y''+12y'+9y=e^{-\frac{3}{2}x}$.

4. 求下列微分方程的通解：

(1) $2y''+y'-y=4e^x$；　(2) $2y''+5y'=5x^2-2x-1$；

(3) $y''+3y'+2y=3xe^{-x}$；　(4) $y''-6y'+9y=(x+1)e^{2x}$.

1.5 微分方程在实际中应用举例

【例1】 已知某种放射性元素的衰变率与当时尚未衰变的放射性元素的量成正比. 求这种放射性元素的衰变规律.

解 设这种放射性元素的衰变规律是 $Q=Q(t)$. 依题意，有

$$\frac{dQ}{dt}=-kQ \quad (k\text{ 为比例常数，且 }k>0).$$

上述方程是可分离变量的微分方程. 分离变量，得

$$\frac{dQ}{Q}=-k\,dt.$$

两端积分，得

$$\int\frac{dQ}{Q}=-k\int dt,\quad 即\quad \ln Q=-kt+C_0\quad (C_0\text{ 为任意常数}).$$

于是

$$Q=e^{-kt+C_0}=e^{C_0}\cdot e^{-kt}=Ce^{-kt}\,(C=e^{C_0}).$$

所以，所求放射性元素的衰变规律是 $Q=Ce^{-kt}$.

【例2】 医学研究发现，刀割伤口表面积恢复的速度为 $\dfrac{dA}{dt}=-5t^2\,(1\leqslant t\leqslant 5)(\mathrm{cm^2/d})$，其中 A 表示伤口的面积. 假设 $A(1)=5\ \mathrm{cm^2}$，问受伤5天后该病人的伤口表面积为多少？

解 由 $\dfrac{dA}{dt}=-5t^2$ 得

$$dA=-5t^2\,dt.$$

两边同时积分得

$$A(t)=-5\int t^{-2}\mathrm{d}t=5t^{-1}+C \quad (C\text{ 为任意常数}).$$

将 $A(1)=5\ \mathrm{cm}^2$ 代入上式得 $C=0$，所以 5 天后病人的伤口表面积 $A(5)=1(\mathrm{cm}^2)$.

【例 3】 一个物体在空中下落，所受空气阻力与速度成正比. 当时间 $t=0$ 时，物体的速度为零. 求该物体下落的速度与时间的函数关系.

解 设物体下落的速度为 $v(t)$. 当物体在空中下落时，同时受到重力 P 与阻力 R 的作用(见图 1-1). 重力大小为 $P=mg$，方向与 v 相同；阻力大小为 kv(k 为比例系数)，方向与 v 相反. 因此，物体所受的合外力为

$$F=mg-kv.$$

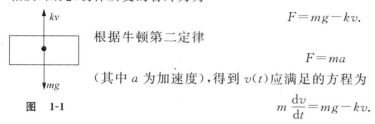

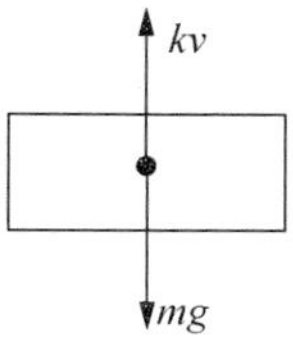

图 1-1

根据牛顿第二定律

$$F=ma$$

(其中 a 为加速度)，得到 $v(t)$ 应满足的方程为

$$m\frac{\mathrm{d}v}{\mathrm{d}t}=mg-kv.$$

根据题意，初始条件为

$$v|_{t=0}=0.$$

很明显，上述微分方程是可分离变量的，分离变量得

$$\frac{\mathrm{d}v}{mg-kv}=\frac{\mathrm{d}t}{m}.$$

两边积分

$$\int\frac{\mathrm{d}v}{mg-kv}=\int\frac{\mathrm{d}t}{m},$$

得

$$-\frac{1}{k}\ln(mg-kv)=\frac{t}{m}+C_1 \quad (C_1\text{ 为任意常数}),$$

即

$$mg-kv=\mathrm{e}^{-\frac{k}{m}t-kC_1},$$

或

$$v=\frac{mg}{k}+C\mathrm{e}^{-\frac{k}{m}t}\left(C=-\frac{\mathrm{e}^{-kC_1}}{k}\right).$$

这就是所求微分方程的通解.

将初始条件 $v|_{t=0}=0$ 代入上述通解中，得

$$C=-\frac{mg}{k}.$$

于是，所求的特解为

$$v=\frac{mg}{k}(1-\mathrm{e}^{-\frac{k}{m}t}).$$

【例 4】 如图 1-2 所示的电路中，电源电动势为 $E=E_{\mathrm{m}}\sin\omega t$($E_{\mathrm{m}}$，$\omega$ 都是常数)，电阻 R 和电感 L 都是常量. 求电流随时间的变化规律 $i(t)$.

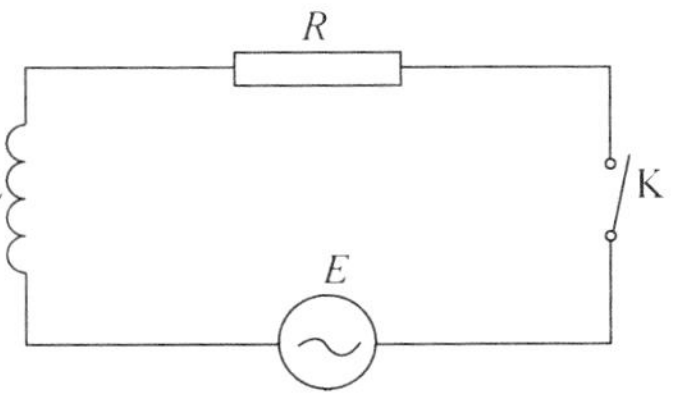

图 1-2

解 (1) 列方程. 根据回路电压定律,得

$$E-L\frac{\mathrm{d}i}{\mathrm{d}t}-iR=0,$$

即

$$\frac{\mathrm{d}i}{\mathrm{d}t}+\frac{R}{L}i=\frac{E}{L}.$$

把 $E=E_m\sin\omega t$ 代入上式,得

$$\frac{\mathrm{d}i}{\mathrm{d}t}+\frac{R}{L}i=\frac{E_m}{L}\sin\omega t,$$

且有初始条件

$$i\big|_{t=0}=0.$$

(2) 求通解. 所列方程是一阶非齐次线性方程,且有

$$P(t)=\frac{R}{L},\quad Q(t)=\frac{E_m}{L}\sin\omega t.$$

把它们代入 1.2 节中的公式(4),得

$$i(t)=\mathrm{e}^{-\frac{R}{L}t}\left(\int\frac{E_m}{L}\mathrm{e}^{\frac{R}{L}t}\sin\omega t\,\mathrm{d}t+C\right).$$

应用分部积分法,可求得

$$\int\mathrm{e}^{\frac{R}{L}t}\sin\omega t\,\mathrm{d}t=\frac{\mathrm{e}^{\frac{R}{L}t}}{R^2+\omega^2L^2}(RL\sin\omega t-\omega L^2\cos\omega t).$$

于是,方程的通解为

$$i(t)=\frac{E_m}{R^2+\omega^2L^2}(R\sin\omega t-\omega L\cos\omega t)+C\mathrm{e}^{-\frac{R}{L}t},$$

其中 C 为任意常数.

(3) 求特解. 将初始条件代入上述通解中,得

$$C=\frac{\omega LE_m}{R^2+\omega^2L^2}.$$

于是,所求电流随时间的变化规律为

$$i(t)=\frac{E_m}{R^2+\omega^2L^2}(R\sin\omega t-\omega L\cos\omega t)+\frac{\omega LE_m}{R^2+\omega^2L^2}\mathrm{e}^{-\frac{R}{L}t}.$$

(4) 讨论. 在上式右边的第一项中,令

$$\cos\varphi=\frac{R}{\sqrt{R^2+\omega^2L^2}},\quad \sin\varphi=\frac{\omega L}{\sqrt{R^2+\omega^2L^2}},$$

则特解又可改写为

$$i(t)=\frac{E_m}{\sqrt{R^2+\omega^2L^2}}\sin(\omega t-\varphi)+\frac{\omega LE_m}{R^2+\omega^2L^2}\mathrm{e}^{-\frac{R}{L}t}.$$

【例 5】 如图 1-3 所示,弹簧上端固定,下端挂一个质量为 m 的物体,O 点为平衡位置. 如果在弹性限度内用力将物体向下一拉,随即松开,物体就会在平衡位置 O 上下作自由振动. 忽略物体所受的阻力(如空气阻力等)不计,并且当运动开始时,物体的位置为 x_0,初速度为 v_0,求物体的运动规律.

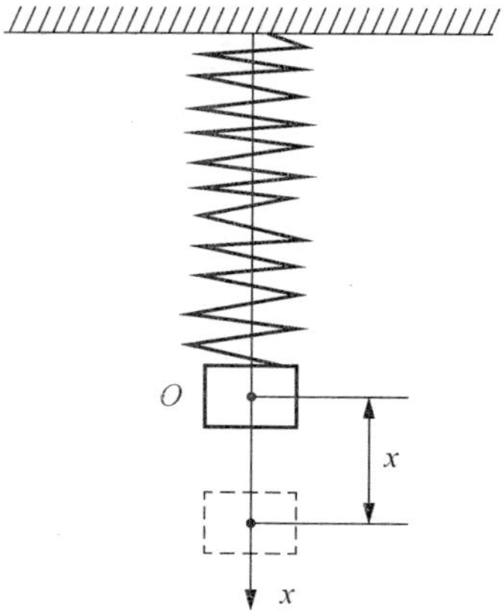

图 1-3

解 设物体的运动规律为 $x=x(t)$. 由于忽略阻力不计，因此物体只受到使物体回到平衡位置 O 的弹性恢复力的作用. 由物理学中的虎克定理可知，弹性回复力

$$f=-kx,$$

其中 k 为弹性系数，负号表示力 f 的方向与位移 x 的方向相反. 根据牛顿第二定律，得微分方程

$$m\frac{d^2x}{dt^2}=-kx,$$

即

$$\frac{d^2x}{dt^2}+\frac{k}{m}x=0.$$

令 $\frac{k}{m}=\omega^2$，则有

$$\frac{d^2x}{dt^2}+\omega^2x=0.$$

初始条件为 $x|_{t=0}=x_0, x'|_{t=0}=v_0$. 因为上述微分方程的特征方程为

$$r^2+\omega^2=0,$$

特征根为 $r=\pm\omega i$，所以，微分方程的通解为

$$x=C_1\cos\omega t+C_2\sin\omega t \quad (C_1, C_2 \text{ 是任意常数}).$$

为了求出满足初始条件的特解，对上式两端求导，得

$$x'=-C_1\omega\sin\omega t+C_2\omega\cos\omega t.$$

将初始条件 $x|_{t=0}=x_0, x'|_{t=0}=v_0$ 代入以上两式，求得 $C_1=x_0, C_2=\frac{v_0}{\omega}$. 于是，所求特解为

$$x=x_0\cos\omega t+\frac{v_0}{\omega}\sin\omega t.$$

利用三角函数中的和角公式，上式可化为

$$x=\sqrt{x_0^2+\frac{v_0^2}{\omega^2}}\sin(\omega t+\varphi) \quad \left(\tan\varphi=\frac{\omega x_0}{v_0}\right).$$

令 $A=\sqrt{x_0^2+\frac{v_0^2}{\omega^2}}$，则

$$x=A\sin(\omega t+\varphi)$$

为所求的运动规律.

具有以上这种规律的运动，在物理学上叫作简谐振动. 其中 A 是振幅，ω 是振动频率.

习 题 1-5

1. 在商品销售预测中，时刻 t 的销售量用 $x=x(t)$ 表示. 如果商品销售的增长速度 $\frac{dx}{dt}$ 正比于销售量 $x(t)$ 及与销售接近饱和水平的程度 $a-x(t)$ 之乘积（a 为饱和水平），求销售量函数 $x(t)$.

2. 设有一个质量为 m 的物体，在空中由静止开始下降. 如果空气阻力为 $R=C^2v^2$（C 为常数，v 为物体运动的速度），试求物体下落的距离 s 与时间 t 的函数关系.

3. 设 $y=f(x)$ 在点 x 处的二阶导数为 $y''=x$，且曲线 $y=f(x)$ 过点 $M(0,1)$，在该点处与直线 $y=\frac{x}{2}+$

1 相切，求曲线 $y=f(x)$ 的表达式.

4. 一个质点运动的加速度为 $a=-2v-5g$. 如果该质点以初速度 $v_0=12$ m/s 由原点出发，试求质点的运动方程.

5. 一个质量为 m 的质点从水面由静止状态开始下降，所受阻力与下降速度成正比（比例系数为 k），求质点下降深度与时间 t 的函数关系.

6. 一条曲线过点(0,1)，在这一点与直线 $y=1$ 相切，且曲线的方程 $y=f(x)$，满足微分方程 $y''+4y=\sin x$，试求该曲线的方程.

本章小结

【主要内容】　微分方程的基本概念，一阶线性微分方程，可降阶的高阶微分方程，二阶常系数线性微分方程的解法.

【学习要求】

(1) 理解微分方程、微分方程的阶、解、通解、初始条件和特解等概念；

(2) 掌握可分离变量的微分方程及一阶线性微分方程的解法；

(3) 了解可降阶的高阶微分方程的解法；

(4) 了解二阶线性微分方程解的结构，理解二阶常系数线性微分方程的解法，会求两种常用类型的二阶常系数非齐次线性微分方程的解；

(5) 会用微分方程解决一些简单实际的问题.

【重点】　一阶线性微分方程的解法，二阶常系数线性微分方程的解法.

【难点】　微分方程类型的判定及微分方程在实际生活中的应用.

复习题一

1. 求下列微分方程的通解：

(1) $\dfrac{dy}{dx}=(x-y)^2+1$；

(2) $y'=\dfrac{1}{x+y}$；

(3) $(x+y^3)dy=ydx$；

(4) $y''-2y'+5y=e^x\sin x$；

(5) $y''-2y'+5y=e^x\sin 2x$；

(6) $y''+4y=x\cos x$.

2. 求下列微分方程的特解：

(1) $y''+12y'+36y=0, y|_{x=0}=4, y|_{x=0}=2$；

(2) $y'-\dfrac{x}{1+x^2}y=x+1, y|_{x=0}=\dfrac{1}{2}$；

(3) $y'+2xy=xe^{-x^2}, y|_{x=0}=1$；

(4) $(1+e^x)yy'=e^y, y|_{x=0}=0$；

(5) $y''+6y'+9y=5xe^{-3x}, y|_{x=0}=0, y'|_{x=0}=2$.

3. 已知二阶常系数线性齐次方程的一个特解为 $y=e^{2x}$，对应的特征方程的判别式等于 0. 求此微分方程满足初始条件 $y|_{x=0}=1, y'|_{x=0}=1$ 的特解.

第 2 章　线性代数初步

行列式和矩阵是研究线性方程组时建立起来并得到广泛应用的一种数学工具，本章主要介绍行列式、矩阵的一些基础知识和解线性方程组的问题.

2.1　行列式

行列式在线性代数学中占有重要的地位，它不仅是研究矩阵理论和线性方程组求解理论的重要工具，而且在工程技术领域中也有着极其广泛地应用. 正确理解行列式的基本概念，熟练掌握计算行列式的基本方法，会对今后的课程内容学习带来很大方便.

2.1.1　二、三阶行列式

行列式的概念是在解线性方程组的问题中引入的. 对于二元线性方程组

$$\begin{cases} a_{11}x_1 + a_{12}x_2 = b_1, & \text{(2-1a)} \\ a_{21}x_1 + a_{22}x_2 = b_2. & \text{(2-1b)} \end{cases}$$

我们采用加减消元法从方程组里消去一个未知数来求解，为此，方程(2-1a)乘以 a_{22} 与方程(2-1b)乘以 a_{12} 相减得

$$(a_{11}a_{22} - a_{21}a_{12})x_1 = b_1a_{22} - b_2a_{12},$$

方程(2-1b)乘以 a_{11} 与方程(2-1a)乘以 a_{21} 相减得

$$(a_{11}a_{22} - a_{21}a_{12})x_2 = b_2a_{11} - b_1a_{21}.$$

若设 $a_{11}a_{22} - a_{21}a_{12} \neq 0$，方程组的解为

$$x_1 = \frac{b_1a_{22} - b_2a_{12}}{a_{11}a_{22} - a_{21}a_{12}}, \quad x_2 = \frac{b_2a_{11} - b_1a_{21}}{a_{11}a_{22} - a_{21}a_{12}}. \tag{2-2}$$

容易验证(2-2)式是方程组(2-1)的解.

在(2-2)式中，两个等式右端的分母是相等的，我们把分母引进一个记号，记

$$\begin{vmatrix} a_{11} & a_{12} \\ a_{21} & a_{22} \end{vmatrix} = a_{11}a_{22} - a_{21}a_{12}. \tag{2-3}$$

(2-3)式左端称为**二阶行列式**，记为 Δ，即

$$\Delta = \begin{vmatrix} a_{11} & a_{12} \\ a_{21} & a_{22} \end{vmatrix}.$$

而(2-3)式右端称为二阶行列式 Δ 的展开式.

对于二阶行列式 Δ，我们也称为方程组(2-1)的**系数行列式**. 我们若用二阶行列式记

$$\Delta_1 = \begin{vmatrix} b_1 & a_{12} \\ b_2 & a_{22} \end{vmatrix} = b_1a_{22} - b_2a_{12}, \quad \Delta_2 = \begin{vmatrix} a_{11} & b_1 \\ a_{21} & b_2 \end{vmatrix} = b_2a_{11} - b_1a_{21},$$

方程组的解(2-1)式可写成

$$x_1 = \frac{\Delta_1}{\Delta}, \quad x_2 = \frac{\Delta_2}{\Delta}.$$

【例1】 用行列式解二元一次方程组

$$\begin{cases}2x_1-x_2=5,\\3x_1+2x_2=11.\end{cases}$$

解 因为

$$D=\begin{vmatrix}2&-1\\3&2\end{vmatrix}=2\times2-(-1)\times3=7\neq0,$$

$$D_1=\begin{vmatrix}5&-1\\11&2\end{vmatrix}=21,\quad D_2=\begin{vmatrix}2&5\\3&11\end{vmatrix}=7.$$

所以,得

$$x_1=\frac{D_1}{D}=\frac{21}{7}=3,\quad x_2=\frac{D_2}{D}=\frac{7}{7}=1.$$

故原方程组的解是

$$\begin{cases}x_1=3,\\x_2=1.\end{cases}$$

对于三元线性方程组

$$\begin{cases}a_{11}x_1+a_{12}x_2+a_{13}x_3=b_1\\a_{21}x_1+a_{22}x_2+a_{23}x_3=b_2\\a_{31}x_1+a_{32}x_2+a_{33}x_3=b_3\end{cases}\tag{2-4}$$

与二元线性方程组类似,当

$$a_{11}a_{22}a_{33}+a_{12}a_{23}a_{31}+a_{13}a_{21}a_{32}-a_{11}a_{23}a_{32}-a_{12}a_{21}a_{33}-a_{13}a_{22}a_{31}\neq0,$$

用加减消元法可求得它的解:

$$x_1=\frac{a_{22}a_{33}b_1+a_{13}a_{32}b_2+a_{12}a_{23}b_3-a_{13}a_{22}b_3-a_{12}a_{33}b_2-a_{23}a_{32}b_1}{a_{11}a_{22}a_{33}+a_{12}a_{23}a_{31}+a_{13}a_{21}a_{32}-a_{11}a_{23}a_{32}-a_{12}a_{21}a_{33}-a_{13}a_{22}a_{31}},$$

$$x_2=\frac{a_{11}a_{33}b_2+a_{13}a_{21}b_3+a_{23}a_{31}b_1-a_{13}a_{31}b_2-a_{11}a_{23}b_3-a_{21}a_{33}b_1}{a_{11}a_{22}a_{33}+a_{12}a_{23}a_{31}+a_{13}a_{21}a_{32}-a_{11}a_{23}a_{32}-a_{12}a_{21}a_{33}-a_{13}a_{22}a_{31}},$$

$$x_3=\frac{a_{11}a_{22}b_3+a_{12}a_{31}b_2+a_{21}a_{32}b_1-a_{22}a_{31}b_1-a_{11}a_{32}b_2-a_{12}a_{21}b_3}{a_{11}a_{22}a_{33}+a_{12}a_{23}a_{31}+a_{13}a_{21}a_{32}-a_{11}a_{23}a_{32}-a_{12}a_{21}a_{33}-a_{13}a_{22}a_{31}}.$$

若对上面解的分母引进记号,记

$$\begin{vmatrix}a_{11}&a_{12}&a_{13}\\a_{21}&a_{22}&a_{23}\\a_{31}&a_{32}&a_{33}\end{vmatrix}=a_{11}a_{22}a_{33}+a_{12}a_{23}a_{31}+a_{13}a_{21}a_{32}-a_{11}a_{23}a_{32}-a_{12}a_{21}a_{33}-a_{13}a_{22}a_{31},\tag{2-5}$$

则(2-5)式的左边称为**三阶行列式**,通常也记为Δ. 在Δ中,横的称为**行**,纵的称为**列**,其中a_{ij} $(i,j=1,2,3)$称为此行列式的第i行第j列的**元素**. (2-5)式的右边称为三阶行列式的展开式,利用二阶行列式可以把展开式写成:

$$a_{11}\begin{vmatrix}a_{22}&a_{23}\\a_{32}&a_{33}\end{vmatrix}-a_{12}\begin{vmatrix}a_{21}&a_{23}\\a_{31}&a_{33}\end{vmatrix}+a_{13}\begin{vmatrix}a_{21}&a_{22}\\a_{31}&a_{32}\end{vmatrix},$$

因此有

$$\begin{vmatrix}a_{11}&a_{12}&a_{13}\\a_{21}&a_{22}&a_{23}\\a_{31}&a_{32}&a_{33}\end{vmatrix}=a_{11}\begin{vmatrix}a_{22}&a_{23}\\a_{32}&a_{33}\end{vmatrix}-a_{12}\begin{vmatrix}a_{21}&a_{23}\\a_{31}&a_{33}\end{vmatrix}+a_{13}\begin{vmatrix}a_{21}&a_{22}\\a_{31}&a_{32}\end{vmatrix}.\tag{2-6}$$

若记

$$M_{11}=\begin{vmatrix}a_{22}&a_{23}\\a_{32}&a_{33}\end{vmatrix},\quad M_{12}=\begin{vmatrix}a_{21}&a_{23}\\a_{31}&a_{33}\end{vmatrix},\quad M_{13}=\begin{vmatrix}a_{21}&a_{22}\\a_{31}&a_{32}\end{vmatrix},$$

$$A_{11}=(-1)^{1+1}M_{11},\quad A_{12}=(-1)^{1+2}M_{12},\quad A_{13}=(-1)^{1+3}M_{13},$$

则有

$$\Delta=\begin{vmatrix}a_{11}&a_{12}&a_{13}\\a_{21}&a_{22}&a_{23}\\a_{31}&a_{32}&a_{33}\end{vmatrix}=a_{11}A_{11}+a_{12}A_{12}+a_{13}A_{13},\tag{2-7}$$

其中 A_{1j}称为元素 $a_{1j}(j=1,2,3)$的**代数余子式**，M_{1j}称为元素 a_{1j}的余子式，它是 Δ 中划去元素 a_{1j}所在的行、列后所余下的元素按原位置组成的二阶行列式.

引进了三阶行列式，方程组(2-4)的解就可写成

$$x_1=\frac{\Delta_1}{\Delta},\quad x_2=\frac{\Delta_2}{\Delta},\quad x_3=\frac{\Delta_3}{\Delta}.\tag{2-8}$$

Δ 也称为方程组(2-4)的系数行列式，它是由未知数的所有系数组成的行列式，$\Delta_j(j=1,2,3)$是将 Δ 的第 j 列换成常数列而得到的三阶行列式.

(2-6)式为我们给出了一种计算三阶行列式的方法，(2-7)式给出三阶行列式的一种定义方式，而(2-8)式为我们提供了一种求解三元线性方程组的方法(在系数行列式不为零的情况下).

三阶行列式也可用对角线法则计算，如图 2-1.

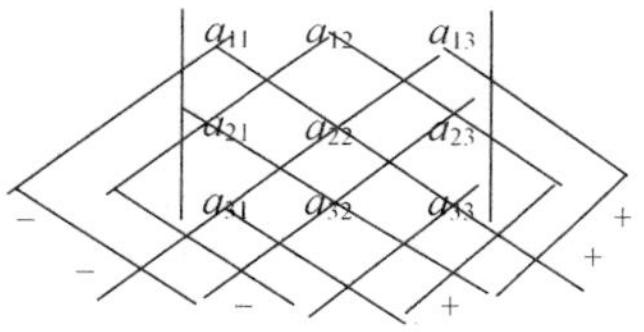

图 2-1

【例 2】 计算三阶行列式

$$\begin{vmatrix}-1&3&2\\3&0&-2\\-2&1&3\end{vmatrix}.$$

解

$$\begin{vmatrix}-1&3&2\\3&0&-2\\-2&1&3\end{vmatrix}$$

$$=(-1)(-1)^{1+1}\begin{vmatrix}0&-2\\1&3\end{vmatrix}+3(-1)^{1+2}\begin{vmatrix}3&-2\\-2&3\end{vmatrix}+2(-1)^{1+3}\begin{vmatrix}3&0\\-2&1\end{vmatrix}$$

$$=(-1)\times2-3\times5+2\times3=-11.$$

【例 3】 用行列式解三元线性方程组

$$\begin{cases}x_1+2x_2+x_3=3,\\-2x_1+x_2-x_3=-3,\\x_1-4x_2+2x_3=-5.\end{cases}$$

解　因为

$$D=\begin{vmatrix}1&2&1\\-2&1&-1\\1&-4&2\end{vmatrix}=2+8-2-1+8-4=11\neq 0,$$

且

$$D_1=\begin{vmatrix}3&2&1\\-3&1&-1\\-5&-4&2\end{vmatrix}=33,\quad D_2=\begin{vmatrix}1&3&1\\-2&-3&-1\\1&-5&2\end{vmatrix}=11,$$

$$D_3=\begin{vmatrix}1&2&3\\-2&1&-3\\1&-4&-5\end{vmatrix}=-22.$$

所以,得

$$x_1=\frac{33}{11}=3,\quad x_2=\frac{11}{11}=1,\quad x_3=\frac{-22}{11}=-2.$$

2.1.2　三阶行列式的性质

用定义计算三阶行列式比较繁琐,为了简化计算,下面对三阶行列式的性质进行研究.先引进转置行列式的概念.

把行列式

$$D=\begin{vmatrix}a_{11}&a_{12}&a_{13}\\a_{21}&a_{22}&a_{23}\\a_{31}&a_{32}&a_{33}\end{vmatrix}$$

的行与列依次互换,得到行列式

$$D'=\begin{vmatrix}a_{11}&a_{21}&a_{31}\\a_{12}&a_{22}&a_{32}\\a_{13}&a_{23}&a_{33}\end{vmatrix},$$

则 D' 叫作 D 的**转置行列式**(也可以用 D^{T} 表示).

利用三阶行列式的展开式,可以证明下面的性质成立.

性质 1　行列式与它的转置行列式相等,即 $D'=D$. 例如,行列式

$$D=\begin{vmatrix}1&2&3\\0&-1&4\\-2&0&5\end{vmatrix}$$

的转置行列式是

$$D'=\begin{vmatrix}1&0&-2\\2&-1&0\\3&4&5\end{vmatrix}.$$

显然有

$$D=\begin{vmatrix}1&2&3\\0&-1&4\\-2&0&5\end{vmatrix}=-5-16-6=-27,$$

$$D'=\begin{vmatrix}1&0&-2\\2&-1&0\\3&4&5\end{vmatrix}=-5-16-6=-27.$$

由此性质知，行列式的性质凡是对行成立的，对列也同样成立，反之亦然.

性质 2 交换行列式的任意两行(列)，行列式仅改变符号. 例如，我们容易验证

$$\begin{vmatrix}a_{11}&a_{12}&a_{13}\\a_{21}&a_{22}&a_{23}\\a_{31}&a_{32}&a_{33}\end{vmatrix}=-\begin{vmatrix}a_{31}&a_{32}&a_{33}\\a_{21}&a_{22}&a_{23}\\a_{11}&a_{12}&a_{13}\end{vmatrix}.$$

推论 如果行列式有两行(列)的对应元素相同，则此行列式的值为零.

性质 3 把行列式的某一行(列)中所有元素都乘以同一数 k，等于以数 k 乘以此行列式. 例如

$$\begin{vmatrix}a_{11}&a_{12}&a_{13}\\ka_{21}&ka_{22}&ka_{23}\\a_{31}&a_{32}&a_{33}\end{vmatrix}=k\begin{vmatrix}a_{11}&a_{12}&a_{13}\\a_{21}&a_{22}&a_{23}\\a_{31}&a_{32}&a_{33}\end{vmatrix}.$$

推论 1 行列式中某一行(列)的所有元素的公因子可以提到行列式符号的外面.

推论 2 如果行列式某行(列)的元素全为零，则此行列式的值等于零.

推论 3 如果行列式某两行(列)的元素对应成比例，则此行列式的值等于零. 例如

$$\begin{vmatrix}1&2&3\\2&4&6\\3&1&7\end{vmatrix}=2\begin{vmatrix}1&2&3\\1&2&3\\3&1&7\end{vmatrix}=0.$$

性质 4 行列式的某一行(列)的各元素都是二项的和，这个行列式等于两个行列式的和. 例如

$$\begin{vmatrix}a_{11}+b_{11}&a_{12}+b_{12}&a_{13}+b_{13}\\a_{21}&a_{22}&a_{23}\\a_{31}&a_{32}&a_{33}\end{vmatrix}=\begin{vmatrix}a_{11}&a_{12}&a_{13}\\a_{21}&a_{22}&a_{23}\\a_{31}&a_{32}&a_{33}\end{vmatrix}+\begin{vmatrix}b_{11}&b_{12}&b_{13}\\a_{21}&a_{22}&a_{23}\\a_{31}&a_{32}&a_{33}\end{vmatrix}.$$

性质 5 把行列式的某一行(列)的各元素乘以常数 k，加到另一行(列)上，行列式的值不变. 例如，利用性质 4 及推论 3 容易验证下面的等式成立：

$$\begin{vmatrix}a_{11}&a_{12}&a_{13}\\a_{21}&a_{22}&a_{23}\\a_{31}&a_{32}&a_{33}\end{vmatrix}=\begin{vmatrix}a_{11}&a_{12}&a_{13}\\a_{21}+ka_{11}&a_{22}+ka_{12}&a_{23}+ka_{13}\\a_{31}&a_{32}&a_{33}\end{vmatrix}.$$

【例 4】 计算行列式

$$D=\begin{vmatrix}2&-6&10\\3&-9&30\\-5&15&13\end{vmatrix}.$$

解 因为第一列与第二列的对应元素成比例，所以由性质 3 的推论 3，得

$$D=\begin{vmatrix}2&-6&10\\3&-9&30\\-5&15&13\end{vmatrix}=0.$$

【例 5】 计算以下行列式：

(1) $D_1=\begin{vmatrix}0 & -1 & 3\\ 1 & 1 & 5\\ 2 & 3 & 1\end{vmatrix}$；　　(2) $D_2=\begin{vmatrix}1 & 1 & -1\\ -1 & x & 2\\ 2 & 2 & x\end{vmatrix}$.

解 (1) 可先利用行列式的性质将行列式化为三角行列式，再由前述性质和推论求得行列式的值. 计算过程如下：

(1)
$$D_1=\begin{vmatrix}0 & -1 & 3\\ 1 & 1 & 5\\ 2 & 3 & 1\end{vmatrix}\xlongequal{r_1\leftrightarrow r_2}-\begin{vmatrix}1 & 1 & 5\\ 0 & -1 & 3\\ 2 & 3 & 1\end{vmatrix}$$
$$\xlongequal{r_3-2\times r_1}-\begin{vmatrix}1 & 1 & 5\\ 0 & -1 & 3\\ 0 & 1 & -9\end{vmatrix}\xlongequal{r_2+r_3}-\begin{vmatrix}1 & 1 & 5\\ 0 & -1 & 3\\ 0 & 0 & -6\end{vmatrix}$$
$$=-1\times(-1)\times(-6)=-6.$$

(2)
$$D_2=\begin{vmatrix}1 & 1 & -1\\ -1 & x & 2\\ 2 & 2 & x\end{vmatrix}=\begin{vmatrix}1 & 1 & -1\\ 0 & x+1 & 1\\ 0 & 0 & x+2\end{vmatrix}=(x+1)(x+2).$$

注意 为了叙述方便，我们约定：

(1) 记号 $r_i\leftrightarrow r_j$ 表示互换第 i,j 两行.

(2) 记号 $c_i\leftrightarrow c_j$ 表示互换第 i,j 两列.

(3) 记号 $r_ik\,(c_ik)$ 表示将行列式的第 i 行(或列)乘以数 k.

(4) 记号 $r_i+kr_j\,(c_i+kc_j)$ 表示将行列式的第 j 行(或列)乘以 k 加到第 i 行(或列).

下面，我们来研究行列式的展开性质.

在三阶行列式

$$D=\begin{vmatrix}a_{11} & a_{12} & a_{13}\\ a_{21} & a_{22} & a_{23}\\ a_{31} & a_{32} & a_{33}\end{vmatrix}$$

中，划去 a_{ij} 所在的行和列的元素，剩下的元素按原来的次序构成一个二阶行列式，称为元素 a_{ij} 的余子式，记作 M_{ij} a_{ij} 的余子式 M_{ij} 前添加符号 $(-1)^{i+j}$，称为元素 a_{ij} 的**代数余子式**，记作 A_{ij}，即

$$A_{ij}=(-1)^{i+j}M_{ij}.$$

例如，元素 a_{23} 的代数余子式是

$$A_{23}=(-1)^{2+3}\begin{vmatrix}a_{11} & a_{12}\\ a_{31} & a_{32}\end{vmatrix}=-\begin{vmatrix}a_{11} & a_{12}\\ a_{31} & a_{32}\end{vmatrix},$$

a_{22} 的代数余子式是

$$A_{22}=(-1)^{2+2}\begin{vmatrix}a_{11} & a_{13}\\ a_{31} & a_{33}\end{vmatrix}=-\begin{vmatrix}a_{11} & a_{13}\\ a_{31} & a_{33}\end{vmatrix}.$$

性质 6 行列式等于它的任意一行(列)的各元素与其对应的代数余子式的乘积的和，即

$$D=\begin{vmatrix}a_{11} & a_{12} & a_{13}\\ a_{21} & a_{22} & a_{23}\\ a_{31} & a_{32} & a_{33}\end{vmatrix}=a_{i1}A_{i1}+a_{i2}A_{i2}+a_{i3}A_{i3}\,(i=1,2,3),$$

$$D=\begin{vmatrix} a_{11} & a_{12} & a_{13} \\ a_{21} & a_{22} & a_{23} \\ a_{31} & a_{32} & a_{33} \end{vmatrix}=a_{1j}A_{1j}+a_{2j}A_{j2}+a_{3j}A_{3j}(j=1,2,3).$$

这个性质叫作**行列式的展开性质**.

【例 6】 用行列式的展开性质计算行列式

$$D=\begin{vmatrix} 2 & 3 & -1 \\ 1 & 0 & 5 \\ 4 & -1 & 6 \end{vmatrix}.$$

解 在第二行中,有一个元素是零.按第二行展开,得

$$D=1\times(-1)^{1+2}\begin{vmatrix} 3 & -1 \\ -1 & 6 \end{vmatrix}+0\times(-1)^{2+2}\begin{vmatrix} 2 & -1 \\ 4 & 6 \end{vmatrix}$$
$$+5\times(-1)^{2+3}\begin{vmatrix} 2 & 3 \\ 4 & -1 \end{vmatrix}$$
$$=-(18-1)-5\times(-2-12)=53.$$

性质 7 行列式某一行(列)的元素与另一行(列)对应元素的代数余子式的乘积的和等于零.即

$$a_{i1}A_{k1}+a_{i2}A_{k2}+a_{i3}A_{k3}=0(i\neq k),$$
$$a_{1j}A_{1t}+a_{2j}A_{2t}+a_{3j}A_{3t}=0(j\neq t).$$

例如,在【例 6】中,有

$$a_{11}A_{21}+a_{12}A_{22}+a_{13}A_{23}$$
$$=2\times(-1)^{2+1}\begin{vmatrix} 3 & -1 \\ -1 & 6 \end{vmatrix}+3\times(-1)^{2+2}\begin{vmatrix} 2 & -1 \\ 4 & 6 \end{vmatrix}+(-1)\times(-1)^{2+3}\begin{vmatrix} 2 & 3 \\ 4 & -1 \end{vmatrix}$$
$$=-2\times(18-1)+3\times(12+4)+(-2-12)=0.$$

2.1.3 高阶行列式

类似于三元线性方程组的讨论,对于 n 元线性方程组

$$\begin{cases} a_{11}x_1+a_{12}x_2+\cdots+a_{1n}x_n=b_1, \\ a_{21}x_1+a_{22}x_2+\cdots+a_{2n}x_n=b_2, \\ \cdots\cdots\cdots\cdots\cdots\cdots\cdots\cdots \\ a_{n1}x_1+a_{n2}x_2+\cdots+a_{nn}x_n=b_n \end{cases} \tag{2-9}$$

的所有未知数的系数也可以组成一个系数行列式

$$\begin{vmatrix} a_{11} & a_{12} & \cdots & a_{1n} \\ a_{21} & a_{22} & \cdots & a_{2n} \\ \cdots & \cdots & \cdots & \cdots \\ a_{n1} & a_{n2} & \cdots & a_{nn} \end{vmatrix}. \tag{2-10}$$

它就是一个 n 阶行列式.仿照三阶行列式的定义(2-7),运用递归法,可把 n 阶行列式具体地定义为:

定义 2.1.1 由 n^2 个数排成 n 行 n 列的(2-10)式,称为 ***n* 阶行列式**.它等于由其展开式

$$a_{11}A_{11}+a_{12}A_{12}+\cdots+a_{1n}A_{1n}=\sum_{k=1}^{n}a_{1k}A_{1k}$$

运算所得到的数,即

$$\begin{vmatrix} a_{11} & a_{12} & \cdots & a_{1n} \\ a_{21} & a_{22} & \cdots & a_{2n} \\ \cdots & \cdots & \cdots & \cdots \\ a_{n1} & a_{n2} & \cdots & a_{nn} \end{vmatrix} = \sum_{k=1}^{n} a_{1k}A_{1k}, \tag{2-11}$$

其中 $A_{1j}=(-1)^{1+j}M_{1j}(j=1,2,\cdots,n)$ 称为元素 a_{1j} 的代数余子式,M_{1j} 称为称为元素 a_{1j} 的余子式,它是 n 阶行列式(2-10)中划去元素 a_{1j} 所在行、列后余下的 $n-1$ 阶行列式.

n 阶行列式一般可用 D 或 D_n 表示. 当 $n=1$ 时称为一阶行列式,规定一阶行列式 $|a|$ 的值等于 a.

对于行列式(2-10)的一般元素 a_{ij},其代数余子式和余子式可定义如下.

定义 2.1.2　把 $A_{ij}=(-1)^{i+j}M_{ij}$ 称为元素 a_{ij} 的代数余子式,M_{ij} 称为称为元素 a_{ij} 的余子式$(i,j=1,2,\cdots,n)$,它是 n 阶行列式(2-10)中划去元素 a_{ij} 所在第 i 行第 j 列后余下的 $n-1$ 阶行列式,即

$$M_{ij} = \begin{vmatrix} a_{11} & \cdots & a_{1j-1} & a_{1j+1} & \cdots & a_{1n} \\ \cdots & \cdots & \cdots & \cdots & \cdots & \cdots \\ a_{i-11} & \cdots & a_{i-1j-1} & a_{i-1j+1} & \cdots & a_{i-1n} \\ a_{i+11} & \cdots & a_{i+1j-1} & a_{i+1j+1} & \cdots & a_{i+1n} \\ \cdots & \cdots & \cdots & \cdots & \cdots & \cdots \\ a_{n1} & \cdots & a_{nj-1} & a_{nj+1} & \cdots & a_{nn} \end{vmatrix}.$$

代数余子式是行列式的一个重要概念,在行列式的计算中起到非常重要的作用. 例如,在三阶行列式

$$D_3 = \begin{vmatrix} 3 & 2 & 1 \\ 2 & 3 & 3 \\ 1 & 0 & 2 \end{vmatrix}$$

中,元素 $a_{31}=1$ 的余子式和代数余子式分别为

$$M_{31} = \begin{vmatrix} 2 & 1 \\ 3 & 3 \end{vmatrix} = 3, \quad A_{31} = (-1)^{3+1}M_{31} = 3.$$

$n>3$ 的行列式称为**高阶行列式**. 三阶行列式的所有性质对于高阶行列式都成立. 例如,对于 n 阶行列式,我们有下面的性质

$$D = a_{i1}A_{i1} + a_{i2}A_{i2} + \cdots + a_{in}A_{in}\ (i=1,2,\cdots,n),$$

$$a_{i1}A_{j1} + a_{i2}A_{j2} + \cdots + a_{in}A_{jn} = 0\ (i \neq j;i,j=1,2,\cdots,n).$$

根据上面的第一个等式,将高阶行列式按某一行(列)展开,使之降阶,一直降到三阶或二阶行列式后,便可计算它的值.

【例 7】　计算

$$D = \begin{vmatrix} 1 & 0 & -2 & -1 \\ 2 & 1 & -1 & 0 \\ 0 & 2 & 1 & -1 \\ 1 & -1 & 0 & 2 \end{vmatrix}.$$

解 将行列式按第一行展开，得

$$D=1\times(-1)^{1+1}\begin{vmatrix}1&-1&0\\2&1&-1\\-1&0&2\end{vmatrix}+0\times(-1)^{1+2}\begin{vmatrix}2&-1&0\\0&1&-1\\1&0&2\end{vmatrix}+$$

$$(-2)\times(-1)^{1+3}\begin{vmatrix}2&1&0\\0&2&-1\\1&-1&2\end{vmatrix}+(-1)\times(-1)^{1+4}\begin{vmatrix}2&1&-1\\0&2&1\\1&-1&0\end{vmatrix}$$

$$=1\times5+(-2)\times5-(-1)\times5=0.$$

【例 8】 计算下列三角行列式（即主对角线上方的所有元素都为零的行列式）：

$$\begin{vmatrix}a_{11}&&&\\a_{21}&a_{22}&&\\\cdots&\cdots&\cdots&\\a_{n1}&a_{n2}&\cdots&a_{nn}\end{vmatrix}.$$

解 按第一行展开，得

$$D=a_{11}\times(-1)^{1+1}\begin{vmatrix}a_{22}&&&\\a_{32}&a_{33}&&\\\cdots&\cdots&\cdots&\\a_{n2}&a_{n3}&\cdots&a_{nn}\end{vmatrix}=a_{11}\begin{vmatrix}a_{22}&&&\\a_{32}&a_{33}&&\\\cdots&\cdots&\cdots&\\a_{n2}&a_{n3}&\cdots&a_{nn}\end{vmatrix}.$$

对上式中右边的 $n-1$ 阶行列式再按第一行展开，得

$$D=a_{11}a_{22}\begin{vmatrix}a_{33}&&&\\a_{43}&a_{44}&&\\\cdots&\cdots&\cdots&\\a_{n3}&a_{n4}&\cdots&a_{nn}\end{vmatrix}.$$

如此下去，做 n 次，即得

$$D=a_{11}a_{22}\cdots a_{nn}.$$

2.1.4 克莱姆法则

设由 n 个 n 元线性方程构成的 n 元线性方程组为

$$\begin{cases}a_{11}x_1+a_{12}x_2+\cdots+a_{1n}x_n=b_1,\\a_{21}x_1+a_{22}x_2+\cdots+a_{2n}x_n=b_2,\\\cdots\cdots\cdots\cdots\cdots\cdots\cdots\cdots\cdots\cdots\\a_{n1}x_1+a_{n2}x_2+\cdots+a_{nn}x_n=b_n,\end{cases}\tag{2-12}$$

其系数行列式为

$$D=\begin{vmatrix}a_{11}&a_{12}&\cdots&a_{1n}\\a_{21}&a_{22}&\cdots&a_{2n}\\\cdots&\cdots&\cdots&\cdots\\a_{n1}&a_{n2}&\cdots&a_{nn}\end{vmatrix}.$$

类似于二元和三元线性方程组的行列式求解公式，对 n 元线性方程组(2-12)的求解有

下述法则.

定理 2.1.1(克莱姆法则)　如果线性方程组(2-12)的系数行列式 $D\neq 0$,则该方程组有且只有唯一解

$$x_1=\frac{D_1}{D},\quad x_2=\frac{D_2}{D},\quad \cdots,\quad x_n=\frac{D_n}{D},$$

其中 D_j 是把系数行列式 D 中第 j 列元素依次替换为 $b_1,b_2,\cdots,b_n$ 得到的行列式,即

$$D_j=\begin{vmatrix} a_{11} & \cdots & a_{1,j-1} & b_1 & a_{1,j+1} & \cdots & a_{1n}\\ a_{21} & \cdots & a_{2,j-1} & b_2 & a_{2,j+1} & \cdots & a_{2n}\\ \cdots & \cdots & \cdots & \cdots & \cdots & \cdots & \cdots\\ a_{n,1} & \cdots & a_{n,j-1} & b_n & a_{n,j+1} & \cdots & a_{nn}\end{vmatrix}.$$

证　用 D 中第 j 列元素的代数余子式 $A_{1j},A_{2j},\cdots,A_{nj},(j=1,2,\cdots,n)$依次乘方程组(2-12)的第 1,2,…,第 n 个方程,然后相加,得

$$\begin{aligned}&(a_{11}A_{1j}+a_{21}A_{2j}+\cdots+a_{n1}A_{nj})x_1+\cdots+\\ &\qquad(a_{1j}A_{1j}+a_{2j}A_{2j}+\cdots+a_{nj}A_{nj})x_j+\cdots+\\ &\qquad(a_{1n}A_{1j}+a_{2n}A_{2j}+\cdots+a_{nn}A_{nj})x_n\\ &=b_1A_{1j}+b_2A_{2j}+\cdots+b_nA_{nj}\,(j=1,2,\cdots,n).\end{aligned}$$

根据行列式的展开性质,得

$$\begin{aligned}&a_{1j}A_{1j}+a_{2j}A_{2j}+\cdots+a_{nj}A_{nj}=D\quad(j=1,2,\cdots,n),\\ &a_{i1}A_{j1}+a_{i2}A_{j2}+\cdots+a_{in}A_{jn}=0\quad(i\neq j;i,j=1,2,\cdots,n),\\ &b_1A_{1j}+b_2A_{2j}+\cdots+b_nA_{nj}=D_j\quad(j=1,2,\cdots,n).\end{aligned}$$

于是,得

$$Dx_j=D_j(j=1,2,\cdots,n).$$

因为 $D\neq 0$,所以方程组有唯一解

$$x_j=\frac{D_j}{D}(j=1,2,\cdots,n).$$

【例 9】　用克莱姆法则解方程组

$$\begin{cases} x_1-x_2+2x_4=-5,\\ 3x_1+2x_2-x_3-2x_4=6,\\ 4x_1+3x_2-x_3-x_4=0,\\ 2x_1-x_3=0.\end{cases}$$

解　因为系数行列式

$$D=\begin{vmatrix}1&-1&0&2\\3&2&-1&-2\\4&3&-1&-1\\2&0&-1&0\end{vmatrix}=\begin{vmatrix}1&-1&0&2\\0&5&-1&-8\\0&7&-1&-9\\0&2&-1&-4\end{vmatrix}$$

$$\xlongequal{\text{按第 1 列展开}}\begin{vmatrix}5&-1&-8\\7&-1&-9\\2&-1&-4\end{vmatrix}=\begin{vmatrix}5&-1&-8\\2&0&-1\\-3&0&4\end{vmatrix}$$

$$\xlongequal{\text{按第 2 列展开}}(-1)\times(-1)^{1+2}\begin{vmatrix}2&-1\\-3&4\end{vmatrix}=5\neq 0,$$

且

$$D_1=\begin{vmatrix}-5&-1&0&2\\6&2&-1&-2\\0&3&-1&-1\\0&0&-1&0\end{vmatrix}=10,\quad D_2=\begin{vmatrix}1&-5&0&2\\3&6&-1&-2\\4&0&-1&-1\\2&0&-1&0\end{vmatrix}=-15,$$

$$D_3=\begin{vmatrix}1&-1&-5&2\\3&2&6&-2\\4&3&0&-1\\2&0&0&0\end{vmatrix}=20,\quad D_4=\begin{vmatrix}1&-1&0&-5\\3&2&-1&6\\4&3&-1&0\\2&0&-1&0\end{vmatrix}=-25,$$

所以方程组的唯一解为

$$x_1=\frac{D_1}{D}=\frac{10}{5}=2,\quad x_2=\frac{D_2}{D}=\frac{-15}{5}=-3,$$

$$x_3=\frac{D_3}{D}=\frac{20}{5}=4,\quad x_4=\frac{D_4}{D}=\frac{-25}{5}=-5,$$

即

$$x_1=2,x_2=-3,x_3=4,x_4=-5.$$

注意 克莱姆法则有两个条件：一是方程组的未知数个数等于方程的个数；二是系数行列式不等于零.

在方程组(2-12)中，如果常数项 $b_1,b_2,\cdots,b_n$ 全为零. 则方程组成为

$$\begin{cases}a_{11}x_1+a_{12}x_2+\cdots+a_{1n}x_n=0,\\a_{21}x_1+a_{22}x_2+\cdots+a_{2n}x_n=0,\\\cdots\cdots\cdots\cdots\cdots\cdots\cdots\cdots\cdots\cdots\\a_{n1}x_1+a_{n2}x_2+\cdots+a_{nn}x_n=0.\end{cases}\tag{2-13}$$

我们把上述方程组称为**齐次线性方程组**. 而当方程组(2-12)的常数项 $b_1,b_2,\cdots,b_n$ 不全为零时，称为**非齐次线性方程组**.

显然，$x_1=x_2=\cdots=x_n=0$ 一定是齐次线性方程组(2-13)的解，称为**零解**. 如果一组不全为零的数是方程组(2-13)的解，则称它为**非零解**.

齐次线性方程组(2-13)一定有零解. 但不一定有非零解，由克莱姆法则易推得：

推论 1 如果齐次线性方程组的系数行列式 $D\neq0$，则它只有零解.

推论 2 如果齐次线性方程组有非零解，则它的系数行列式 D 必为零.

上述推论表明，系数行列式 $D=0$ 是齐次线性方程组有非零解的必要条件. 以后将证明这个条件也是充分的.

【例 10】 k 取何值时，齐次线性方程组

$$\begin{cases}kx+y+z=0,\\x+ky+z=0,\\x+y+kz=0.\end{cases}$$

有非零解？

解 方程组的系数行列式为

$$D=\begin{vmatrix}k&1&1\\1&k&1\\1&1&k\end{vmatrix}=(k+2)(k-1)^2.$$

由推论 2 知,若齐次线性方程组有非零解,则它的系数行列式 D 必为零,即

$$(k+2)(k-1)^2=0,$$

解得 $k=-2$ 或 $k=1$. 容易验证,当 $k=-2$ 或 1 时,方程组确有非零解.

习 题 2-1

1. 计算下列行列式的值:

(1) $\begin{vmatrix} 2 & 6 \\ 3 & 4 \end{vmatrix}$; (2) $\begin{vmatrix} 4 & 0 \\ 2 & -9 \end{vmatrix}$; (3) $\begin{vmatrix} m+1 & m-2 \\ m & m-1 \end{vmatrix}$;

(4) $\begin{vmatrix} 1 & 0 & 1 \\ 2 & 1 & 1 \\ 3 & 2 & 1 \end{vmatrix}$; (5) $\begin{vmatrix} 2 & 7 & 3 \\ -4 & -4 & -6 \\ 10 & -8 & 15 \end{vmatrix}$; (6) $\begin{vmatrix} 0 & 4 & 1 \\ 5 & 8 & 2 \\ 10 & 6 & 3 \end{vmatrix}$.

2. 用行列式解下列方程组:

(1) $\begin{cases} 3x-2y=3, \\ -4x+3y=-1. \end{cases}$ (2) $\begin{cases} 3x-7y=0, \\ 2x+6y=3. \end{cases}$

(3) $\begin{cases} 2x+3y-5=0, \\ x-y-1=0. \end{cases}$ (4) $\begin{cases} x+2y+z=0, \\ 2x-y+z=1, \\ x-y-2z=3. \end{cases}$

3. 用行列式的性质证明:

(1) $\begin{vmatrix} a^2 & ab & b^2 \\ 2a & a+b & 2b \\ 1 & 1 & 1 \end{vmatrix}=(a-b)^3$;

(2) $\begin{vmatrix} a_1+b_1 & b_1+c_1 & c_1+a_1 \\ a_2+b_2 & b_2+c_2 & c_2+a_2 \\ a_3+b_3 & b_3+c_3 & c_3+a_3 \end{vmatrix}=2\begin{vmatrix} a_1 & b_1 & c_1 \\ a_2 & b_2 & c_2 \\ a_3 & b_3 & c_3 \end{vmatrix}$.

4. 利用行列式的性质计算下列行列式:

(1) $\begin{vmatrix} 1 & 1 & 2 \\ 2 & 1 & 1 \\ 1 & 2 & 1 \end{vmatrix}$; (2) $\begin{vmatrix} -3 & 2 & 1 \\ 203 & 298 & 399 \\ \frac{1}{3} & \frac{1}{2} & \frac{2}{3} \end{vmatrix}$.

5. 试求下列方程的根:

(1) $\begin{vmatrix} \lambda-6 & 5 & 3 \\ -3 & \lambda+2 & 2 \\ -2 & 2 & \lambda \end{vmatrix}=0$; (2) $\begin{vmatrix} 1 & 1 & 2 & 3 \\ 1 & 2-x^2 & 2 & 3 \\ 2 & 3 & 1 & 5 \\ 2 & 3 & 1 & 9-x^2 \end{vmatrix}=0$.

6. 利用行列式的性质,证明下列各式:

(1) $\begin{vmatrix} 1 & 1 & 1 \\ x & y & z \\ x^2 & y^2 & z^2 \end{vmatrix}=(y-x)(z-x)(z-y)$; (2) $\begin{vmatrix} 1 & a & a^2-bc \\ 1 & b & b^2-ca \\ 1 & c & c^2-ab \end{vmatrix}=0$;

(3) $\begin{vmatrix} a^2 & (a+1)^2 & (a+2)^2 \\ b^2 & (b+1)^2 & (b+2)^2 \\ c^2 & (c+1)^2 & (c+2)^2 \end{vmatrix}=-4(a-b)(b-c)(c-a)$.

7. 求下列行列式的值:

(1) $\begin{vmatrix} 1 & 2 & 1 & -1 \\ 1 & 0 & -2 & 0 \\ 3 & 2 & 1 & -1 \\ 1 & 2 & 3 & 4 \end{vmatrix}$; (2) $\begin{vmatrix} 3 & -7 & 2 & 4 \\ -2 & 5 & 1 & -3 \\ 1 & -3 & -1 & 2 \\ 4 & -6 & 3 & 8 \end{vmatrix}$

8. 用克莱姆法则解下列线性方程组：

(1) $\begin{cases} x_1+3x_2+2x_3=0, \\ 2x_1-x_2+3x_3=0, \\ 3x_1-2x_2-x_3=0; \end{cases}$ (2) $\begin{cases} 2x_1-x_2-x_3=4 \\ 3x_1+4x_2-2x_3=11. \\ 3x_1-2x_2+4x_3=11 \end{cases}$

9. 当 λ 为何值，下面的齐次线性方程组有非零解？

(1) $\begin{cases} \lambda x_1-2x_2=0, \\ x_1+(\lambda-3)x_2=0. \end{cases}$ (2) $\begin{cases} 2x+\lambda y+z=0, \\ (\lambda-1)x-y+2z=0, \\ 4x+y+4z=0. \end{cases}$

10. 已知 $p(x)$ 为 x 的三次多项式，且 $p(-1)=-4, p(0)=-1, p(1)=0, p(2)=5$. 求 $p(x)$ 的表达式.

2.2 矩 阵

矩阵是研究线性方程组、二次型不可缺少的工具，是线性代数的基础内容，在工程技术各领域中也有着广泛地应用. 本节介绍了矩阵的概念及其运算矩阵分块处理可逆矩阵及求法，分块矩阵等内容.

2.2.1 矩阵的概念

在线性方程组

$$\begin{cases} a_{11}x_1+a_{12}x_2+\cdots+a_{1n}x_n=b_1, \\ a_{21}x_1+a_{22}x_2+\cdots+a_{2n}x_n=b_2, \\ \cdots\cdots \\ a_{m1}x_1+a_{m2}x_2+\cdots+a_{mn}x_n=b_m \end{cases}$$

中，把未知量的系数按其在方程组中原来的位置顺序排成一个矩形数表

$$\begin{pmatrix} a_{11} & a_{12} & \cdots & a_{1n} \\ a_{21} & a_{22} & \cdots & a_{2n} \\ \cdots & \cdots & \cdots & \cdots \\ a_{m1} & a_{m2} & \cdots & a_{mn} \end{pmatrix}.$$

对于这样的数表，给出下面的定义：

定义 2.2.1 由 $m\times n$ 个数 $a_{ij}(i=1,2,\cdots,m;j=1,2,\cdots,n)$ 排成的 m 行 n 列矩形数表

$$\begin{pmatrix} a_{11} & a_{12} & \cdots & a_{1n} \\ a_{21} & a_{22} & \cdots & a_{2n} \\ \cdots & \cdots & \cdots & \cdots \\ a_{m1} & a_{m2} & \cdots & a_{mn} \end{pmatrix}$$

称为 m 行 n 列矩阵，简称 $m\times n$ 矩阵. 其中 $a_{ij}(i=1,2,\cdots,m;j=1,2,\cdots,n)$ 称为矩阵的**元素**.

矩阵通常用大写字母 $\boldsymbol{A},\boldsymbol{B},\boldsymbol{C}$ 等表示. 例如，上述矩阵可记作

$$\boldsymbol{A}=\begin{pmatrix} a_{11} & a_{12} & \cdots & a_{1n} \\ a_{21} & a_{22} & \cdots & a_{2n} \\ \cdots & \cdots & \cdots & \cdots \\ a_{m1} & a_{m2} & \cdots & a_{mn} \end{pmatrix},$$

也可简写为 $\boldsymbol{A}=(a_{ij})_{m\times n}$ 或 $\boldsymbol{A}=(a_{ij})$.

如果矩阵 $\boldsymbol{A}$ 的元素全是实数，则称 $\boldsymbol{A}$ 为**实矩阵**；如果全是复数，则称 $\boldsymbol{A}$ 为**复矩阵**. 如果矩阵 $\boldsymbol{A}$ 的所有元素都是零，则称 $\boldsymbol{A}$ 为**零矩阵**，记作 $\boldsymbol{0}$（注意，这里的 $\boldsymbol{0}$ 表示一个矩阵，不是数 $\boldsymbol{0}$）.

当 $m=1$ 时，矩阵 $\boldsymbol{A}=(a_{ij})_{m\times n}$ 只有一行，则这时

$$\boldsymbol{A}=(a_{11}\quad a_{12}\quad \cdots\quad a_{1n})$$

称为**行矩阵**.

当 $n=1$ 时，矩阵 $\boldsymbol{A}=(a_{ij})_{m\times n}$ 只有一列. 则这时

$$\boldsymbol{A}=\begin{pmatrix} a_{11} \\ a_{21} \\ \vdots \\ a_{m1} \end{pmatrix},$$

称为**列矩阵**.

当 $m=n=1$ 时，矩阵 $\boldsymbol{A}$ 只有一个元素 a_{11}，这时我们把 $\boldsymbol{A}$ 就看成是数 a_{11}，即

$$\boldsymbol{A}=(a_{11})=a_{11},$$

当 $m=n$ 时，矩阵 $\boldsymbol{A}=(a_{ij})_{m\times n}$ 中行数与列数相等，称为 n **阶方阵**. 在 n 阶方阵中，元素 $a_{11},a_{22},\cdots,a_{nn}$ 称为**主对角线上的元素**.

如果一个方阵除主对角线上的元素外，其余的元素都为零，则称该矩阵为对**角矩阵**，其形式为

$$\boldsymbol{A}=\begin{pmatrix} a_{11} & 0 & \cdots & 0 \\ 0 & a_{22} & \cdots & 0 \\ \cdots & \cdots & \cdots & \cdots \\ 0 & 0 & \cdots & a_{nn} \end{pmatrix}.$$

通常将对角矩阵简记作 $\boldsymbol{A}=\mathrm{diag}\{a_{11},a_{22},\cdots,a_{nn}\}$ 或简写为

$$\boldsymbol{A}=\begin{pmatrix} a_{11} & & & \\ & a_{22} & & \\ & & \ddots & \\ & & & a_{nn} \end{pmatrix}.$$

如果对角矩阵 $\boldsymbol{A}$ 中的元素 $a_{11}=a_{22}=\cdots=a_{nn}=a$，即

$$\boldsymbol{A}=\begin{pmatrix} a & & & \\ & a & & \\ & & \ddots & \\ & & & a \end{pmatrix},$$

则称 $\boldsymbol{A}$ 为 n **阶数量矩阵**. 如果 n 阶数量矩阵 $\boldsymbol{A}$ 中的元素 $a=1$，则称 $\boldsymbol{A}$ 为 n **阶单位矩阵**，记作 $\boldsymbol{E}_n$，或 $\boldsymbol{E}$，即

$$\boldsymbol{E}=\begin{pmatrix} 1 & 0 & \cdots & 0 \\ 0 & 1 & \cdots & 0 \\ \cdots & \cdots & \cdots & \cdots \\ 0 & 0 & \cdots & 1 \end{pmatrix}.$$

主对角线以下的元素都是零的方阵

$$\begin{pmatrix} a_{11} & a_{12} & \cdots & a_{1n} \\ 0 & a_{22} & \cdots & a_{2n} \\ \cdots & \cdots & \cdots & \cdots \\ 0 & 0 & \cdots & a_{nn} \end{pmatrix}$$

称为**上三角矩阵**.

类似地，主对角线以上的元素都是零的方阵

$$\begin{pmatrix} a_{11} & 0 & \cdots & 0 \\ a_{21} & a_{22} & \cdots & 0 \\ \cdots & \cdots & \cdots & \cdots \\ a_{n1} & a_{n2} & \cdots & a_{nn} \end{pmatrix}$$

称为**下三角矩阵**.

定义 2.2.2 如果 $\boldsymbol{A}=(a_{ij})$ 与 $\boldsymbol{B}=(b_{ij})$ 都是 $m\times n$ 矩阵，并且它们的对应元素都相等，则称**矩阵 $\boldsymbol{A}$ 与矩阵 $\boldsymbol{B}$ 相等**，记作 $\boldsymbol{A}=\boldsymbol{B}$.

【例 1】 已知

$$\boldsymbol{A}=\begin{pmatrix} a+b & 3 \\ 3 & a-b \end{pmatrix}, \quad \boldsymbol{B}=\begin{pmatrix} 7 & 2c+d \\ c-d & 3 \end{pmatrix},$$

且 $\boldsymbol{A}=\boldsymbol{B}$. 求 a,b,c,d.

解 根据矩阵相等的定义，可得方程组

$$\begin{cases} a+b=7, \\ 3=2c+d, \\ 3=c-d, \\ a-b=3, \end{cases}$$

解得

$$a=5, \quad b=2, \quad c=2, \quad d=-1.$$

2.2.2 矩阵的运算

1. 矩阵的加法与减法

定义 2.2.3 两个 $m\times n$ 矩阵 $\boldsymbol{A}=(a_{ij})$ 与 $\boldsymbol{B}=(b_{ij})$ 对应元素相加得到的 $m\times n$ 矩阵，称为**矩阵 $\boldsymbol{A}$ 与 $\boldsymbol{B}$ 的和**，记作 $\boldsymbol{A}+\boldsymbol{B}$. 即

$$\boldsymbol{A}+\boldsymbol{B}=(a_{ij})_{m\times n}+(b_{ij})_{m\times n}=(a_{ij}+b_{ij})_{m\times n}.$$

例如

$$\begin{pmatrix} -1 & 0 & 1 \\ 2 & 3 & -2 \end{pmatrix}+\begin{pmatrix} 1 & 3 & -1 \\ -3 & 1 & 4 \end{pmatrix}=\begin{pmatrix} -1+1 & 0+3 & 1-1 \\ 2-3 & 3+1 & -2+4 \end{pmatrix}$$

$$=\begin{pmatrix} 0 & 3 & 0 \\ -1 & 4 & 2 \end{pmatrix}.$$

求两个矩阵和的运算叫作矩阵的加法.

把 $m\times n$ 矩阵 $\boldsymbol{B}=(b_{ij})_{m\times n}$ 中各元素变号得到的矩阵，称为 $\boldsymbol{B}$ 的负矩阵，记作 $-\boldsymbol{B}$，即 $-\boldsymbol{B}=(-b_{ij})_{m\times n}$.

利用负矩阵，两个矩阵的减法可定义为

$$\boldsymbol{A}-\boldsymbol{B}=\boldsymbol{A}+(-\boldsymbol{B}).$$

例如 $\begin{pmatrix}1&2&3\\2&1&5\end{pmatrix}-\begin{pmatrix}2&3&4\\1&1&4\end{pmatrix}=\begin{pmatrix}1-2&2-3&3-4\\2-1&1-1&5-4\end{pmatrix}=\begin{pmatrix}-1&-1&-1\\&1&0\end{pmatrix}$.

注意　只有当两个矩阵的行数和列数都分别相同时，才能进行加减运算．利用矩阵加法的定义，可以验证以下运算规律：

(1) 交换律：$\boldsymbol{A}+\boldsymbol{B}=\boldsymbol{B}+\boldsymbol{A}$；

(2) 结合律：$(\boldsymbol{A}+\boldsymbol{B})+\boldsymbol{C}=\boldsymbol{A}+(\boldsymbol{B}+\boldsymbol{C})$；

(3) $\boldsymbol{A}+\boldsymbol{0}=\boldsymbol{A}$；

(4) $\boldsymbol{A}+(-\boldsymbol{A})=\boldsymbol{0}$.

2. 数与矩阵相乘

定义 2.2.4　以数 k 乘以矩阵 $\boldsymbol{A}=(a_{ij})_{m\times n}$ 每一个元素所得的矩阵，称为数 k 与矩阵 $\boldsymbol{A}$ 的乘积，记作 $k\boldsymbol{A}$，即

$$k\boldsymbol{A}=k\begin{pmatrix}a_{11}&a_{12}&\cdots&a_{1n}\\a_{21}&a_{22}&\cdots&a_{2n}\\\cdots&\cdots&\cdots&\cdots\\a_{m1}&a_{m2}&\cdots&a_{mn}\end{pmatrix}=\begin{pmatrix}ka_{11}&ka_{12}&\cdots&ka_{1n}\\ka_{21}&ka_{22}&\cdots&ka_{2n}\\\cdots&\cdots&\cdots&\cdots\\ka_{m1}&ka_{m2}&\cdots&ka_{mn}\end{pmatrix},$$

并且，我们规定 $k\boldsymbol{A}=\boldsymbol{A}k$. 例如

$$3\begin{pmatrix}1&-1&0\\2&3&1\end{pmatrix}=\begin{pmatrix}1&-1&0\\2&3&1\end{pmatrix}3=\begin{pmatrix}3&-3&0\\6&9&3\end{pmatrix}.$$

利用数乘矩阵的定义，可以验证以下运算规律：

(1) $(kl)\boldsymbol{A}=k(l\boldsymbol{A})$；

(2) $k(\boldsymbol{A}+\boldsymbol{B})=k\boldsymbol{A}+k\boldsymbol{B}$；

(3) $(k+l)\boldsymbol{A}=k\boldsymbol{A}+l\boldsymbol{A}$；

(4) $1\boldsymbol{A}=\boldsymbol{A}$；

(5) $\boldsymbol{0}\boldsymbol{A}=\boldsymbol{0}$.

【例 2】　已知

$$\boldsymbol{A}=\begin{pmatrix}2&4&6\\8&-4&10\end{pmatrix},\quad \boldsymbol{B}=\begin{pmatrix}6&-2&8\\4&12&-6\end{pmatrix}.$$

(1) 求 $2\boldsymbol{A}-3\boldsymbol{B}$；(2) 若 $\boldsymbol{A}+3\boldsymbol{X}=\boldsymbol{B}$，求 $\boldsymbol{X}$.

解　(1)

$$\begin{aligned}2\boldsymbol{A}-3\boldsymbol{B}&=2\begin{pmatrix}2&4&6\\8&-4&10\end{pmatrix}-3\begin{pmatrix}6&-2&8\\4&12&-6\end{pmatrix}\\&=\begin{pmatrix}4-18&8+6&12-24\\16-12&-8-36&20+18\end{pmatrix}=\begin{pmatrix}-14&14&-12\\4&-44&38\end{pmatrix}.\end{aligned}$$

(2)
$$\boldsymbol{X}=\frac{1}{3}(\boldsymbol{B}-\boldsymbol{A})=\frac{1}{3}\begin{pmatrix}4&-6&2\\-4&16&-16\end{pmatrix}=\begin{pmatrix}\frac{4}{3}&-2&\frac{2}{3}\\-\frac{4}{3}&\frac{16}{3}&-\frac{16}{3}\end{pmatrix}.$$

3. 矩阵的乘法

下面我们来定义矩阵的乘法.

定义 2.2.5　设矩阵 $\boldsymbol{A}=(a_{ik})_{ms}$，$\boldsymbol{B}=(b_{kj})_{sn}$，则由元素

$$c_{ij}=a_{i1}b_{1j}+a_{i2}b_{2j}+\cdots+a_{is}b_{sj}=\sum_{k=1}^{s}a_{ik}b_{kj}$$

$(i=1,2,3,\cdots,m;j=1,2,3,\cdots,n)$构成的 m 行 n 列矩阵 $\boldsymbol{C}=(c_{ij})_{m\times n}$，称为**矩阵 $\boldsymbol{A}$ 与矩阵 $\boldsymbol{B}$ 的乘积**，记作 $\boldsymbol{AB}$，即 $\boldsymbol{C}=\boldsymbol{AB}$. 由定义可以看出：

（1）只有当左边矩阵 $\boldsymbol{A}$ 的列数等于右边矩阵 $\boldsymbol{B}$ 的行数时，$\boldsymbol{A}$ 与 $\boldsymbol{B}$ 才能相乘.

（2）矩阵 $\boldsymbol{C}$ 中第 i 行第 j 列的元素等于左边矩阵 $\boldsymbol{A}$ 的第 i 行元素与右边矩阵 $\boldsymbol{B}$ 的第 j 列对应元素乘积之和.

（3）矩阵 $\boldsymbol{C}$ 的行数等于左边矩阵 $\boldsymbol{A}$ 的行数，矩阵 $\boldsymbol{C}$ 的列数等于右边矩阵 $\boldsymbol{B}$ 的列数.

【例 3】　已知

$$\boldsymbol{A}=\begin{pmatrix}3 & 2\\ 2 & -3\end{pmatrix},\quad \boldsymbol{B}=\begin{pmatrix}1 & 3\\ -5 & 4\\ 3 & 6\end{pmatrix},$$

求 $\boldsymbol{AB}$ 与 $\boldsymbol{BA}$.

解

$$\begin{aligned}\boldsymbol{AB}&=\begin{pmatrix}3 & 2 & -1\\ 2 & -3 & 5\end{pmatrix}\begin{pmatrix}1 & 3\\ -5 & 4\\ 3 & 6\end{pmatrix}\\ &=\begin{pmatrix}3\times1+2\times(-5)+(-1)\times3 & 3\times3+2\times4+(-1)\times6\\ 2\times1+(-3)\times(-5)+5\times3 & 2\times3+(-3)\times4+5\times6\end{pmatrix}\\ &=\begin{pmatrix}-10 & 11\\ 32 & 24\end{pmatrix}.\end{aligned}$$

$$\begin{aligned}\boldsymbol{BA}&=\begin{pmatrix}1 & 3\\ -5 & 4\\ 3 & 6\end{pmatrix}\begin{pmatrix}3 & 2 & -1\\ 2 & -3 & 5\end{pmatrix}\\ &=\begin{pmatrix}1\times3+3\times2 & 1\times2+3\times(-3) & 1\times(-1)+3\times5\\ -5\times3+4\times2 & -5\times2+4\times(-3) & (-5)\times(-1)+4\times5\\ 3\times3+6\times2 & 3\times2+6\times(-3) & 3\times(-1)+6\times5\end{pmatrix}\\ &=\begin{pmatrix}9 & -7 & 14\\ -7 & -22 & 25\\ 21 & -12 & 27\end{pmatrix}.\end{aligned}$$

由此可以看出，矩阵的乘法不满足交换律，即一般情况下 $\boldsymbol{AB}\neq\boldsymbol{BA}$. 但是，矩阵的乘法满足以下规律（假设运算是可行的）：

（1）结合律：$(\boldsymbol{AB})\boldsymbol{C}=\boldsymbol{A}(\boldsymbol{BC})$；

（2）分配律：$\boldsymbol{A}(\boldsymbol{B}+\boldsymbol{C})=\boldsymbol{AB}+\boldsymbol{AC}$，$(\boldsymbol{B}+\boldsymbol{C})\boldsymbol{A}=\boldsymbol{BA}+\boldsymbol{CA}$；

（3）$k(\boldsymbol{AB})=(k\boldsymbol{A})\boldsymbol{B}=\boldsymbol{A}(k\boldsymbol{B})$（其中 k 为常数）.

下面验证结合律：设 $\boldsymbol{A}=(a_{ij})_{ms}$，$\boldsymbol{B}=(b_{ij})_{sp}$，$\boldsymbol{C}=(c_{ij})_{pq}$. 很明显，$(\boldsymbol{AB})\boldsymbol{C}$ 与 $\boldsymbol{A}(\boldsymbol{BC})$ 都是 $m\times q$ 矩阵，因此，只需证明这两个矩阵在对应位置上的元素都相等即可. 因为

$$AB=\begin{pmatrix}\sum_{k=1}^{s}a_{1k}b_{k1} & \sum_{k=1}^{s}a_{1k}b_{k2} & \cdots & \sum_{k=1}^{s}a_{1k}b_{kp}\\ \sum_{k=1}^{s}a_{2k}b_{k1} & \sum_{k=1}^{s}a_{2k}b_{k2} & \cdots & \sum_{k=1}^{s}a_{2k}b_{kp}\\ \cdots & \cdots & \cdots & \cdots\\ \sum_{k=1}^{s}a_{mk}b_{k1} & \sum_{k=1}^{s}a_{mk}b_{k2} & \cdots & \sum_{k=1}^{s}a_{mk}b_{kp}\end{pmatrix}.$$

所以,它的第 i 行为

$$\left(\sum_{k=1}^{s}a_{ik}b_{k1},\sum_{k=1}^{s}a_{ik}b_{k2},\cdots\sum_{k=1}^{s}a_{ik}b_{kp}\right).$$

又因为 C 的第 j 列为

$$\begin{pmatrix}c_{1j}\\ c_{2j}\\ \vdots\\ c_{pj}\end{pmatrix},$$

所以,矩阵 $(AB)C$ 在第 i 行第 j 列处的元素是

$$\begin{aligned}&\left(\sum_{k=1}^{s}a_{ik}b_{k1}\right)c_{1j}+\left(\sum_{k=1}^{s}a_{ik}b_{k2}\right)c_{2j}+\cdots+\left(\sum_{k=1}^{s}a_{ik}b_{kp}\right)c_{pj}\\ =&\sum_{r=1}^{p}\left(\sum_{k=1}^{s}a_{ik}b_{kr}\right)c_{rj}=\sum_{r=1}^{p}\sum_{k=1}^{s}a_{ik}b_{kr}c_{rk}.\end{aligned}$$

同理可得,矩阵 $A(BC)$ 的第 i 行第 j 列处的元素是

$$\sum_{k=1}^{s}a_{ik}\left(\sum_{r=1}^{p}b_{kr}c_{rj}\right)=\sum_{k=1}^{s}\sum_{r=1}^{p}a_{ik}b_{kr}c_{rj}.$$

可以验证,二重求和号具有可交换性,即

$$\sum_{r=1}^{p}\sum_{k=1}^{s}a_{ik}b_{kr}c_{rj}=\sum_{k=1}^{s}\sum_{r=1}^{p}a_{ik}b_{kr}c_{rj}.$$

这就是说,矩阵 $(AB)C$ 与 $A(BC)$ 在第 i 行第 j 列处的元素相等,因此

$$(AB)C=A(BC).$$

其余两条规律的验证比较容易,请读者自己完成.

注意　两矩阵的乘法与两数的乘法有很大的差别.两个不为零的数的乘积一定不为零,但两个不为零的矩阵的乘积却可能为零,如

$$A=\begin{pmatrix}1 & 1\\ -1 & -1\end{pmatrix}\neq 0,\quad B=\begin{pmatrix}1 & -1\\ -1 & 1\end{pmatrix}\neq \mathbf{0},$$

但

$$AB=\begin{pmatrix}1 & 1\\ -1 & -1\end{pmatrix}\begin{pmatrix}1 & -1\\ -1 & 1\end{pmatrix}=\begin{pmatrix}0 & 0\\ 0 & 0\end{pmatrix}\mathbf{0}.$$

类似地,在矩阵运算中,如果 $AB=AC$ 且 $A\neq\mathbf{0}$,也不能推出 $B=C$ 成立,如

$$A=\begin{pmatrix}1 & 0\\ 0 & 0\end{pmatrix},\quad B=\begin{pmatrix}2 & 0\\ 0 & 0\end{pmatrix},\quad C=\begin{pmatrix}2 & 0\\ 0 & 1\end{pmatrix},$$

则

$$AB=\begin{pmatrix}2&0\\0&0\end{pmatrix},\quad AC=\begin{pmatrix}2&0\\0&0\end{pmatrix}.$$

可见 $AB=AC$，但 $B\neq C$.

【例 4】 设

$$A=\begin{pmatrix}a_{11}&a_{12}&a_{13}\\a_{21}&a_{22}&a_{23}\end{pmatrix},\quad E_2=\begin{pmatrix}1&0\\0&1\end{pmatrix},\quad E_3=\begin{pmatrix}1&0&0\\0&1&0\\0&0&1\end{pmatrix}.$$

求 E_2A 与 AE_3.

解

$$E_2A=\begin{pmatrix}1&0\\0&1\end{pmatrix}\begin{pmatrix}a_{11}&a_{12}&a_{13}\\a_{21}&a_{22}&a_{23}\end{pmatrix}=\begin{pmatrix}a_{11}&a_{12}&a_{13}\\a_{21}&a_{22}&a_{23}\end{pmatrix}=A.$$

$$AE_3=\begin{pmatrix}a_{11}&a_{12}&a_{13}\\a_{21}&a_{22}&a_{23}\end{pmatrix}\begin{pmatrix}1&0&0\\0&1&0\\0&0&1\end{pmatrix}=\begin{pmatrix}a_{11}&a_{12}&a_{13}\\a_{21}&a_{22}&a_{23}\end{pmatrix}=A.$$

上例表明，在矩阵乘法中，单位矩阵 E 所起的作用与普通代数中数“1”的作用类似. 一般地有

$$(a_{ij})_{mn}E_n=(a_{ij})_{mn},\quad E_m=(a_{ij})_{mn}=(a_{ij})_{mn}.$$

由矩阵的乘法，我们还可以给出矩阵乘幂的概念.

定义 2.2.6 设 A 是 n 阶方阵，k 为正整数，则我们称

$$A^k=\underbrace{AA\cdots A}_{k个}$$

为**方阵 A 的 k 次方幂**，简称为 A 的 k 次幂.

矩阵 A 的方幂满足以下运算法则：

(1) $A^kA^l=A^{k+l}$；

(2) $(A^k)^l=A^{kl}$，

其中 k,l 为正整数. 这两条法则可根据方幂的定义验证. 因为矩阵的乘法不满足交换律，所以一般来说，$(AB)^k\neq A^kB^k\ (k>1)$.

【例 5】 计算 $\begin{pmatrix}1&0\\\lambda&1\end{pmatrix}^n$（$n$ 为正整数）.

解 由于

$$\begin{pmatrix}1&0\\\lambda&1\end{pmatrix}=\begin{pmatrix}1&0\\0&1\end{pmatrix}+\begin{pmatrix}0&0\\\lambda&0\end{pmatrix},$$

因此，如果记

$$A=\begin{pmatrix}1&0\\\lambda&1\end{pmatrix},B=\begin{pmatrix}0&0\\\lambda&0\end{pmatrix},$$

则

$$A=E+B,$$

容易算得

$$B^2=\begin{pmatrix}0&0\\\lambda&0\end{pmatrix}\begin{pmatrix}0&0\\\lambda&0\end{pmatrix}=\begin{pmatrix}0&0\\0&0\end{pmatrix}.$$

由此可知，当 $n\geqslant 2$ 时，

$$B^n=\begin{pmatrix}0&0\\0&0\end{pmatrix}.$$

显然 $EB=BE$. 所以,由二项式定理,得

$$\begin{aligned}A^n&=(E+B)^n=E^n+nE^{n-1}B+\frac{n(n-1)}{2}E^{n-2}B^2+\cdots+B^n\\&=E+nB=\begin{pmatrix}1&0\\0&1\end{pmatrix}+n\begin{pmatrix}0&0\\\lambda&0\end{pmatrix}=\begin{pmatrix}1&0\\n\lambda&1\end{pmatrix}.\end{aligned}$$

4. 矩阵的转置

矩阵的转置与行列式的转置定义是类似的.

定义 2.2.7　把矩阵 A 所有行换成相应的列所得到的矩阵,称为 A **的转置矩阵**,记作 A'(或 A^{T}). 即若

$$A=\begin{pmatrix}a_{11}&a_{12}&\cdots&a_{1n}\\a_{21}&a_{22}&\cdots&a_{2n}\\\cdots&\cdots&\cdots&\cdots\\a_{m1}&a_{m2}&\cdots&a_{mn}\end{pmatrix},$$

则

$$A'=\begin{pmatrix}a_{11}&a_{21}&\cdots&a_{m1}\\a_{12}&a_{22}&\cdots&a_{m2}\\\cdots&\cdots&\cdots&\cdots\\a_{1n}&a_{2n}&\cdots&a_{mn}\end{pmatrix}.$$

显然,若 A 是 $m\times n$ 矩阵,则 A' 是 $n\times m$ 矩阵,并且 A 的第 i 行 j 列元素就是 A' 的 j 行 i 列元素.

根据定义可以验证,矩阵的转置满足下列运算法则:

(1) $(A')'=A$.

(2) $(A+B)'=A'+B'$.

(3) $(kA)'=kA'$(k 为常数).

(4) $(AB)'=B'A'$.

【例 6】　设　$A=\begin{pmatrix}2&0&-1\\1&3&2\end{pmatrix}$,　$B=\begin{pmatrix}1&7\\4&2\\2&0\end{pmatrix}$. 求 $(AB)'$.

解法一　因为

$$\begin{pmatrix}2&0&-1\\1&3&2\end{pmatrix}\begin{pmatrix}1&7\\4&2\\2&0\end{pmatrix}=\begin{pmatrix}0&14\\17&13\end{pmatrix},$$

所以

$$(AB)'=\begin{pmatrix}0&17\\14&13\end{pmatrix}.$$

解法二 由转置的运算法则，得

$$(\boldsymbol{AB})'=\boldsymbol{B}'\boldsymbol{A}'=\begin{pmatrix}1 & 4 & 2\\ 7 & 2 & 0\end{pmatrix}\begin{pmatrix}2 & 1\\ 0 & 3\\ -1 & 2\end{pmatrix}=\begin{pmatrix}0 & 17\\ 14 & 13\end{pmatrix}.$$

5. 矩阵的行列式

定义 2.2.8 由 n 阶方阵 $\boldsymbol{A}$ 的元素构成的行列式（各元素的位置不变），称为方阵 $\boldsymbol{A}$ 的行列式，记作 $|\boldsymbol{A}|$. 即若

$$\boldsymbol{A}=\begin{pmatrix}a_{11} & a_{12} & \cdots & a_{1n}\\ a_{21} & a_{22} & \cdots & a_{2n}\\ \cdots & \cdots & \cdots & \cdots\\ a_{n1} & a_{n2} & \cdots & a_{nn}\end{pmatrix},$$

则

$$|\boldsymbol{A}|=\begin{vmatrix}a_{11} & a_{12} & \cdots & a_{1n}\\ a_{21} & a_{22} & \cdots & a_{2n}\\ \cdots & \cdots & \cdots & \cdots\\ a_{n1} & a_{n2} & \cdots & a_{nn}\end{vmatrix},$$

矩阵 $\boldsymbol{A}$ 的行列式满足下列法则：

（1）$|\boldsymbol{A}'|=|\boldsymbol{A}|$；

（2）$|k\boldsymbol{A}|=k^n|\boldsymbol{A}|$；

（3）$|\boldsymbol{AB}|=|\boldsymbol{A}||\boldsymbol{B}|$.

事实上，根据行列式的性质知，上述法则（1）成立；对于法则（2），由数乘矩阵的运算定义即可得证；对于法则（3），我们举例验证如下：

【例 7】 设

$$\boldsymbol{A}=\begin{pmatrix}1 & 3\\ 2 & -2\end{pmatrix},\quad \boldsymbol{B}=\begin{pmatrix}2 & 5\\ 3 & 4\end{pmatrix},$$

试验证 $|\boldsymbol{AB}|=|\boldsymbol{A}||\boldsymbol{B}|$.

解 因为

$$|\boldsymbol{AB}|=\left|\begin{pmatrix}1 & 3\\ 2 & -2\end{pmatrix}\begin{pmatrix}2 & 5\\ 3 & 4\end{pmatrix}\right|=\left|\begin{pmatrix}11 & 17\\ -2 & 2\end{pmatrix}\right|=\begin{vmatrix}11 & 17\\ -2 & 2\end{vmatrix}=56.$$

$$|\boldsymbol{A}|=\begin{vmatrix}1 & 3\\ 2 & -2\end{vmatrix}=-8,\quad |\boldsymbol{B}|=\begin{vmatrix}2 & 5\\ 3 & 4\end{vmatrix}=-7,\quad |\boldsymbol{A}||\boldsymbol{B}|=56,$$

所以 $|\boldsymbol{AB}|=|\boldsymbol{A}||\boldsymbol{B}|$.

注意 一般来说，$|k\boldsymbol{A}|\neq k|\boldsymbol{A}|$.

2.2.3 逆矩阵

上面，我们讨论了矩阵的加、减、数乘与乘法等运算，那矩阵有没有“除法”运算呢？这就是我们下面考虑的逆矩阵问题.

1. 逆矩阵的概念

定义 2.2.8 设 $\boldsymbol{A}$ 是一个 n 阶方阵，$\boldsymbol{E}$ 是一个 n 阶单位矩阵. 如果存在一个 n 阶方阵 $\boldsymbol{B}$.

使

$$AB=BA=E,$$

则称 B 为 A 的**逆矩阵**，简称为 A 的逆阵或 A 的逆. 这时称 A 为**可逆矩阵**，简称**可逆阵**.

例如，对于矩阵

$$A=\begin{pmatrix}1&0\\1&1\end{pmatrix},\quad B=\begin{pmatrix}1&0\\-1&1\end{pmatrix},$$

有

$$AB=\begin{pmatrix}1&0\\1&1\end{pmatrix}\begin{pmatrix}1&0\\-1&1\end{pmatrix}=\begin{pmatrix}1&0\\0&1\end{pmatrix}=E,$$

$$BA=\begin{pmatrix}1&0\\-1&1\end{pmatrix}\begin{pmatrix}1&0\\1&1\end{pmatrix}=\begin{pmatrix}1&0\\0&1\end{pmatrix}=E.$$

所以 A 为可逆矩阵，且其逆矩阵为 B. 同理，B 也是可逆矩阵，其逆矩阵是 A. 这就是说，A 与 B 互为逆矩阵.

然而，并非任意一个非零方阵都有逆矩阵. 例如. 矩阵

$$A=\begin{pmatrix}1&0\\0&0\end{pmatrix}$$

没有逆矩阵，这是因为，对任意矩阵

$$B=\begin{pmatrix}b_{11}&b_{12}\\b_{21}&b_{22}\end{pmatrix},$$

都有

$$AB=\begin{pmatrix}1&0\\0&0\end{pmatrix}\begin{pmatrix}b_{11}&b_{12}\\b_{21}&b_{22}\end{pmatrix}=\begin{pmatrix}b_{11}&b_{12}\\0&0\end{pmatrix}\neq\begin{pmatrix}1&0\\0&1\end{pmatrix}.$$

因此，矩阵 A 不可逆.

关于逆矩阵，有以下性质：

性质 1　如果方阵 A 可逆，则 A 的逆矩阵是唯一的.

证明　设 B,C 都是 A 的逆矩阵，则有

$$B=BE=B(AC)=(BA)C=EC=C.$$

所以 A 的逆矩阵是唯一的.

该性质表明，任一可逆矩阵 A 的逆矩阵是唯一确定的，以后我们就用记号 A^{-1} 来表示 A 的逆矩阵. 因而有

$$AA^{-1}=A^{-1}A=E.$$

性质 2　可逆矩阵 A 的逆矩阵 A^{-1} 是可逆矩阵，且 $(A^{-1})^{-1}=A$.

证　因为 A^{-1} 是 A 的逆矩阵，所以

$$A(A^{-1})=(A^{-1})A=E.$$

根据逆矩阵的定义知，A 是 A^{-1} 的逆矩阵，即 $(A^{-1})^{-1}=A$.

性质 3　可逆矩阵 A 的转置矩阵 A' 也是可逆矩阵，且 $(A')^{-1}=(A^{-1})'$.

证　由转置矩阵的性质，我们有

$$(A^{-1})'A'=(AA^{-1})'=E'=E,$$

$$A'(A^{-1})'=(A^{-1}A)'=E'=E,$$

所以

$$(\boldsymbol{A}')^{-1}=(\boldsymbol{A}^{-1})'.$$

性质 4　两个同阶可逆矩阵 $\boldsymbol{A}$、$\boldsymbol{B}$ 的乘积是可逆矩阵，且 $(\boldsymbol{AB})^{-1}=\boldsymbol{B}^{-1}\boldsymbol{A}^{-1}$.

证　因为

$$(\boldsymbol{AB})(\boldsymbol{B}^{-1}\boldsymbol{A}^{-1})=\boldsymbol{A}(\boldsymbol{BB}^{-1})\boldsymbol{A}^{-1}=\boldsymbol{AEA}^{-1}=\boldsymbol{AA}^{-1}=\boldsymbol{E},$$
$$(\boldsymbol{B}^{-1}\boldsymbol{A}^{-1})(\boldsymbol{AB})=\boldsymbol{B}^{-1}(\boldsymbol{A}^{-1}\boldsymbol{A})\boldsymbol{B}=\boldsymbol{B}^{-1}\boldsymbol{EB}=\boldsymbol{B}^{-1}\boldsymbol{B}=\boldsymbol{E},$$

所以

$$(\boldsymbol{AB})^{-1}=\boldsymbol{B}^{-1}\boldsymbol{A}^{-1}.$$

注意　一般来说，$(\boldsymbol{AB})^{-1}\neq\boldsymbol{A}^{-1}\boldsymbol{B}^{-1}$.

2. 逆矩阵的求法

下面我们来研究逆矩阵的求法.

定义 2.2.9　若 n 阶矩阵 $\boldsymbol{A}$ 的行列式 $|\boldsymbol{A}|\neq 0$，则称 $\boldsymbol{A}$ 为**非奇异矩阵**. 反之，若 $|\boldsymbol{A}|=0$，则称 $\boldsymbol{A}$ 是**奇异矩阵**.

定理 2.2.1　若方阵 $\boldsymbol{A}$ 可逆，则 $\boldsymbol{A}$ 为非奇异矩阵.

证　因为 $\boldsymbol{A}$ 可逆，所以存在矩阵 $\boldsymbol{B}$，使

$$\boldsymbol{AB}=\boldsymbol{BA}=\boldsymbol{E}.$$

于是，得

$$|\boldsymbol{A}||\boldsymbol{B}|=|\boldsymbol{AB}|=|\boldsymbol{E}|=1,$$

即 $|\boldsymbol{A}|\neq 0$，所以 $\boldsymbol{A}$ 为非奇异矩阵.

定义 2.2.10　n 阶方阵

$$\boldsymbol{A}=\begin{pmatrix} a_{11} & a_{12} & \cdots & a_{1n} \\ a_{21} & a_{22} & \cdots & a_{2n} \\ \cdots & \cdots & \cdots & \cdots \\ a_{n1} & a_{n2} & \cdots & a_{nn} \end{pmatrix}$$

的行列式 $|A|$ 中，元素 a_{ij} 的代数余子式 A_{ij} 所构成的方阵

$$\begin{pmatrix} A_{11} & A_{21} & \cdots & A_{n1} \\ A_{12} & A_{22} & \cdots & A_{n2} \\ \cdots & \cdots & \cdots & \cdots \\ A_{1n} & A_{2n} & \cdots & A_{nn} \end{pmatrix}$$

称为 $\boldsymbol{A}$ 的**伴随矩阵**，记作 $\boldsymbol{A}^*$.

注意　伴随矩阵 $\boldsymbol{A}^*$ 是由 $|A|$ 中代数余子式 A_{ij} 替代 $\boldsymbol{A}$ 中相应的 a_{ij}，然后再转置所得到的矩阵.

【例 8】　求三阶矩阵 $\boldsymbol{A}=\begin{pmatrix} 1 & 2 & 3 \\ 2 & 1 & 2 \\ 1 & 3 & 3 \end{pmatrix}$ 的伴随矩阵 $\boldsymbol{A}^*$.

解　因为　$A_{11}=(-1)^{1+1}\begin{vmatrix} 1 & 2 \\ 3 & 3 \end{vmatrix}=-3, A_{12}=(-1)^{1+2}\begin{vmatrix} 2 & 2 \\ 1 & 3 \end{vmatrix}=-4,$

$$A_{13}=(-1)^{1+3}\begin{vmatrix} 2 & 1 \\ 1 & 3 \end{vmatrix}=5,$$

$$A_{21}=(-1)^{2+1}\begin{vmatrix}2&3\\3&3\end{vmatrix}=3,A_{22}=(-1)^{2+2}\begin{vmatrix}1&3\\1&3\end{vmatrix}=0,$$

$$A_{23}=(-1)^{2+3}\begin{vmatrix}1&2\\1&3\end{vmatrix}=-1,$$

$$A_{31}=(-1)^{3+1}\begin{vmatrix}2&3\\1&2\end{vmatrix}=1,A_{32}=(-1)^{3+2}\begin{vmatrix}1&3\\2&2\end{vmatrix}=4,$$

$$A_{33}=(-1)^{3+3}\begin{vmatrix}1&2\\2&1\end{vmatrix}=-3,$$

所以

$$\boldsymbol{A}^*=\begin{pmatrix}A_{11}&A_{21}&A_{31}\\A_{12}&A_{22}&A_{32}\\A_{13}&A_{23}&A_{33}\end{pmatrix}=\begin{pmatrix}-3&3&1\\-4&0&4\\5&-1&-3\end{pmatrix}.$$

矩阵 $\boldsymbol{A}$ 的逆矩阵与 $\boldsymbol{A}$ 的伴随矩阵有着非常密切的关系. 下面我们以三阶矩阵为例，来寻找这种关系：将 $\boldsymbol{A}$ 与 $\boldsymbol{A}^*$ 相乘，得

$$\boldsymbol{AA}^*=\begin{pmatrix}a_{11}&a_{12}&a_{13}\\a_{21}&a_{22}&a_{23}\\a_{31}&a_{32}&a_{33}\end{pmatrix}\begin{pmatrix}A_{11}&A_{21}&A_{31}\\A_{12}&A_{22}&A_{32}\\A_{13}&A_{23}&A_{33}\end{pmatrix}=\begin{pmatrix}|A|&0&0\\0&|A|&0\\0&0&|A|\end{pmatrix}=|\boldsymbol{A}|\boldsymbol{E},$$

即 $\boldsymbol{AA}^*=|\boldsymbol{A}|\boldsymbol{E}$. 若 $\boldsymbol{A}$ 是非奇异矩阵，即 $|\boldsymbol{A}|\neq 0$，则有

$$\boldsymbol{A}\frac{\boldsymbol{A}^*}{|\boldsymbol{A}|}=\boldsymbol{E}.$$

由逆矩阵的定义可知，矩阵 $\boldsymbol{A}$ 的逆矩阵

$$\boldsymbol{A}^{-1}=\frac{1}{|\boldsymbol{A}|}\boldsymbol{A}^*.$$

一般地，我们有

定理 2.2.2　若 $|\boldsymbol{A}|\neq 0$，则方阵 $\boldsymbol{A}$ 可逆，且

$$\boldsymbol{A}^{-1}=\frac{1}{|\boldsymbol{A}|}\boldsymbol{A}^*.$$

由定理 2.2.1 和定理 2.2.2 知：$\boldsymbol{A}$ 可逆的充分必要条件是 $\boldsymbol{A}$ 为非奇异方阵.

推论　设 $\boldsymbol{A}$ 是 n 阶方阵，如果存在 n 阶方阵 $\boldsymbol{B}$，使 $\boldsymbol{AB}=\boldsymbol{E}$（或 $\boldsymbol{BA}=\boldsymbol{E}$），则 $\boldsymbol{B}=\boldsymbol{A}^{-1}$.

证明　由 $\boldsymbol{AB}=\boldsymbol{E}$ 得 $|\boldsymbol{AB}|=1$，$|\boldsymbol{A}||\boldsymbol{B}|=1$，故 $|\boldsymbol{A}|\neq 0$，即 $\boldsymbol{A}$ 可逆. 于是

$$\boldsymbol{B}=\boldsymbol{EB}=(\boldsymbol{A}^{-1}\boldsymbol{A})\boldsymbol{B}=\boldsymbol{A}^{-1}(\boldsymbol{AB})=\boldsymbol{A}^{-1}\boldsymbol{E}=\boldsymbol{A}^{-1}.$$

上述推论表明，以后我们验证一个矩阵是另一个矩阵的逆矩阵时，只需证明等式 $\boldsymbol{AB}=\boldsymbol{E}$（或 $\boldsymbol{BA}=\boldsymbol{E}$）即可，而不必按定义同时验证两个等式.

【例 9】　求例 8 中矩阵 $\boldsymbol{A}$ 的逆矩阵.

解　因为

$$|A|=\begin{vmatrix}1&2&3\\2&1&2\\1&3&3\end{vmatrix}=4\neq 0,$$

所以 $\boldsymbol{A}$ 可逆. 又因为

$$\boldsymbol{A}^*=\begin{pmatrix}-3&3&1\\-4&0&4\\5&-1&-3\end{pmatrix},$$

所以

$$\boldsymbol{A}^{-1}=\frac{1}{|\boldsymbol{A}|}\boldsymbol{A}^*=\frac{1}{4}\begin{pmatrix}-3&3&1\\-4&0&4\\5&-1&-3\end{pmatrix}=\begin{pmatrix}-\frac{3}{4}&\frac{3}{4}&\frac{1}{4}\\-1&0&1\\\frac{5}{4}&-\frac{1}{4}&-\frac{3}{4}\end{pmatrix}.$$

【例 10】 求矩阵$\begin{pmatrix}2&2&1\\3&1&5\\3&2&3\end{pmatrix}$的逆矩阵.

解 因为

$$|A|=\begin{vmatrix}2&2&1\\3&1&5\\3&2&3\end{vmatrix}=1\neq0,$$

所以 $\boldsymbol{A}$ 可逆. 容易算得 $\boldsymbol{A}$ 的伴随矩阵为

$$\boldsymbol{A}^*=\begin{pmatrix}-7&-4&9\\6&3&-7\\3&2&-4\end{pmatrix},$$

故

$$\boldsymbol{A}^{-1}=\frac{1}{|\boldsymbol{A}|}\boldsymbol{A}^*=\begin{pmatrix}-7&-4&9\\6&3&-7\\3&2&-4\end{pmatrix}.$$

【例 11】 求 $\boldsymbol{A}=\begin{pmatrix}a&b\\c&d\end{pmatrix}$的逆矩阵，其中 $ad-bc\neq0$.

解 因为

$$|\boldsymbol{A}|=\begin{vmatrix}a&b\\c&d\end{vmatrix}=ad-bc\neq0,$$

所以 $\boldsymbol{A}$ 可逆. 又因为

$$a_{11}=d,\quad a_{12}=-c,\quad a_{21}=-b,\quad a_{22}=a,$$

所以

$$\begin{pmatrix}a&b\\c&d\end{pmatrix}^{-1}=\frac{1}{ad-bc}\begin{pmatrix}d&-b\\-c&a\end{pmatrix}.$$

【例 12】 证明：若 $\boldsymbol{A}$ 是非奇异矩阵，且 $\boldsymbol{AB}=\boldsymbol{AC}$，则 $\boldsymbol{B}=\boldsymbol{C}$.

证明 因为 $\boldsymbol{A}$ 为非奇异矩阵，所以 $\boldsymbol{A}$ 可逆. 在等式 $\boldsymbol{AB}=\boldsymbol{AC}$ 两边左乘 $\boldsymbol{A}^{-1}$，得

$$\boldsymbol{A}^{-1}(\boldsymbol{AB})=\boldsymbol{A}^{-1}(\boldsymbol{AC}).$$

于是，有

$$\boldsymbol{B}=\boldsymbol{C}.$$

上例表明，当 $\boldsymbol{A}$ 为非奇异时，矩阵的乘法满足消去律.

利用逆矩阵,可求解线性方程组.设有线性方程组

$$\begin{cases}a_{11}x_1+a_{12}x_2+\cdots+a_{1n}x_n=b_1,\\a_{21}x_1+a_{22}x_2+\cdots+a_{2n}x_n=b_2,\\\cdots\cdots\cdots\cdots\cdots\cdots\cdots\cdots\\a_{n1}x_1+a_{n2}x_2+\cdots+a_{nn}x_n=b_n.\end{cases}$$

如果记

$$\boldsymbol{A}=\begin{pmatrix}a_{11}&a_{12}&\cdots&a_{1n}\\a_{21}&a_{22}&\cdots&a_{2n}\\\cdots&\cdots&\cdots&\cdots\\a_{n1}&a_{n2}&\cdots&a_{nn}\end{pmatrix},\quad \boldsymbol{X}=\begin{pmatrix}x_1\\x_2\\\vdots\\x_n\end{pmatrix},\quad \boldsymbol{B}=\begin{pmatrix}b_1\\b_2\\\vdots\\b_n\end{pmatrix},$$

则利用矩阵的乘法,该方程组可写成矩阵形式

$$\begin{pmatrix}a_{11}&a_{12}&\cdots&a_{1n}\\a_{21}&a_{22}&\cdots&a_{2n}\\\cdots&\cdots&\cdots&\cdots\\a_{n1}&a_{n2}&\cdots&a_{nn}\end{pmatrix}\begin{pmatrix}x_1\\x_2\\\vdots\\x_n\end{pmatrix}=\begin{pmatrix}b_1\\b_2\\\vdots\\b_n\end{pmatrix},$$

即

$$\boldsymbol{AX}=\boldsymbol{B},$$

其中 $\boldsymbol{A}$ 是由线性方程组的系数构成的矩阵,称为**系数矩阵**.当 $|\boldsymbol{A}|\neq 0$ 时,$\boldsymbol{A}$ 可逆.用 $\boldsymbol{A}^{-1}$ 左乘 $\boldsymbol{AX}=\boldsymbol{B}$ 的两边,得

$$\boldsymbol{X}=\boldsymbol{A}^{-1}\boldsymbol{B}.$$

这就是线性方程组的解.

【例 13】 解线性方程组 $\begin{cases}2x_1+2x_2+x_3=1,\\3x_1+x_2+5x_3=2,\\3x_1+2x_2+3x_3=3.\end{cases}$

解　线性方程组的矩阵形式为

$$\begin{pmatrix}2&2&1\\3&1&5\\3&2&3\end{pmatrix}\begin{pmatrix}x_1\\x_2\\x_3\end{pmatrix}=\begin{pmatrix}1\\2\\3\end{pmatrix}.$$

由例 9 知,系数矩阵可逆,且其逆矩阵为

$$\begin{pmatrix}2&2&1\\3&1&5\\3&2&3\end{pmatrix}^{-1}=\begin{pmatrix}-7&-4&9\\6&3&-7\\3&2&-4\end{pmatrix},$$

所以方程组的解为

$$\boldsymbol{X}=\begin{pmatrix}2&2&1\\3&1&5\\3&2&3\end{pmatrix}^{-1}\begin{pmatrix}1\\2\\3\end{pmatrix}=\begin{pmatrix}-7&-4&9\\6&3&-7\\3&2&-4\end{pmatrix}\begin{pmatrix}1\\2\\3\end{pmatrix}=\begin{pmatrix}12\\-9\\-5\end{pmatrix},$$

即

$$\begin{cases}x_1=12,\\x_2=-9,\\x_3=-5.\end{cases}$$

2.2.4 分块矩阵

1. 分块矩阵的概念

在矩阵的讨论和运算中，为了方便，我们常用一些横线或竖线把矩阵分成许多小块，每一小块称为矩阵的子块（或子矩阵），这种以子块为元素的矩阵称为**分块矩阵**.

例如，矩阵

$$\boldsymbol{A}=\left(\begin{array}{ccc:cc}1&0&0&2&5\\0&1&0&3&-2\\0&0&1&-1&6\\\hdashline 0&0&0&4&0\\0&0&0&0&4\end{array}\right)$$

就是一个分成 4 块的分块矩阵. 若记

$$\boldsymbol{E}_3=\begin{pmatrix}1&0&0\\0&1&0\\0&0&1\end{pmatrix},\quad \boldsymbol{A}_1=\begin{pmatrix}2&5\\3&-2\\-1&6\end{pmatrix},$$

$$0=\begin{pmatrix}0&0&0\\0&0&0\end{pmatrix},\quad 4\boldsymbol{E}_2=\begin{pmatrix}4&0\\0&4\end{pmatrix},$$

则 $\boldsymbol{A}$ 可表示为

$$\boldsymbol{A}=\begin{pmatrix}\boldsymbol{E}_3&\boldsymbol{A}_1\\\boldsymbol{0}&4\boldsymbol{E}_2\end{pmatrix}.$$

很明显，$\boldsymbol{A}$ 分块后比未分块时要简明得多，且每一个块有各自的特点.

一个矩阵有各种各样的分块方法，究竟怎样分比较好，一般根据需要而定. 例如，上面的矩阵 $\boldsymbol{A}$ 还可分块为

$$\boldsymbol{A}=\left(\begin{array}{cc:ccc}1&0&0&2&5\\0&1&0&3&-2\\\hdashline 0&0&1&-1&6\\0&0&0&4&0\\0&0&0&0&4\end{array}\right)=\begin{pmatrix}\boldsymbol{E}_2&\boldsymbol{A}_1\\\boldsymbol{0}&\boldsymbol{A}_2\end{pmatrix},$$

其中

$$\boldsymbol{E}_2=\begin{pmatrix}1&0\\0&1\end{pmatrix},\quad \boldsymbol{A}_1=\begin{pmatrix}0&2&5\\0&3&-2\end{pmatrix},$$

$$\boldsymbol{0}=\begin{pmatrix}0&0\\0&0\\0&0\end{pmatrix},\quad \boldsymbol{A}_2=\begin{pmatrix}1&-1&6\\0&4&0\\0&0&4\end{pmatrix};$$

或也可分块为

$$\boldsymbol{A}=\left(\begin{array}{ccccc}1&0&0&2&5\\\hdashline 0&1&0&3&-2\\\hdashline 0&0&1&-1&6\\\hdashline 0&0&0&4&0\\\hdashline 0&0&0&0&4\end{array}\right)=\begin{pmatrix}\boldsymbol{A}_1\\\boldsymbol{A}_2\\\boldsymbol{A}_3\\\boldsymbol{A}_4\\\boldsymbol{A}_5\end{pmatrix},$$

$\boldsymbol{A}_1=(1,0,0,2,5)$，$\boldsymbol{A}_2=(0,1,0,3,-2)$，$\boldsymbol{A}_3=(0,0,1,-1,6)$，$\boldsymbol{A}_4=(0,0,0,4,0)$，$\boldsymbol{A}_5=(0,0,0,0,4)$.

一般地，对 $m\times n$ 阶矩阵 $\boldsymbol{A}$，若先用若干条横线将它分成 r 块，再用若干条纵线将它分成 s 块，则我们得到一个 rs 块的分块矩阵，可记作

$$\boldsymbol{A}=\begin{pmatrix}\boldsymbol{A}_{11} & \boldsymbol{A}_{12} & \cdots & \boldsymbol{A}_{1s}\\ \boldsymbol{A}_{21} & \boldsymbol{A}_{22} & \cdots & \boldsymbol{A}_{2s}\\ \cdots & \cdots & \cdots & \cdots\\ \boldsymbol{A}_{r1} & \boldsymbol{A}_{r2} & \cdots & \boldsymbol{A}_{rs}\end{pmatrix}.$$

其中 $\boldsymbol{A}_{ij}$ 表示 $\boldsymbol{A}$ 的第 (i,j) 块（注意这里 $\boldsymbol{A}_{ij}$ 是一个矩阵，而不是一个数）.

2. 分块矩阵的运算

分块矩阵的加法和减法

设 $m\times n$ 阶矩阵 $\boldsymbol{A}$ 与 $\boldsymbol{B}$ 具有相同的分块，即

$$\boldsymbol{A}=(\boldsymbol{A}_{ij})_{r\times s}=\begin{pmatrix}\boldsymbol{A}_{11} & \boldsymbol{A}_{12} & \cdots & \boldsymbol{A}_{1s}\\ \boldsymbol{A}_{21} & \boldsymbol{A}_{22} & \cdots & \boldsymbol{A}_{2s}\\ \cdots & \cdots & \cdots & \cdots\\ \boldsymbol{A}_{r1} & \boldsymbol{A}_{r2} & \cdots & \boldsymbol{A}_{rs}\end{pmatrix},$$

$$\boldsymbol{B}=(\boldsymbol{B}_{ij})_{r\times s}=\begin{pmatrix}\boldsymbol{B}_{11} & \boldsymbol{B}_{12} & \cdots & \boldsymbol{B}_{1s}\\ \boldsymbol{B}_{21} & \boldsymbol{B}_{22} & \cdots & \boldsymbol{B}_{2s}\\ \cdots & \cdots & \cdots & \cdots\\ \boldsymbol{B}_{r1} & \boldsymbol{B}_{r2} & \cdots & \boldsymbol{B}_{rs}\end{pmatrix},$$

且对任意的 $i,j\,(i=1,2,\cdots,r;j=1,2,\cdots,s)$，$\boldsymbol{A}_{ij}$ 与 $\boldsymbol{B}_{ij}$ 的行数与列数分别相同，则这两个分块矩阵的加法和减法可分别定义为

$$\boldsymbol{A}+\boldsymbol{B}=(\boldsymbol{A}_{ij}+\boldsymbol{B}_{ij})_{rs},$$
$$\boldsymbol{A}-\boldsymbol{B}=(\boldsymbol{A}_{ij}-\boldsymbol{B}_{ij})_{rs}.$$

【例 14】 求下列分块矩阵的和：

$$\boldsymbol{A}=\left(\begin{array}{cc:cc}1 & 0 & 1 & 3\\ 0 & 1 & 2 & 4\\ \hdashline 0 & 0 & -1 & 0\\ 0 & 0 & 0 & -1\end{array}\right),\quad \boldsymbol{B}=\left(\begin{array}{cccc}1 & 2 & 0 & 0\\ 2 & 0 & 0 & 0\\ \hdashline 6 & 3 & 1 & 0\\ 0 & -2 & 0 & 1\end{array}\right).$$

解　两个矩阵分块后的阶数相等，且对应的块的行数与列数相同，所以可以相加，将对应的块相加，得

$$\boldsymbol{A}+\boldsymbol{B}=\left(\begin{array}{cc:cc}2 & 2 & 1 & 3\\ 2 & 1 & 2 & 4\\ \hdashline 6 & 3 & 0 & 0\\ 0 & -2 & 0 & 0\end{array}\right).$$

很明显，两个分块矩阵的和仍是一个分块矩阵，并且它们的和与 $\boldsymbol{A}$、$\boldsymbol{B}$ 作为普通矩阵相加所得的和是相同的.

分块矩阵的数乘.

一个数 k 与分块矩阵 $\boldsymbol{A}=(\boldsymbol{A}_{ij})r_{rs}$ 相乘，类似于数与普通矩阵相乘，即

$$k\boldsymbol{A}=(k\boldsymbol{A}_{ij})_{rs}.$$

例如，设矩阵

$$\boldsymbol{A}=\left(\begin{array}{cc|c}2&0&1\\1&0&-1\\\hline 0&2&0\\1&3&0\end{array}\right)=\begin{pmatrix}\boldsymbol{A}_{11}&\boldsymbol{A}_{12}\\\boldsymbol{A}_{21}&\boldsymbol{A}_{22}\end{pmatrix},$$

其中

$$\boldsymbol{A}_{11}=\begin{pmatrix}2&0\\1&0\end{pmatrix},\quad \boldsymbol{A}_{12}=\begin{pmatrix}1\\-1\end{pmatrix},\quad \boldsymbol{A}_{21}=\begin{pmatrix}0&2\\1&3\end{pmatrix},\quad \boldsymbol{A}_{22}=\begin{pmatrix}0\\0\end{pmatrix},$$

则

$$2\boldsymbol{A}=2\begin{pmatrix}\boldsymbol{A}_{11}&\boldsymbol{A}_{12}\\\boldsymbol{A}_{21}&\boldsymbol{A}_{22}\end{pmatrix}=\begin{pmatrix}2\boldsymbol{A}_{11}&2\boldsymbol{A}_{12}\\2\boldsymbol{A}_{21}&2\boldsymbol{A}_{22}\end{pmatrix}=\left(\begin{array}{cc|c}4&0&2\\2&0&-2\\\hline 0&4&0\\2&6&0\end{array}\right).$$

分块矩阵的乘法

分块矩阵的乘法与普通矩阵的乘法在形式上也是相似的，只是在作矩阵的块与块之间的乘法时，必须保证符合矩阵相乘的条件.

【例 15】 求例 13 中两矩阵的乘积矩阵 $\boldsymbol{AB}$.

解 记 $\boldsymbol{A}_{11}=\begin{pmatrix}1&0\\0&1\end{pmatrix}$，$\boldsymbol{A}_{12}=\begin{pmatrix}1&3\\2&4\end{pmatrix}$，$\boldsymbol{A}_{21}=\begin{pmatrix}0&0\\0&0\end{pmatrix}$，$\boldsymbol{A}_{22}=\begin{pmatrix}-1&0\\0&-1\end{pmatrix}$；

$$\boldsymbol{B}_{11}=\begin{pmatrix}1&2\\2&0\end{pmatrix},\quad \boldsymbol{B}_{12}=\begin{pmatrix}0&0\\0&0\end{pmatrix},\quad \boldsymbol{B}_{21}=\begin{pmatrix}6&3\\0&-2\end{pmatrix},\quad \boldsymbol{B}_{22}=\begin{pmatrix}1&0\\0&1\end{pmatrix},$$

则

$$\boldsymbol{AB}=\begin{pmatrix}\boldsymbol{A}_{11}&\boldsymbol{A}_{12}\\\boldsymbol{A}_{21}&\boldsymbol{A}_{22}\end{pmatrix}\begin{pmatrix}\boldsymbol{B}_{11}&\boldsymbol{B}_{12}\\\boldsymbol{B}_{21}&\boldsymbol{B}_{22}\end{pmatrix}=\begin{pmatrix}\boldsymbol{A}_{11}\boldsymbol{B}_{11}+\boldsymbol{A}_{12}\boldsymbol{B}_{21}&\boldsymbol{A}_{11}\boldsymbol{B}_{12}+A_{12}\boldsymbol{B}_{22}\\\boldsymbol{A}_{21}\boldsymbol{B}_{11}+\boldsymbol{A}_{22}\boldsymbol{B}_{21}&\boldsymbol{A}_{21}\boldsymbol{B}_{12}+\boldsymbol{A}_{22}\boldsymbol{B}_{22}\end{pmatrix}.$$

因为

$$\begin{aligned}\boldsymbol{A}_{11}\boldsymbol{B}_{12}+\boldsymbol{A}_{12}\boldsymbol{B}_{21}&=\begin{pmatrix}1&0\\0&1\end{pmatrix}\begin{pmatrix}1&2\\2&0\end{pmatrix}+\begin{pmatrix}1&3\\2&4\end{pmatrix}\begin{pmatrix}6&3\\0&-2\end{pmatrix}\\&=\begin{pmatrix}1&2\\2&0\end{pmatrix}+\begin{pmatrix}6&-6\\12&-2\end{pmatrix}=\begin{pmatrix}7&-4\\14&-2\end{pmatrix},\end{aligned}$$

$$\boldsymbol{A}_{11}\boldsymbol{B}_{12}+\boldsymbol{A}_{12}\boldsymbol{B}_{22}=\begin{pmatrix}1&0\\0&1\end{pmatrix}\begin{pmatrix}0&0\\0&0\end{pmatrix}+\begin{pmatrix}1&3\\2&4\end{pmatrix}\begin{pmatrix}1&0\\0&1\end{pmatrix}=\begin{pmatrix}1&3\\2&4\end{pmatrix},$$

$$\boldsymbol{A}_{21}\boldsymbol{B}_{11}+\boldsymbol{A}_{22}\boldsymbol{B}_{21}=\begin{pmatrix}0&0\\0&0\end{pmatrix}\begin{pmatrix}1&2\\2&0\end{pmatrix}+\begin{pmatrix}-1&0\\0&-1\end{pmatrix}\begin{pmatrix}6&3\\0&-2\end{pmatrix}=\begin{pmatrix}-6&-3\\0&2\end{pmatrix},$$

$$\boldsymbol{A}_{21}\boldsymbol{B}_{12}+\boldsymbol{A}_{22}\boldsymbol{B}_{22}=\begin{pmatrix}0&0\\0&0\end{pmatrix}\begin{pmatrix}0&0\\0&0\end{pmatrix}+\begin{pmatrix}-1&0\\0&-1\end{pmatrix}\begin{pmatrix}1&0\\0&1\end{pmatrix}=\begin{pmatrix}-1&0\\0&-1\end{pmatrix},$$

所以

$$AB=\begin{pmatrix}7&-4&1&3\\14&-2&2&4\\-6&-3&-1&0\\0&2&0&-1\end{pmatrix}.$$

由例 15 知，作分块矩阵的乘法时，为了符合矩阵相乘的条件，在划分块时，必须满足下面的要求：

(1) 左矩阵分块后的列组数等于右矩阵分块后的行组数；

(2) 左矩阵每个列组所含列数与右矩阵相应行组所含行数相等.

例 15 并没有显示出分块矩阵的优越性，甚至会感到分块乘法比不分块更麻烦. 下面我们看几个例子，它们显示了分块运算的优越性.

【例 16】 设 $\boldsymbol{A},\boldsymbol{B}$ 为二个分块对角矩阵，即

$$\boldsymbol{A}=\begin{pmatrix}\boldsymbol{A}_1&&&\\&\boldsymbol{A}_2&&\\&&\ddots&\\&&&\boldsymbol{A}_k\end{pmatrix},\quad \boldsymbol{B}=\begin{pmatrix}\boldsymbol{B}_1&&&\\&\boldsymbol{B}_2&&\\&&\ddots&\\&&&\boldsymbol{B}_k\end{pmatrix},$$

其中矩阵 $\boldsymbol{A}_i$ 与 $\boldsymbol{B}_i$ 都是 n_i 阶方阵，因此 $\boldsymbol{A}_i$ 与 $\boldsymbol{B}_i$ 可以相乘. 用分块矩阵的乘法，得

$$\boldsymbol{AB}=\begin{pmatrix}\boldsymbol{A}_1\boldsymbol{B}_1&&&\\&\boldsymbol{A}_2\boldsymbol{B}_2&&\\&&\ddots&\\&&&\boldsymbol{A}_k\boldsymbol{B}_k\end{pmatrix}.$$

上例表明，分块对角矩阵相乘时，只需将主对角线上的块相乘即可.

【例 17】 设 $\boldsymbol{A}$ 为一个分块对角矩阵：$\boldsymbol{A}=\begin{pmatrix}\boldsymbol{A}_1&&&\\&\boldsymbol{A}_2&&\\&&\ddots&\\&&&\boldsymbol{A}_k\end{pmatrix}$，且每块 $\boldsymbol{A}_i$ 都是非奇异矩阵，则 $\boldsymbol{A}$ 也是非奇异矩阵，且 $\boldsymbol{A}^{-1}=\begin{pmatrix}\boldsymbol{A}_1^{-1}&&&\\&\boldsymbol{A}_2^{-1}&&\\&&\ddots&\\&&&\boldsymbol{A}_k^{-1}\end{pmatrix}$.

证明　因为

$$\begin{pmatrix}\boldsymbol{A}_1&&&\\&\boldsymbol{A}_2&&\\&&\ddots&\\&&&\boldsymbol{A}_k\end{pmatrix}\begin{pmatrix}\boldsymbol{A}_1^{-1}&&&\\&\boldsymbol{A}_2^{-1}&&\\&&\ddots&\\&&&\boldsymbol{A}_k^{-1}\end{pmatrix}$$

$$=\begin{pmatrix}\boldsymbol{A}_1\boldsymbol{A}_1^{-1}&&&\\&\boldsymbol{A}_2\boldsymbol{A}_2^{-1}&&\\&&\ddots&\\&&&\boldsymbol{A}_k\boldsymbol{A}_k^{-1}\end{pmatrix}=\begin{pmatrix}\boldsymbol{E}_{n_1}&&&\\&\boldsymbol{E}_{n_2}&&\\&&\ddots&\\&&&\boldsymbol{E}_{n_k}\end{pmatrix}=\boldsymbol{E},$$

其中 $\boldsymbol{E}_{n_i}$ 表示与 $\boldsymbol{A}_i$ 同阶的单位矩阵，所以

$$A=\begin{pmatrix} A_1^{-1} & & & \\ & A_2^{-1} & & \\ & & \ddots & \\ & & & A_k^{-1} \end{pmatrix}.$$

上例表明，求分块对角矩阵的逆矩阵时，只需将对角线上的每一子块求逆矩阵即可.

【例 18】 求矩阵 $A=\begin{pmatrix} 2 & 0 & 0 \\ 0 & 3 & 1 \\ 0 & 0 & 3 \end{pmatrix}$ 的逆矩阵.

解 将 A 分块化为分块对角矩阵：

$$A=\left(\begin{array}{c:cc} 2 & 0 & 0 \\ \hdashline 0 & 3 & 1 \\ 0 & 0 & 3 \end{array}\right)=\begin{pmatrix} A_1 & \\ & A_2 \end{pmatrix}.$$

易算得

$$A_1^{-1}=\left(\frac{1}{2}\right),\quad A_2^{-1}=\begin{pmatrix} \frac{1}{3} & -\frac{1}{9} \\ 0 & \frac{1}{3} \end{pmatrix}.$$

所以

$$A_1=\begin{pmatrix} A_1^{-1} & \\ & A_2^{-1} \end{pmatrix}=\begin{pmatrix} \frac{1}{2} & 0 & 0 \\ 0 & \frac{1}{3} & -\frac{1}{9} \\ 0 & 0 & \frac{1}{3} \end{pmatrix}.$$

【例 19】 求分块矩阵 $D=\begin{pmatrix} A & C \\ \mathbf{0} & B \end{pmatrix}$ 的逆矩阵，其中 A,B 分别为 r 阶与 k 阶可逆方阵，C 是 $r\times k$ 矩阵，$\mathbf{0}$ 是 $k\times r$ 矩阵.

解 因为

$$\begin{pmatrix} A & C \\ \mathbf{0} & B \end{pmatrix}\begin{pmatrix} A^{-1} & -A^{-1}CB^{-1} \\ \mathbf{0} & B^{-1} \end{pmatrix}=\begin{pmatrix} E_k & \mathbf{0} \\ \mathbf{0} & E_k \end{pmatrix}=E,$$

所以

$$D^{-1}=\begin{pmatrix} A & C \\ \mathbf{0} & B \end{pmatrix}^{-1}=\begin{pmatrix} A^{-1} & -A^{-1}CB^{-1} \\ \mathbf{0} & B^{-1} \end{pmatrix}.$$

上例表明，求逆矩阵时，有时可以将阶数高的矩阵分块化为阶数较低的矩阵，再求逆矩阵，从而可降低求逆矩阵的难度.

【例 20】 设矩阵 $D=\begin{pmatrix} 1 & 2 & 3 & 4 \\ 0 & 1 & 2 & 3 \\ 0 & 0 & 1 & 2 \\ 0 & 0 & 0 & 1 \end{pmatrix}$，求 D^{-1}.

解　因为

$$\boldsymbol{D}=\left(\begin{array}{cc:cc}1 & 2 & 3 & 4\\ 0 & 1 & 2 & 3\\ \hdashline 0 & 0 & 1 & 2\\ 0 & 0 & 0 & 1\end{array}\right)=\begin{pmatrix}\boldsymbol{A} & \boldsymbol{C}\\ \boldsymbol{0} & \boldsymbol{B}\end{pmatrix},$$

其中 $\boldsymbol{A}=\boldsymbol{B}=\begin{pmatrix}1 & 2\\ 0 & 1\end{pmatrix}$，$\boldsymbol{C}=\begin{pmatrix}3 & 4\\ 2 & 3\end{pmatrix}$，且

$$\boldsymbol{A}^{-1}=\boldsymbol{B}^{-1}=\begin{pmatrix}1 & -2\\ 0 & 1\end{pmatrix},$$

$$\boldsymbol{A}^{-1}\boldsymbol{C}\boldsymbol{B}^{-1}=\begin{pmatrix}1 & -2\\ 0 & 1\end{pmatrix}\begin{pmatrix}3 & 4\\ 2 & 3\end{pmatrix}\begin{pmatrix}1 & -2\\ 0 & 1\end{pmatrix}=\begin{pmatrix}-1 & 0\\ 2 & -1\end{pmatrix},$$

所以

$$\boldsymbol{D}^{-1}=\begin{pmatrix}\boldsymbol{A}^{-1} & -\boldsymbol{A}^{-1}\boldsymbol{C}\boldsymbol{B}^{-1}\\ \boldsymbol{0} & \boldsymbol{B}^{-1}\end{pmatrix}=\begin{pmatrix}1 & -2 & 1 & 0\\ 0 & 1 & -2 & 1\\ 0 & 0 & 1 & -2\\ 0 & 0 & 0 & 1\end{pmatrix}.$$

习 题 2-2

1. 已知矩阵

$$\boldsymbol{A}=\begin{pmatrix}1 & 3 & x\\ 2 & y & 0\end{pmatrix},\quad \boldsymbol{B}=\begin{pmatrix}1 & 3 & 3\\ 2 & -8 & 0\end{pmatrix},$$

且 $\boldsymbol{A}=\boldsymbol{B}$. 求 x，y.

2. 下列各题中给出的两个矩阵是否相等？为什么？

(1) $\boldsymbol{A}=\begin{pmatrix}0 & 0\\ 0 & 0\end{pmatrix}$，$\boldsymbol{B}=\begin{pmatrix}0 & 0 & 0\\ 0 & 0 & 0\\ 0 & 0 & 0\end{pmatrix}$；

(2) $\boldsymbol{A}=\begin{pmatrix}1 & 0\\ 0 & 1\end{pmatrix}$，$\boldsymbol{B}=\begin{pmatrix}1 & 0 & 0\\ 0 & 1 & 0\\ 0 & 0 & 1\end{pmatrix}$.

3. 已知矩阵

$$\boldsymbol{A}=\begin{pmatrix}3 & 2 & 4\\ 0 & 1 & 6\\ 4 & 7 & 2\end{pmatrix},\quad \boldsymbol{B}=\begin{pmatrix}5 & -2 & 6\\ -7 & 6 & 0\\ 1 & 0 & 3\end{pmatrix}.$$

求 $3\boldsymbol{A}+2\boldsymbol{B}$ 与 $2\boldsymbol{A}-3\boldsymbol{B}$.

4. 计算下列各题：

(1) $\begin{pmatrix}4 & 1 & 5\\ 3 & -2 & 7\end{pmatrix}\begin{pmatrix}7\\ 2\\ 1\end{pmatrix}$；　　(2) $\begin{pmatrix}1 & 2 & 3\end{pmatrix}\begin{pmatrix}3\\ 2\\ 1\end{pmatrix}$；

(3) $\begin{pmatrix}2\\ 1\\ 3\end{pmatrix}\begin{pmatrix}-1 & 2\end{pmatrix}$；　　(4) $\begin{pmatrix}2 & 1 & 4 & 0\\ 1 & -1 & 3 & 4\end{pmatrix}\begin{pmatrix}1 & 3 & 1\\ 0 & -1 & 2\\ 1 & -3 & 1\\ 4 & 0 & -2\end{pmatrix}$.

5. 设

$$\boldsymbol{A}=\begin{pmatrix}2&3&0\\1&2&0\end{pmatrix},\quad \boldsymbol{B}=\begin{pmatrix}1&0\\0&2\\3&0\end{pmatrix},\quad \boldsymbol{C}=\begin{pmatrix}1&0\\0&2\\4&5\end{pmatrix}.$$

(1) 求 $\boldsymbol{AB}$ 及 $\boldsymbol{AC}$；

(2) 求 $\boldsymbol{B}'\boldsymbol{A}'$.

6. 设

$$\boldsymbol{A}=\begin{pmatrix}1&2\\1&3\end{pmatrix},\quad \boldsymbol{B}=\begin{pmatrix}1&0\\1&2\end{pmatrix}.$$

(1) $\boldsymbol{AB}=\boldsymbol{BA}$ 吗？

(2) $(\boldsymbol{A}+\boldsymbol{B})^2=\boldsymbol{A}^2+2\boldsymbol{AB}+\boldsymbol{B}^2$ 吗？

(3) $(\boldsymbol{A}+\boldsymbol{B})(\boldsymbol{A}-\boldsymbol{B})=\boldsymbol{A}^2-\boldsymbol{B}^2$ 吗？

7. 设

$$\boldsymbol{A}=\begin{pmatrix}\lambda&1&0\\0&\lambda&1\\0&0&\lambda\end{pmatrix}.$$

求 $\boldsymbol{A}^2,\boldsymbol{A}^3,\cdots,\boldsymbol{A}^k$.

8. 计算 $\begin{pmatrix}1&2&0\\0&1&2\\0&0&1\end{pmatrix}^n$（$n$ 为正整数）.

9. 对于下列矩阵 $\boldsymbol{A}$ 和 $\boldsymbol{B}$，验证 $\boldsymbol{AB}=\boldsymbol{BA}=\boldsymbol{E}$，其中，

$$\boldsymbol{A}=\begin{pmatrix}1&2&-3\\0&1&2\\0&0&1\end{pmatrix},\quad \boldsymbol{B}=\begin{pmatrix}1&-2&7\\0&1&-2\\0&0&1\end{pmatrix}.$$

10. 求下列矩阵的逆矩阵：

(1) $\begin{pmatrix}1&2\\2&5\end{pmatrix}$；　　(2) $\begin{pmatrix}1&2&3\\2&2&1\\3&4&3\end{pmatrix}$；

(3) $\begin{pmatrix}3&1&2\\6&0&0\\2&-1&1\end{pmatrix}$；　　(4) $\begin{pmatrix}2&0&0\\1&4&0\\3&-1&1\end{pmatrix}$.

11. 设 $\boldsymbol{A}=\begin{pmatrix}2&5\\1&3\end{pmatrix}$，$\boldsymbol{B}=\begin{pmatrix}4&-6\\2&1\end{pmatrix}$，$\boldsymbol{C}=\begin{pmatrix}-2&4\\2&1\end{pmatrix}$. 解下列矩阵方程：

(1) $\boldsymbol{AX}=\boldsymbol{B}$；(2) $\boldsymbol{XA}=\boldsymbol{B}$；(3) $\boldsymbol{AXB}=\boldsymbol{C}$.

12. 利用逆矩阵解下列方程组：

(1) $\begin{cases}x_1+3x_2+x_3=5,\\x_1+x_2+5x_3=-7,\\2x_1+3x_2-3x_3=14;\end{cases}$　　(2) $\begin{cases}x_1+2x_2+3x_3=1,\\2x_1+2x_2+5x_3=2,\\3x_1+5x_2+x_3=3.\end{cases}$

13. 证明：

(1) 若 $\boldsymbol{A}$、$\boldsymbol{B}$、$\boldsymbol{C}$ 为同阶方阵且均可逆，则 $\boldsymbol{ABC}$ 也可逆，且 $(\boldsymbol{ABC})^{-1}=\boldsymbol{C}^{-1}\boldsymbol{B}^{-1}\boldsymbol{A}^{-1}$.

(2) 若方阵 $\boldsymbol{A}$ 可逆，则其伴随矩阵 $\boldsymbol{A}^*$ 也可逆，且 $(\boldsymbol{A}^*)^{-1}=\dfrac{1}{|\boldsymbol{A}|}\boldsymbol{A}$.

(3) 若 $\boldsymbol{AB}=0$，且 $\boldsymbol{A}$ 为可逆方阵，则 $\boldsymbol{B}=\boldsymbol{0}$.

14. 设方阵 $\boldsymbol{A}$ 满足 $\boldsymbol{A}^2-\boldsymbol{A}-2\boldsymbol{E}=\boldsymbol{0}$. 证明 $\boldsymbol{A}$ 和 $\boldsymbol{E}-\boldsymbol{A}$ 都可逆，并求它们的逆矩阵.

15. 求下列分块矩阵的和与差：

(1) $\boldsymbol{A}=\left(\begin{array}{cc:ccc} 5 & 2 & 0 & 3 & 1 \\ 2 & 1 & 1 & 4 & 0 \\ \hdashline 3 & 6 & 8 & 0 & 0 \\ 2 & 1 & 7 & 3 & 1 \end{array}\right)$，$\boldsymbol{B}=\left(\begin{array}{cc:ccc} 4 & 0 & 2 & 1 & 1 \\ 3 & 1 & 1 & 0 & 0 \\ \hdashline 2 & 6 & 7 & 1 & 1 \\ 2 & 0 & 6 & 2 & 0 \end{array}\right)$；

(2) $\boldsymbol{A}=\left(\begin{array}{c:ccc} 1 & & 3 & 4 \\ \hdashline 2 & 1 & 0 & 0 \\ 3 & 0 & 1 & 0 \end{array}\right)$，$\boldsymbol{B}=\left(\begin{array}{c:ccc} 0 & 3 & 4 & 5 \\ \hdashline 1 & 1 & 0 & 0 \\ 2 & 0 & 1 & 0 \end{array}\right)$.

16. 计算分块矩阵乘法：

(1) $\left(\begin{array}{cc:ccc} 1 & 0 & 1 & 2 & -1 \\ 0 & 1 & 3 & 2 & -2 \\ \hdashline -1 & 4 & 0 & 0 & 0 \\ 0 & 2 & 0 & 0 & 0 \end{array}\right)\left(\begin{array}{cc:cc} 2 & -3 & 0 & 0 \\ 0 & -2 & 0 & 0 \\ \hdashline 1 & 0 & 5 & -1 \\ 1 & 1 & 0 & 2 \\ 0 & 0 & 3 & 0 \end{array}\right)$；

(2) $\left(\begin{array}{cc:cc} 1 & 0 & 0 & 1 \\ 0 & 1 & 1 & 0 \\ \hdashline 0 & -1 & 1 & 0 \\ -1 & 0 & 0 & 1 \end{array}\right)\left(\begin{array}{cc:cc} 0 & 1 & 0 & -1 \\ 0 & 0 & -1 & 0 \\ \hdashline 0 & 0 & 0 & 1 \\ 1 & 0 & 0 & 1 \end{array}\right)$；

(3) $\left(\begin{array}{cc:cc} 0 & 1 & 2 & 2 \\ 0 & 0 & 0 & 1 \\ \hdashline 1 & -3 & 1 & 0 \\ 0 & 1 & 0 & 1 \end{array}\right)$.

17. 试写出下列分块矩阵的积：

(1) $\begin{pmatrix} \boldsymbol{A}_1 & \boldsymbol{0} \\ \boldsymbol{0} & \boldsymbol{A}_2 \end{pmatrix}\begin{pmatrix} \boldsymbol{B}_{11} & \boldsymbol{B}_{12} \\ \boldsymbol{B}_{21} & \boldsymbol{B}_{22} \end{pmatrix}$；

(2) $\begin{pmatrix} \boldsymbol{A}_{11} & \boldsymbol{A}_{12} & \boldsymbol{A}_{13} \\ \boldsymbol{0} & \boldsymbol{A}_{22} & \boldsymbol{A}_{23} \\ \boldsymbol{0} & \boldsymbol{0} & \boldsymbol{A}_{33} \end{pmatrix}\begin{pmatrix} \boldsymbol{B}_{11} & \boldsymbol{B}_{12} & \boldsymbol{B}_{13} \\ \boldsymbol{0} & \boldsymbol{B}_{22} & \boldsymbol{B}_{23} \\ \boldsymbol{0} & \boldsymbol{0} & \boldsymbol{B}_{33} \end{pmatrix}$.

18. 求下列分块矩阵的逆矩阵：

(1) $\left(\begin{array}{c:ccc:c} 2 & 0 & 0 & 0 & 0 \\ \hdashline 0 & 4 & 1 & 0 & 0 \\ 0 & 2 & 1 & 0 & 0 \\ \hdashline 0 & 0 & 0 & 2 & 1 \\ 0 & 0 & 0 & 1 & 1 \end{array}\right)$；

(2) $\left(\begin{array}{cc:cc} 2 & 0 & 3 & 1 \\ 0 & 1 & 2 & 1 \\ \hdashline 0 & 0 & 1 & 1 \\ 0 & 0 & 0 & 1 \end{array}\right)$.

2.3 线性方程组

2.3.1 矩阵的初等变换

1. 矩阵的初等变换

我们知道，用消元法解线性方程组时，有三种同解变形的方法：

（1）交换两个方程的相对位置；

（2）用非零常数乘某一个方程；

（3）用一个常数乘一个方程加到另一个方程上去.

而解线性方程组的过程，又可归结为对相应的矩阵作变换，这就是**矩阵的初等变换**.

定义 2.3.1 下面的三种变换称为矩阵的**初等行(列)变换**：

（1）交换矩阵的两行(列)；

（2）用非零数 k 乘以矩阵的某行(列)；

（3）把矩阵的某一行(列)乘以数 k 后加到另一行(列).

矩阵的初等行变换与初等列变换，统称为矩阵的**初等变换**.

在对某个矩阵进行具体的初等变换时，往往需要说明是行变换还是列变换，并采用类似求行列式值时所采用的记号. 例如，对矩阵

$$\boldsymbol{A}=\begin{pmatrix}1 & 2 & 2 & 11\\ 1 & -3 & -3 & -14\\ 3 & 1 & 1 & 8\end{pmatrix}$$

作三次初等行变换，得

$$\boldsymbol{A}=\begin{pmatrix}1 & 2 & 2 & 1\\ 1 & -3 & -3 & -14\\ 3 & 1 & 1 & 8\end{pmatrix}\xrightarrow{r_2-r_1}\begin{pmatrix}1 & 2 & 2 & 11\\ 0 & -5 & -5 & -25\\ 0 & -5 & -5 & -25\end{pmatrix}\xrightarrow{r_3-r_2}\begin{pmatrix}1 & 2 & 2 & 11\\ 0 & -5 & -5 & -25\\ 0 & 0 & 0 & 0\end{pmatrix}=\boldsymbol{B}.$$

定义 2.3.2 如果矩阵 $\boldsymbol{A}$ 经过若干次初等变换后变成矩阵 $\boldsymbol{B}$，就称**矩阵 $\boldsymbol{A}$ 与矩阵 $\boldsymbol{B}$ 等价**，记作 $\boldsymbol{A}\sim\boldsymbol{B}$，或 $\boldsymbol{B}\sim\boldsymbol{A}$.

事实上，如果 $\boldsymbol{A}$ 经过若干次初等变换后变成 $\boldsymbol{B}$，则可以用相反的顺序经过同样多次初等变换将 $\boldsymbol{B}$ 变成 $\boldsymbol{A}$.

可以证明，任意一个矩阵 $\boldsymbol{A}=(a_{ij})_{mn}$，经过若干次初等变换，均可化为下面的标准形式：

$$\boldsymbol{D}=\begin{pmatrix}\boldsymbol{E}_r & 0\\ 0 & 0\end{pmatrix}.$$

这就是说，任一 $m\times n$ 阶矩阵必等价于上述形式的某个对角矩阵. 我们把上述矩阵称为 $\boldsymbol{D}$ 矩阵.

【例 1】 将下列矩阵 $\boldsymbol{A}=\begin{pmatrix}2 & 1 & 2 & 3\\ 4 & 1 & 3 & 5\\ 2 & 0 & 1 & 2\end{pmatrix}$ 化为 $\boldsymbol{D}$ 矩阵的形式.

解

$$A=\begin{pmatrix}2&1&2&3\\4&1&3&5\\2&0&1&2\end{pmatrix}\xrightarrow[r_3-r_1]{r_2-2r_1}\begin{pmatrix}2&1&2&3\\0&-1&-1&-1\\0&-1&-1&-1\end{pmatrix}$$

$$\xrightarrow{\frac{1}{2}c_1}\begin{pmatrix}1&1&2&3\\0&-1&-1&-1\\0&-1&-1&-1\end{pmatrix}\xrightarrow[c_3-2c_1]{c_2-c_1}\begin{pmatrix}1&0&0&0\\0&-1&-1&-1\\0&-1&-1&-1\end{pmatrix}$$

$$\xrightarrow[c_3-c_2]{r_3-r_2}\begin{pmatrix}1&0&0&0\\0&1&0&0\\0&0&0&0\end{pmatrix}.$$

2. 初等矩阵

定义 2.3.3　对单位矩阵 $\boldsymbol{E}$ 施以一次初等变换得到的矩阵，称为**初等矩阵**.

因为有三种初等变换，所以有三种初等矩阵：

(1) 交换 $\boldsymbol{E}$ 的第 i 行(列)与第 j 行(列)得到的初等矩阵，记作 $\boldsymbol{E}(i,j)$，即

$$\boldsymbol{E}(i,j)=\begin{pmatrix}1&&&&&&&&&\\&\ddots&&&&&&&&\\&&1&&&&&&&\\&&&0&\cdots&\cdots&\cdots&1&&\\&&&\vdots&1&&&\vdots&&\\&&&\vdots&&\ddots&&\vdots&&\\&&&\vdots&&&&1&&\\&&&1&\cdots&\cdots&\cdots&0&&\\&&&&&&&&1&\\&&&&&&&&&\ddots\\&&&&&&&&&&1\end{pmatrix}\begin{matrix}\\\\\\\text{第 } i \text{ 行}\\\\\\\\\text{第 } j \text{ 行}\\\\\\\end{matrix}.$$

例如，将单位矩阵

$$\boldsymbol{E}=\begin{pmatrix}1&0&0&0\\0&1&0&0\\0&0&1&0\\0&0&0&1\end{pmatrix}$$

的第 2、3 行交换，得到的初等矩阵是

$$\boldsymbol{E}(2,3)=\begin{pmatrix}1&0&0&0\\0&0&1&0\\0&1&0&0\\0&0&0&1\end{pmatrix}.$$

(2) 用数 $k(k\neq0)$ 乘 $\boldsymbol{E}$ 的第 i 行(列)得到的初等矩阵，记作 $\boldsymbol{E}(i(k))$，即

$$\boldsymbol{E}(i(k))=\begin{pmatrix}1 & & & & & & \\ & \ddots & & & & & \\ & & 1 & & & & \\ & & & k & & & \\ & & & & 1 & & \\ & & & & & \ddots & \\ & & & & & & 1\end{pmatrix}\text{第 } i \text{ 行}.$$

例如，将单位矩阵

$$\boldsymbol{E}=\begin{pmatrix}1 & 0 & 0 & 0\\ 0 & 1 & 0 & 0\\ 0 & 0 & 1 & 0\\ 0 & 0 & 0 & 1\end{pmatrix}$$

的第 3 行乘以 k，得到的初等矩阵是

$$\boldsymbol{E}(3(k))=\begin{pmatrix}1 & 0 & 0 & 0\\ 0 & 1 & 0 & 0\\ 0 & 0 & k & 0\\ 0 & 0 & 0 & 1\end{pmatrix}.$$

（3）用数 k 乘 $\boldsymbol{E}$ 的第 j 行(i 列)加到第 i 行(j 列)上得到的初等矩阵，记作 $\boldsymbol{E}(i,j(k))$，即

$$\boldsymbol{E}(i,j(k))=\begin{pmatrix}1 & & & & & & \\ & 2 & & & & & \\ & & 1 & \cdots & k & & \\ & & & \ddots & \vdots & & \\ & & & & 1 & & \\ & & & & & \ddots & \\ & & & & & & 1\end{pmatrix}\begin{matrix}\text{第 } i \text{ 行}\\ \\ \text{第 } j \text{ 行}\end{matrix}.$$

例如，将单位矩阵

$$\boldsymbol{E}=\begin{pmatrix}1 & 0 & 0 & 0\\ 0 & 1 & 0 & 0\\ 0 & 0 & 1 & 0\\ 0 & 0 & 0 & 1\end{pmatrix}$$

的第 3 行乘以数 k 加到第 2 行，得到的初等矩阵是

$$\boldsymbol{E}(2,3(k))=\begin{pmatrix}1 & 0 & 0 & 0\\ 0 & 1 & k & 0\\ 0 & 0 & 1 & 0\\ 0 & 0 & 0 & 1\end{pmatrix}.$$

【例 2】 设 $\boldsymbol{A}=\begin{pmatrix}a_{11} & a_{12} & a_{13} & a_{14}\\ a_{21} & a_{22} & a_{23} & a_{24}\\ a_{31} & a_{32} & a_{33} & a_{34}\end{pmatrix}$， $\boldsymbol{E}(1,3)=\begin{pmatrix}0 & 0 & 1\\ 0 & 1 & 0\\ 1 & 0 & 0\end{pmatrix}$， $\boldsymbol{E}(2,1(k))=$

$\begin{pmatrix}1&0&0&0\\k&1&0&0\\0&0&1&0\\0&0&0&1\end{pmatrix}$. 求 $\boldsymbol{E}(1,3)\boldsymbol{A}$,$\boldsymbol{AE}(2,1(k))$.

解　根据矩阵的乘法得

$$\boldsymbol{E}(1,3)\boldsymbol{A}=\begin{pmatrix}0&0&1\\0&1&0\\1&0&0\end{pmatrix}\begin{pmatrix}a_{11}&a_{12}&a_{13}&a_{14}\\a_{21}&a_{22}&a_{23}&a_{24}\\a_{31}&a_{32}&a_{33}&a_{34}\end{pmatrix}=\begin{pmatrix}a_{31}&a_{32}&a_{33}&a_{34}\\a_{21}&a_{22}&a_{23}&a_{24}\\a_{11}&a_{12}&a_{13}&a_{14}\end{pmatrix},$$

$$\boldsymbol{AE}(2,1(k))=\begin{pmatrix}a_{11}&a_{12}&a_{13}&a_{14}\\a_{21}&a_{22}&a_{23}&a_{24}\\a_{31}&a_{32}&a_{33}&a_{34}\end{pmatrix}\begin{pmatrix}1&0&0&0\\k&1&0&0\\0&0&1&0\\0&0&0&1\end{pmatrix}=\begin{pmatrix}a_{11}+ka_{12}&a_{12}&a_{13}&a_{14}\\a_{21}+ka_{22}&a_{22}&a_{23}&a_{24}\\a_{31}+ka_{32}&a_{32}&a_{33}&a_{34}\end{pmatrix}.$$

例 2 表明,用 $\boldsymbol{E}(1,3)$左乘 $\boldsymbol{A}$,相当于将 $\boldsymbol{A}$ 的第一行与第三行交换位置的初等变换. 用 $\boldsymbol{E}(1,2(k))$ 右乘 $\boldsymbol{A}$,相当于将 $\boldsymbol{A}$ 第 2 列的 k 倍加到第一列上的初等变换. 一般地,设 $\boldsymbol{A}$ 是一个 $m\times n$ 阶矩阵,则

(1) 对 $\boldsymbol{A}$ 作一次行初等变换后所得到的矩阵,等于用一个 m 阶相应的初等矩阵左乘 $\boldsymbol{A}$ 后所得的积;

(2) 对 $\boldsymbol{A}$ 作一次列初等变换后所得到的矩阵,等于用一个 n 阶相应的初等矩阵右乘 $\boldsymbol{A}$ 后所得的积.

3. 用矩阵的初等变换求逆矩阵

看下面的例子:

【例 3】　用初等变换,将矩阵 $\boldsymbol{A}=\begin{pmatrix}1&0&1\\2&1&0\\-3&0&-5\end{pmatrix}$化为 $\boldsymbol{D}$ 矩阵的形式.

解

$$\boldsymbol{A}=\begin{pmatrix}1&0&1\\2&1&0\\-3&0&-5\end{pmatrix}\xrightarrow[r_3+3r_1]{r_2-2r_1}\begin{pmatrix}1&0&1\\0&1&-2\\0&0&-2\end{pmatrix}$$

$$\xrightarrow{-\frac{1}{2}r_3}\begin{pmatrix}1&0&1\\0&1&-2\\0&0&1\end{pmatrix}\xrightarrow[r_1-r_3]{r_2+2r_3}\begin{pmatrix}1&0&0\\0&1&0\\0&0&1\end{pmatrix}=\boldsymbol{E}.$$

上例中,我们对矩阵 $\boldsymbol{A}$ 施行了若干次初等行变换后化成了单位矩阵 $\boldsymbol{E}$. 一般地,如果 $\boldsymbol{A}$ 可逆,则经过若干次初等变换,一定可将 $\boldsymbol{A}$ 化为单位矩阵 $\boldsymbol{E}$. 因此,由例 2-32 知,存在初等矩阵 $\boldsymbol{P}_1,\boldsymbol{P}_2,\cdots,\boldsymbol{P}_s$ 使

$$\boldsymbol{P}_s\boldsymbol{P}_{s-1}\cdots\boldsymbol{P}_2\boldsymbol{P}_1\boldsymbol{A}=\boldsymbol{E},$$

对上式两边右乘 $\boldsymbol{A}^{-1}$,得

$$\boldsymbol{A}^{-1}=\boldsymbol{P}_s\cdots\boldsymbol{P}_2\boldsymbol{P}_1\boldsymbol{E}.$$

上式表明,如果 $\boldsymbol{A}$ 是一个可逆矩阵,则当 $\boldsymbol{A}$ 经过一系列初等行变换化为单位矩阵 $\boldsymbol{E}$ 时,$\boldsymbol{E}$ 就经过同样的初等行变换化为 $\boldsymbol{A}^{-1}$. 由此,我们得到了一个用初等行变换求逆阵的方法:

作一个 $n\times 2n$ 阶矩阵$(\boldsymbol{A}\,|\,\boldsymbol{E})$，然后对此矩阵施以行的初等变换，使 $\boldsymbol{A}$ 化为 $\boldsymbol{E}$，则同时 $\boldsymbol{E}$ 就化为 $\boldsymbol{A}^{-1}$.

【例 4】 用初等行变换求方阵 $\boldsymbol{A}=\begin{pmatrix}1 & 0 & 1\\ 2 & 1 & 0\\ -3 & 2 & 5\end{pmatrix}$的逆阵 $\boldsymbol{A}^{-1}$.

解 因为

$$
(\boldsymbol{A}\,|\,\boldsymbol{E})=\left(\begin{array}{ccc:ccc}1 & 0 & 1 & 1 & 0 & 0\\ 2 & 1 & 0 & 0 & 1 & 0\\ -3 & 2 & 5 & 0 & 0 & 1\end{array}\right)
$$

$$
\xrightarrow{r_2-2r_1}\left(\begin{array}{ccc:ccc}1 & 0 & 1 & 1 & 0 & 0\\ 0 & 1 & -2 & -2 & 1 & 0\\ 0 & 8 & 3 & 0 & 1 & \end{array}\right)
$$

$$
\xrightarrow{r_3-2r_2}\left(\begin{array}{ccc:ccc}1 & 0 & 1 & 1 & 0 & 0\\ 0 & 1 & -2 & -2 & 1 & 0\\ 0 & 0 & 12 & 7 & -2 & 1\end{array}\right)
$$

$$
\xrightarrow{\frac{1}{12}r_3}\left(\begin{array}{ccc:ccc}1 & 0 & 1 & 1 & 0 & 0\\ 0 & 1 & -2 & -2 & 1 & 0\\ 0 & 0 & 1 & \frac{7}{12} & -\frac{1}{6} & \frac{1}{12}\end{array}\right)
$$

$$
\xrightarrow{r_2+2r_3}\left(\begin{array}{ccc:ccc}1 & 0 & 0 & \frac{5}{12} & \frac{1}{6} & -\frac{1}{12}\\ 0 & 1 & 0 & -\frac{5}{6} & \frac{2}{3} & \frac{1}{6}\\ 0 & 0 & 1 & \frac{7}{12} & -\frac{1}{6} & \frac{1}{12}\end{array}\right),
$$

所以

$$
\boldsymbol{A}^{-1}=\begin{pmatrix}\frac{5}{12} & \frac{1}{6} & -\frac{1}{12}\\ -\frac{5}{6} & \frac{2}{3} & \frac{1}{6}\\ \frac{7}{12} & -\frac{1}{6} & \frac{1}{12}\end{pmatrix}.
$$

【例 5】 求下列 n 阶方阵的逆矩阵：

$$
\boldsymbol{A}=\begin{pmatrix} & & & a_1\\ & & a_2 & \\ & \iddots & & \\ a_n & & & \end{pmatrix},\quad a_i\neq 0\,(i=1,2,\cdots,n).
$$

解

$$
\left(\begin{array}{cccc:cccc} & & & a_1 & 1 & & & \\ & & a_2 & & & 1 & & \\ & \iddots & & & & & \ddots & \\ a_n & & & & & & & 1\end{array}\right)
$$

$$\xrightarrow{r_1\leftrightarrow r_n, r_2\leftrightarrow r_{n-1},\cdots}\left(\begin{array}{cccc|cccc} a_n & & & & & & & 1\\ & a_{n-1} & & & & & 1 & \\ & & \ddots & & & \iddots & & \\ & & & a_1 & 1 & & & \end{array}\right)$$

$$\xrightarrow{\frac{1}{a_n}r_1, \frac{1}{a_{n-1}}r_2,\cdots,\frac{1}{a_n}r_n}\left(\begin{array}{cccc|cccc} 1 & & & & & & & \frac{1}{a_n}\\ & 1 & & & & & \frac{1}{a_{n-1}} & \\ & & \ddots & & & \iddots & & \\ & & & 1 & \frac{1}{a_1} & & & \end{array}\right).$$

所以

$$\boldsymbol{A}^{-1}=\begin{pmatrix} & & & \frac{1}{a_n}\\ & & \frac{1}{a_{n-1}} & \\ & \iddots & & \\ \frac{1}{a_1} & & & \end{pmatrix}.$$

可以看出，当矩阵的阶数较高时，用初等变换求逆矩阵比用伴随矩阵求逆矩阵简单一些. 但应注意，在用初等变换求逆矩阵的整个过程中，只能对$(\boldsymbol{A}|\boldsymbol{E})$用初等行变换而不能用初等列变换.

2.3.2 解线性方程组

前面我们介绍了行列式和矩阵知识，它们是研究一般线性方程组的解的基础知识. 因此，下面我们来讨论一般线性方程组的解的问题.

一般的线性方程组是指形如

$$\begin{cases} a_{11}x_1+a_{12}x_2+\cdots+a_{1n}x_n=b_1,\\ a_{21}x_1+a_{22}x_2+\cdots+a_{2n}x_n=b_2,\\ \cdots\cdots\cdots\cdots\cdots\cdots\cdots\cdots\cdots\cdots\cdots\\ a_{m1}x_1+a_{m2}x_2+\cdots+a_{mn}x_n=b_m \end{cases} \tag{2-14}$$

的线性方程组. 若记

$$\boldsymbol{A}=\begin{bmatrix} a_{11} & a_{12} & \cdots & a_{1n}\\ a_{21} & a_{22} & \cdots & a_{2n}\\ \cdots & \cdots & \cdots & \cdots\\ a_{m1} & a_{m2} & \cdots & a_{mn} \end{bmatrix},\quad \boldsymbol{X}=\begin{bmatrix} x_1\\ x_2\\ \vdots\\ x_n \end{bmatrix},\quad \boldsymbol{B}=\begin{bmatrix} b_1\\ b_2\\ \vdots\\ b_m \end{bmatrix},$$

则方程组(2-14)可写成矩阵形式：

$$\boldsymbol{AX}=\boldsymbol{B},$$

其中矩阵 $\boldsymbol{A}$ 称为**系数矩阵**，$\bar{\boldsymbol{A}}=[\boldsymbol{A} \vdots \boldsymbol{B}]$ 称为**增广矩阵**. 当 $\boldsymbol{B}\neq 0$ 时称为**非齐次线性方程组**，当 $\boldsymbol{B}=\boldsymbol{0}$ 时即 $\boldsymbol{AX}=\boldsymbol{0}$ 称为**齐次线性方程组**.

1. 高斯消元法

从本章矩阵的运算我们可以推出，对线性方程组进行初等行变换是不会改变其解的.

定理 2.3.1 若将线性方程组 $\boldsymbol{AX}=\boldsymbol{B}$ 的增广矩阵 $\overline{\boldsymbol{A}}=(\boldsymbol{A} \mid \boldsymbol{B})$ 用初等行变换化为 $(\boldsymbol{U} \mid \boldsymbol{V})$，则方程组 $\boldsymbol{AX}=\boldsymbol{B}$ 与 $\boldsymbol{UX}=\boldsymbol{V}$ 是同解方程组.

证明 略.

由矩阵的理论可知，我们应用矩阵的初等变换可以把线性方程组(2-14)的增广矩阵 $\overline{\boldsymbol{A}}$ 化为阶梯形矩阵（或简化阶梯形矩阵），根据定理 2.3.1 可知阶梯形矩阵（或简化阶梯形矩阵）所对应的方程组与原方程组(2-14)同解，这样通过解阶梯形矩阵（或简化阶梯形矩阵）所对应的方程组就求出原方程组(2-14)的解，这种方法称为**高斯消元法**.

【例 6】 解线性方程组

$$\begin{cases} x_1-x_2+x_3-x_4=0, \\ 2x_1-x_2+3x_3-2x_4=-1, \\ 3x_1-2x_2-x_3+2x_4=4. \end{cases}$$

解 将方程组的增广矩阵用初等变换化为标准形：

$$\overline{\boldsymbol{A}}=\begin{bmatrix} 1 & -1 & 1 & -1 & 0 \\ 2 & -1 & 3 & -2 & -1 \\ 3 & -2 & -1 & 2 & 4 \end{bmatrix} \xrightarrow[r_3-3r_1]{r_2-2r_1} \begin{bmatrix} 1 & -1 & 1 & -1 & 0 \\ 0 & 1 & 1 & 0 & -1 \\ 0 & 1 & -4 & 5 & 4 \end{bmatrix}$$

$$\xrightarrow{r_3-r_2} \begin{bmatrix} 1 & -1 & 1 & -1 & 0 \\ 0 & 1 & 1 & 0 & -1 \\ 0 & 0 & -5 & 5 & 5 \end{bmatrix} \xrightarrow{-\frac{1}{5}r_3} \begin{bmatrix} 1 & -1 & 1 & -1 & 0 \\ 0 & 1 & 1 & 0 & -1 \\ 0 & 0 & 1 & -1 & -1 \end{bmatrix}$$

$$\xrightarrow[r_2-r_3]{r_1-r_3} \begin{bmatrix} 1 & -1 & 0 & 0 & 1 \\ 0 & 1 & 0 & 1 & 0 \\ 0 & 0 & 1 & -1 & -1 \end{bmatrix} \xrightarrow{r_1+r_2} \begin{bmatrix} 1 & 0 & 0 & 1 & 1 \\ 0 & 1 & 0 & 1 & 0 \\ 0 & 0 & 1 & -1 & -1 \end{bmatrix}.$$

这时矩阵所对应的方程组为

$$\begin{cases} x_1+x_4=1, \\ x_2+x_4=0, \\ x_3-x_4=-1. \end{cases}$$

将 x_4 移到等号右端得

$$\begin{cases} x_1=1-x_4, \\ x_2=0-x_4, \\ x_3=-1+x_4. \end{cases}$$

若令 x_4 取任意常数 t，则得

$$\begin{cases} x_1=1-t, \\ x_2=0-t, \\ x_3=-1+t, \\ x_4=t, \end{cases} \tag{2-15}$$

或写成向量形式：

$$\begin{bmatrix} x_1 \\ x_2 \\ x_3 \\ x_4 \end{bmatrix} = \begin{bmatrix} 1 \\ 0 \\ -1 \\ 0 \end{bmatrix} + t\begin{bmatrix} -1 \\ -1 \\ 1 \\ 1 \end{bmatrix}.$$

其中 x_4 称为**自由未知数**或自由元，(2-15)式称为方程组的**通解**或一般解.

【例 7】 用高斯消元法解线性方程组 $\begin{cases} 2x_1-3x_2+x_3-x_4=3, \\ 3x_1+x_2+x_3+x_4=0, \\ 4x_1-x_2-x_3-x_4=7, \\ -2x_1-x_2+x_3+x_4=-5. \end{cases}$

解　对增广矩阵施行初等行变换：

$$\widetilde{\boldsymbol{A}} = \begin{pmatrix} 2 & -3 & 1 & -1 & 3 \\ 3 & 1 & 1 & 1 & 0 \\ 4 & -1 & -1 & -1 & 7 \\ -2 & -1 & 1 & 1 & -5 \end{pmatrix} \xrightarrow{r_1 \leftrightarrow r_2} \begin{pmatrix} 3 & 1 & 1 & 1 & 0 \\ 2 & -3 & 1 & -1 & 3 \\ 4 & -1 & -1 & -1 & 7 \\ -2 & -1 & 1 & 1 & -5 \end{pmatrix}$$

$$\xrightarrow{r_1+r_3} \begin{pmatrix} 7 & 0 & 0 & 0 & 7 \\ 2 & -3 & 1 & -1 & 3 \\ 4 & -1 & -1 & -1 & 7 \\ 2 & 1 & -1 & -1 & 5 \end{pmatrix} \xrightarrow{r_1 \times \left(\frac{1}{7}\right)} \begin{pmatrix} 1 & 0 & 0 & 0 & 1 \\ 2 & -3 & 1 & -1 & 3 \\ 4 & -1 & -1 & -1 & 7 \\ 2 & 1 & -1 & -1 & 5 \end{pmatrix}$$

$$\xrightarrow{r_2-2r_1,\ r_4-2r_1} \begin{pmatrix} 1 & 0 & 0 & 0 & 1 \\ 0 & -3 & 1 & -1 & 1 \\ 4 & -1 & -1 & -1 & 7 \\ 0 & 1 & -1 & -1 & 3 \end{pmatrix} \xrightarrow{r_3-4r_1,\ r_2 \leftrightarrow r_4} \begin{pmatrix} 1 & 0 & 0 & 0 & 1 \\ 0 & 1 & -1 & -1 & 3 \\ 0 & -1 & -1 & -1 & 3 \\ 0 & -3 & 1 & -1 & 1 \end{pmatrix}$$

$$\xrightarrow{r_2-r_3} \begin{pmatrix} 1 & 0 & 0 & 0 & 1 \\ 0 & 2 & 0 & 0 & 0 \\ 0 & -1 & -1 & -1 & 3 \\ 0 & -3 & 1 & -1 & 1 \end{pmatrix} \rightarrow \begin{pmatrix} 1 & 0 & 0 & 0 & 1 \\ 0 & 1 & 0 & 0 & 0 \\ 0 & 0 & 1 & 1 & -3 \\ 0 & 0 & 0 & 1 & -2 \end{pmatrix} \rightarrow \begin{pmatrix} 1 & 0 & 0 & 0 & 1 \\ 0 & 1 & 0 & 0 & 0 \\ 0 & 0 & 1 & 0 & -1 \\ 0 & 0 & 0 & 1 & -2 \end{pmatrix}.$$

故原方程组的解为

$$\begin{cases} x_1=1, \\ x_2=0, \\ x_3=-1, \\ x_4=-2. \end{cases}$$

【例 8】 解线性方程组 $\begin{cases} x_1+3x_2-5x_3=-1, \\ 2x_1+6x_2-3x_3=5, \\ 3x_1+9x_2-10x_3=4. \end{cases}$

解　对增广矩阵施以初等行变换，得

$$\widetilde{\boldsymbol{A}} = \begin{pmatrix} 1 & 3 & -5 & -1 \\ 2 & 6 & -3 & 5 \\ 3 & 9 & -10 & 4 \end{pmatrix} \rightarrow \begin{pmatrix} 1 & 3 & -5 & -1 \\ 0 & 0 & 7 & 7 \\ 0 & 0 & 5 & 7 \end{pmatrix} \rightarrow \begin{pmatrix} 1 & 3 & -5 & -1 \\ 0 & 0 & 1 & 1 \\ 0 & 0 & 0 & 2 \end{pmatrix}.$$

由最后一个矩阵知，原方程组的同解方程组为

$$\begin{cases} x_1+3x_2-5x_3=-1, \\ x_3=1, \\ 0=2. \end{cases}$$

上述方程表明，不论 x_1,x_2,x_3 取怎样的一组数，都不能使方程组中的“$0=2$”成立. 因此，这样的方程组无解.

2. 非齐次线性方程组的相容性

如果一个非齐次线性方程组有解，我们就可以通过高斯消元法求得它的解. 但是一个非齐次线性方程组满足什么条件时才能有解呢？线性方程组的相容性定理可以告诉我们.

定义 2.3.4 如果一个线性方程组它存在解，则称方程组是**相容的**，否则就称方程组是**不相容**或矛盾方程组.

把矩阵化为阶梯形后的非零行数叫作矩阵的秩. 矩阵 $\mathbf{A}$ 的秩常记为 $r(\mathbf{A})$ 或 $R(\mathbf{A})$.

在例 6、例 7 中方程组都存在解，因此它们都是相容的. 同时我们会发现它们的系数矩阵的秩等于增广矩阵的秩：$r(\mathbf{A})=r(\bar{\mathbf{A}})$，且例 1 中 $r(\mathbf{A})=r(\bar{\mathbf{A}})=3<4=n$，方程组有无穷多解，例 7 中 $r(\mathbf{A})=r(\bar{\mathbf{A}})=3=n$，方程组有唯一的解. 在例 8 中方程组无解，因此是不相容的，此时 $r(\mathbf{A})=2<r(\bar{\mathbf{A}})=3$，即 $r(\mathbf{A})\neq r(\bar{\mathbf{A}})$. 通过对上述例题的分析，我们可证得下面给出的线性方程组的相容性定理：

定理 2.3.2 对非齐次线性方程组(2-14)，

(1) 当 $r(\mathbf{A})=r(\bar{\mathbf{A}})$ 时，方程组相容. 且当 $r(\mathbf{A})=r(\bar{\mathbf{A}})=n$ 时有唯一的解，当 $r(\mathbf{A})=r(\bar{\mathbf{A}})<n$ 时有无穷多解；

(2) 当 $r(\mathbf{A})\neq r(\bar{\mathbf{A}})$ 时，方程组不相容.

证明 略.

【例 9】 方程组 $\begin{cases} kx_1+x_2+x_3=5, \\ 3x_1+2x_2+kx_3=18-5k, \\ x_2+2x_3=2, \end{cases}$ 问 k 取何值时方程组有唯一解？无穷多解？无解？在有无穷多解时求出通解.

解

$$\bar{\mathbf{A}}=\begin{bmatrix} k & 1 & 1 & 5 \\ 3 & 2 & k & 18-5k \\ 0 & 1 & 2 & 2 \end{bmatrix} \xrightarrow[r_2-2r_3]{r_1-r_3} \begin{bmatrix} k & 0 & -1 & 3 \\ 3 & 0 & k-4 & 14-5k \\ 0 & 1 & 2 & 2 \end{bmatrix}$$

$$\xrightarrow{r_1-\frac{k}{3}r_2} \begin{bmatrix} 0 & 0 & \frac{4}{3}k-\frac{1}{3}k^2-1 & \frac{5}{3}k^2-\frac{14}{3}k+3 \\ 3 & 0 & k-4 & 14-5k \\ 0 & 1 & 2 & 2 \end{bmatrix}$$

$$\xrightarrow[r_2\leftrightarrow r_3]{r_1\leftrightarrow r_2} \begin{bmatrix} 3 & 0 & k-4 & 14-5k \\ 0 & 1 & 2 & 2 \\ 0 & 0 & \frac{4}{3}k-\frac{1}{3}k^2-1 & \frac{5}{3}k^2-\frac{14}{3}k+3 \end{bmatrix}$$

(1) 当 $\frac{4}{3}k-\frac{1}{3}k^2-1\neq 0$ 时，即当 $k\neq 1$ 且 $k\neq 3$ 时，$r(\mathbf{A})=r(\bar{\mathbf{A}})=3=n$ 有唯一解.

(2) 当 $k=1$ 时,也有 $\frac{5}{3}k^2-\frac{14}{3}k+3=0$,故 $r(\boldsymbol{A})=r(\bar{\boldsymbol{A}})=2$,方程组有无穷多解,通解含有 $n-r(\boldsymbol{A})=3-2=1$ 个任意常数. 此时矩阵对应的方程组

$$\begin{cases}3x_1-3x_3=9,\\x_2+2x_3=2\end{cases}$$

与原方程组同解,其通解为

$$\begin{cases}x_1=3+t,\\x_2=2-2t,\\x_3=t,\end{cases}$$

或写成向量形式:

$$\begin{bmatrix}x_1\\x_2\\x_3\end{bmatrix}=\begin{bmatrix}3\\2\\0\end{bmatrix}+t\begin{bmatrix}1\\-2\\1\end{bmatrix}.$$

(3) 当 $k=3$ 时, $r(\boldsymbol{A})=2<3=r(\bar{\boldsymbol{A}})$,方程组无解.

3. 齐次线性方程组相容性

设齐次线性方程组为

$$\begin{cases}a_{11}x_1+a_{12}x_2+\cdots+a_{1n}x_n=0,\\a_{21}x_1+a_{22}x_2+\cdots+a_{2n}x_n=0,\\\cdots\cdots\cdots\cdots\cdots\cdots\cdots\cdots\cdots\cdots\\a_{m1}x_1+a_{m2}x_2+\cdots+a_{mn}x_n=0.\end{cases}\tag{2-16}$$

写成矩阵形式:

$$\boldsymbol{AX}=\boldsymbol{0}.$$

对齐次线性方程组(2-16)来说总是相容的,因为它至少有一个零解 $\boldsymbol{X}=(0,0,\cdots,0)^{\mathrm{T}}$. 除此之外它还可能存在非零解. 由定理 2.3.2 可直接证得:

定理 2.3.3　方程组(2-16)有非零解的充分必要条件是 $r(\boldsymbol{A})<n$,且在能得出任一解的通式中含有 $n-r(\boldsymbol{A})$ 个任意常数. 有唯一零解的充分必要条件是 $r(\boldsymbol{A})=n$.

【例 10】　求齐次线性方程组 $\begin{cases}x_1-3x_2+x_3-2x_4=0,\\-5x_1+x_2-2x_3+3x_4=0,\\-x_1-11x_2+2x_3-5x_4=0,\\3x_1+5x_2+x_4=0.\end{cases}$ 的通解.

解

$$\boldsymbol{A}=\begin{bmatrix}1&-3&1&-2\\-5&1&-2&3\\-1&-11&2&-5\\3&5&0&1\end{bmatrix}\xrightarrow[r_4-3r_1]{\substack{r_2+5r_1\\r_3+r_1}}\begin{bmatrix}1&-3&1&-2\\0&-14&3&-7\\0&-14&3&-7\\0&14&-3&7\end{bmatrix}$$

$$\xrightarrow[r_4+r_2]{r_3-r_2}\begin{bmatrix}1&-3&1&-2\\0&-14&3&-7\\0&0&0&0\\0&0&0&0\end{bmatrix}\xrightarrow{-\frac{1}{14}r_2}\begin{bmatrix}1&-3&1&-2\\0&1&-\frac{3}{14}&\frac{1}{2}\\0&0&0&0\\0&0&0&0\end{bmatrix}$$

$$\xrightarrow{r_1+3r_2}\begin{bmatrix}1 & 0 & \frac{5}{14} & -\frac{1}{2}\\ 0 & 1 & -\frac{3}{14} & \frac{1}{2}\\ 0 & 0 & 0 & 0\\ 0 & 0 & 0 & 0\end{bmatrix}.$$

此矩阵对应的方程组

$$\begin{cases}x_1+\frac{5}{14}x_3-\frac{1}{2}x_4=0\\ x_2-\frac{3}{14}x_3+\frac{1}{2}x_4=0\end{cases}\quad \text{即}\quad \begin{cases}x_1=-\frac{5}{14}x_3+\frac{1}{2}x_4,\\ x_2=\frac{3}{14}x_3-\frac{1}{2}x_4,\end{cases}$$

（其中 x_3,x_4 为自由未知数）. 取 $x_3=t_1,x_4=t_2$（t_1,t_2 为任意常数），则方程组的通解可写成

$$\begin{cases}x_1=-\frac{5}{14}t_1+\frac{1}{2}t_2,\\ x_2=\frac{3}{14}t_1-\frac{1}{2}t_2,\\ x_3=t_1,\\ x_4=t_2,\end{cases}$$

或写成向量形式：

$$\begin{bmatrix}x_1\\ x_2\\ x_3\\ x_4\end{bmatrix}=t_1\begin{bmatrix}-\frac{5}{14}\\ \frac{3}{14}\\ 1\\ 0\end{bmatrix}+t\begin{bmatrix}\frac{1}{2}\\ -\frac{1}{2}\\ 0\\ 1\end{bmatrix}.$$

解中两个（即 $n-r(\boldsymbol{A})$ 个）非零向量

$$\eta_1=\left(-\frac{5}{14},\frac{3}{14},1,0\right)^{\mathrm{T}},\quad \eta_2=\left(\frac{1}{2},-\frac{1}{2},0,1\right)^{\mathrm{T}}$$

都是方程组的解，可称它们为该方程组的一个基础解系，详细内容将在后面介绍.

2.4 线性代数在生活中的应用

线性代数是数学的一个分支，也是代数的一个重要学科，线性代数的研究内容包括行列式、矩阵、线性方程组和向量等，其主要处理的是线性关系的问题，随着数学的发展，线性代数的含义也不断的扩大. 它的理论不仅渗透到了数学的许多分支中，而且在理论物理、理论化学、工程技术、国民经济、生物技术、航天、航海等领域中都有着广泛的应用. 下面给出行列式、矩阵、线性方程组在生活中的应用.

【例 1】 已知不同商店三种水果的价格（单位：元）、不同人员需要水果的数量（单位：kg）以及不同城镇不同人员的数目，写成以下矩阵：

$$\begin{array}{c} \\ \text{苹果}\\ \text{桔子}\\ \text{梨}\end{array}\begin{array}{c}\text{商店 A}\quad\text{商店 B}\\ \begin{bmatrix}0.10 & 0.15\\ 0.15 & 0.20\\ 0.10 & 0.10\end{bmatrix}\end{array},\qquad \begin{array}{c} \\ \text{人员 A}\\ \text{人员 B}\end{array}\begin{array}{c}\text{苹果 桔子 梨}\\ \begin{bmatrix}5 & 10 & 3\\ 4 & 5 & 5\end{bmatrix}\end{array},\qquad \begin{array}{c} \\ \text{城镇 1}\\ \text{城镇 2}\end{array}\begin{array}{c}\text{人员 A}\quad\text{人员 B}\\ \begin{bmatrix}1000 & 500\\ 2000 & 1000\end{bmatrix}\end{array}.$$

设第一个矩阵为 $\boldsymbol{A}$，第二个矩阵为 $\boldsymbol{B}$，而第三个矩阵为 $\boldsymbol{C}$. 求出一个矩阵：

（1）试给出每个人在每个商店购买水果的费用是多少？

（2）试确定在每个城镇每种水果的购买量是多少？

解　(1)设该矩阵为 $\boldsymbol{D}$，则 $\boldsymbol{D}=\boldsymbol{BA}$，即

$$\boldsymbol{D}=\begin{bmatrix}5 & 10 & 3\\4 & 5 & 5\end{bmatrix}\begin{bmatrix}0.10 & 0.15\\0.15 & 0.20\\0.10 & 0.10\end{bmatrix}=\begin{pmatrix}2.30 & 3.05\\1.65 & 2.10\end{pmatrix}.$$

此结果说明，人员 $\boldsymbol{A}$ 在商店 $\boldsymbol{A}$ 购买水果的费用为 2.30，人员 $\boldsymbol{A}$ 在商店 $\boldsymbol{B}$ 购买水果的费用为 3.50，人员 $\boldsymbol{B}$ 在商店 $\boldsymbol{A}$ 购买水果的费用为 1.65，人员 $\boldsymbol{B}$ 在商店 $\boldsymbol{B}$ 购买水果的费用为 2.10.

（2）设该矩阵为 $\boldsymbol{E}$，则 $\boldsymbol{E}=\boldsymbol{CB}$，即

$$\boldsymbol{E}=\begin{bmatrix}1000 & 500\\2000 & 1000\end{bmatrix}\begin{bmatrix}5 & 10 & 3\\4 & 5 & 5\end{bmatrix}=\begin{bmatrix}7000 & 12\,500 & 5500\\14\,000 & 25\,000 & 11\,000\end{bmatrix}.$$

此结果说明，城镇 1 苹果的购买量为 7000，城镇 1 桔子的购买量为 12 500，城镇 1 梨的购买量为 5500；城镇 2 苹果的购买量为 14 000，城镇 2 桔子的购买量为 25 000，城镇 2 梨的购买量为 11 000.

【例 2】　某文具商店在一周内所售出的文具如下表：周末盘点结账，计算该店每天的售货收入及一周的售货总账.

文具	星期						单价/元
	一	二	三	四	五	六	
橡皮/个	15	8	5	1	12	20	0.3
直尺/把	15	20	18	16	8	25	0.5
胶水/瓶	20	0	12	15	4	3	1

解　由表中数据设矩阵

$$\boldsymbol{A}=\begin{pmatrix}15 & 8 & 5 & 1 & 12 & 20\\15 & 20 & 18 & 16 & 8 & 25\\20 & 0 & 12 & 15 & 4 & 3\end{pmatrix},\quad \boldsymbol{B}=\begin{pmatrix}0.3\\0.5\\1\end{pmatrix},$$

则售货收入可由下法算出：

$$\boldsymbol{A}^{\mathrm{T}}\boldsymbol{B}=\begin{pmatrix}15 & 15 & 20\\8 & 20 & 0\\5 & 18 & 12\\1 & 16 & 15\\12 & 8 & 4\\20 & 25 & 3\end{pmatrix}\begin{pmatrix}0.3\\0.5\\1\end{pmatrix}=\begin{pmatrix}32\\12.4\\22.5\\23.3\\11.6\\21.5\end{pmatrix}.$$

所以，每天的售货收入相加可得一周的售货总账，即

$$32+12.4+22.5+23.3+11.6+21.5=123.3(\text{元}).$$

【例 3】 某工厂检验室有甲乙两种不同的化学原料. 甲种原料分别含锌、镁 10%与 20%，乙种原料分别含锌、镁 10%与 30%. 现在要用这两种原料分别配制 A、B 两种试剂，A 试剂需含锌、镁各 2 克、5 克，B 试剂需含锌镁各 1 克、2 克. 问配制 A、B 两种试剂分别需要甲、乙两种化学原料各多少克？

解 设配制 A 试剂需甲、乙两种化学原料分别为 x,y 克；配制 B 试剂需甲乙两种化学原料分别为 s,t 克. 根据题意，得如下矩阵方程：

$$\begin{pmatrix} 0.1 & 0.1 \\ 0.2 & 0.3 \end{pmatrix}\begin{pmatrix} x & s \\ y & t \end{pmatrix}=\begin{pmatrix} 2 & 1 \\ 5 & 2 \end{pmatrix}.$$

设

$$\boldsymbol{A}=\begin{pmatrix} 0.1 & 0.1 \\ 0.2 & 0.3 \end{pmatrix},\quad \boldsymbol{X}=\begin{pmatrix} x & s \\ y & t \end{pmatrix},\quad \boldsymbol{B}=\begin{pmatrix} 2 & 1 \\ 5 & 2 \end{pmatrix},$$

则 $\boldsymbol{X}=\boldsymbol{A}^{-1}\boldsymbol{B}$. 下面用初等行变换求 $\boldsymbol{A}^{-1}$：

$$\begin{pmatrix} 0.1 & 0.1 & 1 & 0 \\ 0.2 & 0.3 & 0 & 1 \end{pmatrix}\xrightarrow[10r_2]{10r_1}\begin{pmatrix} 1 & 1 & 10 & 0 \\ 2 & 3 & 0 & 10 \end{pmatrix}\xrightarrow{r_2-2r_1}$$

$$\begin{pmatrix} 1 & 1 & 10 & 0 \\ 0 & 1 & -20 & 10 \end{pmatrix}\xrightarrow{r_1-r_2}\begin{pmatrix} 1 & 0 & 30 & -10 \\ 0 & 1 & -20 & 10 \end{pmatrix},$$

即

$$\boldsymbol{A}^{-1}=\begin{pmatrix} 30 & -10 \\ -20 & 10 \end{pmatrix}.$$

所以

$$\boldsymbol{X}=\begin{pmatrix} x & s \\ y & t \end{pmatrix}=\begin{pmatrix} 30 & -10 \\ -20 & 10 \end{pmatrix}\begin{pmatrix} 2 & 1 \\ 5 & 2 \end{pmatrix}=\begin{pmatrix} 10 & 10 \\ 10 & 0 \end{pmatrix},$$

即配制 A 试剂分别需要甲、乙两种化学原料各 10 克，配制 B 试剂需甲、乙两种化学原料分别为 10 克，0 克.

【例 4】 一百货商店出售四种型号的 T 恤衫：小号，中号，大号和加大号. 四种型号的 T 恤衫的售价分别为 22 元、24 元、26 元、30 元. 若商店某周共售出了 13 件 T 恤衫，毛收入为 320 元. 已知大号的销售量为小号和加大号销售量的总和，大号的销售收入也为小号和加大号销售收入的总和. 问各种型号的 T 衫各售出多少件？

解 设该 T 衫小号、中号、大号和加大号的销售量分别为 $x_i(i=1,2,3,4)$. 由题意得

$$\begin{cases} x_1+x_2+x_3+x_4=13, \\ 22x_1+24x_2+26x_3+30x_4=320, \\ x_1-x_3+x_4=0, \\ 22x_1-26x_3+30x_4=0. \end{cases}$$

下面用初等行变换把 $\bar{\boldsymbol{A}}$ 化成行简化矩阵：

$$\bar{\boldsymbol{A}}=\begin{pmatrix} 1 & 1 & 1 & 1 & 13 \\ 22 & 24 & 26 & 30 & 320 \\ 1 & 0 & -1 & 1 & 0 \\ 22 & 0 & -26 & 30 & 0 \end{pmatrix}\xrightarrow[r_4-22r_1]{r_2-22r_1,\,r_3-r_1}\begin{pmatrix} 1 & 1 & 1 & 1 & 13 \\ 0 & 2 & 4 & 8 & 34 \\ 0 & -1 & -2 & 0 & -13 \\ 0 & -22 & -48 & 8 & -286 \end{pmatrix}$$

$$\xrightarrow{r_2\longleftrightarrow r_3}\begin{pmatrix} 1 & 1 & 1 & 1 & 13 \\ 0 & -1 & -2 & 0 & -13 \\ 0 & 2 & 4 & 8 & 34 \\ 0 & -22 & -48 & 8 & -286 \end{pmatrix}\xrightarrow[r_4-22r_2]{r_3+2r_2}\begin{pmatrix} 1 & 1 & 1 & 1 & 13 \\ 0 & -1 & -2 & 0 & -13 \\ 0 & 0 & 0 & 8 & 8 \\ 0 & 0 & -4 & 8 & 0 \end{pmatrix}$$

$$\xrightarrow{r_3 \leftarrow r_4}\begin{pmatrix}1&1&1&1&13\\0&-1&-2&0&-13\\0&0&-4&8&0\\0&0&0&8&8\end{pmatrix}\xrightarrow[-\frac{1}{8}r_4]{-r_2,\frac{1}{4}r_3}\begin{pmatrix}1&1&1&1&13\\0&1&2&0&13\\0&0&1&-2&0\\0&0&0&1&1\end{pmatrix}$$

$$\xrightarrow[r_1-r_4]{r_3+2r_4}\begin{pmatrix}1&1&1&0&12\\0&1&2&0&13\\0&0&1&0&2\\0&0&0&1&1\end{pmatrix}\xrightarrow[r_1-r_3]{r_2-2r_3}\begin{pmatrix}1&1&0&0&10\\0&1&0&0&9\\0&0&1&0&2\\0&0&0&1&1\end{pmatrix}$$

$$\xrightarrow{r_1-r_2}\begin{pmatrix}1&0&0&0&1\\0&1&0&0&9\\0&0&1&0&2\\0&0&0&1&1\end{pmatrix}.$$

所以方程组解得

$$\begin{cases}x_1=1,\\x_2=9,\\x_3=2,\\x_4=1.\end{cases}$$

因此，T 恤衫小号，中号，大号和加大号的销售量分别为 1 件、9 件、2 件和 1 件.

【例 5】 一个牧场，12 头牛 4 周吃草 10/3 格尔，21 头牛 9 周吃草 10 格尔. 问：有 24 格尔牧草，多少头牛 18 周吃完？（注：格尔——牧场的面积单位.）

解 设每头牛每周吃草量为 x，每格尔草地每周的生长量（即草的生长量）为 y，每格尔草地的原有草量为 a，另外设 24 格尔牧草，z 头牛 18 周吃完，则根据题意得

$$\begin{cases}12\times4x=10a/3+10/3\times4y,\\21\times9x=10a+10\times9y,\\z\times18x=24a+24\times18y,\end{cases}$$

其中 (x,y,a) 是线性方程组的未知数. 化简得

$$\begin{cases}144x-40y-10a=0,\\189x-90y-10a=0,\\18zx-432y-24a=0.\end{cases}$$

根据题意知齐次线性方程组有非零解，故 $r(\mathbf{A})<3$，即系数行列式

$$\begin{vmatrix}144&-40&-10\\189&-90&-10\\18z&-432&-24\end{vmatrix}=0.$$

计算得 $z=36$. 所以 24 格尔牧草可供 36 头牛 18 周吃完.

【例 6】 田忌和齐王赛马，双方约定出上、中、下三个等级的马各一匹进行比赛；比赛共 3 场，胜者得 1 分，负者得 -1 分. 已知在同一等级的马进行赛跑，齐王可稳操胜券；另外，齐王的中等马对田忌的上等马，或者齐王的下等马对田忌的中等马，则田忌赢. 齐王和田忌在排列赛马出场顺序时各取下列 6 种策略之一：

{上、中、下}，{上、下、中}，{中、上、下}，{中、下、上}，{下、中、上}，{下、上、中}.

若将这 6 种策略从 1 到 6 依次编号，则可写出齐王的赢得矩阵

$$\boldsymbol{A}=\begin{pmatrix}3 & 1 & 1 & -1 & 1 & 1\\ 1 & 3 & -1 & 1 & 1 & -1\\ 1 & 1 & 3 & 1 & 1 & 1\\ 1 & 1 & 1 & 3 & -1 & 1\\ -1 & 1 & 1 & 1 & 3 & 1\\ 1 & -1 & 1 & 1 & 1 & 3\end{pmatrix}.$$

习 题 2-4

1. 用初等变换将下列矩阵化为 $\boldsymbol{D}$ 矩阵的形式：

(1) $\begin{pmatrix}1 & -1\\ 3 & 2\end{pmatrix}$；　(2) $\begin{pmatrix}1 & -1 & 2\\ 3 & 2 & 1\\ 1 & 0 & 2\end{pmatrix}$；　(3) $\begin{pmatrix}1 & -1 & 2\\ 3 & 2 & 1\end{pmatrix}$.

2. 设

$$\boldsymbol{A}=\begin{pmatrix}2 & 1 & 3\\ 0 & 3 & 1\\ 3 & 0 & 5\end{pmatrix},\quad \boldsymbol{E}(1,2)=\begin{pmatrix}0 & 1 & 0\\ 1 & 0 & 0\\ 0 & 0 & 1\end{pmatrix},\quad \boldsymbol{E}(2,1(2))=\begin{pmatrix}1 & 0 & 0\\ 2 & 1 & 0\\ 0 & 0 & 1\end{pmatrix}.$$

求 $\boldsymbol{E}(1,2)\boldsymbol{A}$，$\boldsymbol{A}\boldsymbol{E}(2,1(2))$.

3. 设 $\boldsymbol{A}=\begin{pmatrix}1 & 1 & 0\\ 1 & 0 & 2\\ 0 & 1 & 0\end{pmatrix}$，$\boldsymbol{A}^{-1}=\boldsymbol{P}_s\boldsymbol{P}_{s-1}\cdots\boldsymbol{P}_2\boldsymbol{P}_1\boldsymbol{E}$. 试写出初等矩阵 $\boldsymbol{P}_1,\boldsymbol{P}_2,\cdots,\boldsymbol{P}_{s-1},\boldsymbol{P}_s$.

4. 将方阵 $\boldsymbol{A}=\begin{pmatrix}3 & 6\\ 2 & 1\end{pmatrix}$ 表示成初等矩阵的乘积.

5. 用初等行变换求下列方阵的逆阵：

(1) $\begin{pmatrix}1 & -1 & 1\\ 3 & 0 & 5\\ -1 & 2 & 0\end{pmatrix}$；　(2) $\begin{pmatrix}2 & 2 & 3\\ 1 & -1 & 0\\ -1 & 2 & 1\end{pmatrix}$；

(3) $\begin{pmatrix}0 & 0 & 1 & 2\\ 1 & 0 & 2 & 0\\ 0 & 1 & 0 & 2\\ 2 & 1 & 0 & 0\end{pmatrix}$；　(4) $\begin{pmatrix}1 & a & a^2 & a^3 & a^4\\ 0 & 1 & a & a^2 & a^3\\ 0 & 0 & 1 & a & a^2\\ 0 & 0 & 0 & 1 & a\\ 0 & 0 & 0 & 0 & 1\end{pmatrix}$.

6. 设 $\boldsymbol{X}$ 是一个未知矩阵. 如果有

$$\begin{pmatrix}1 & 2 & 3\\ 0 & 1 & 2\\ 4 & 5 & 3\end{pmatrix}\boldsymbol{X}=\begin{pmatrix}1 & 2\\ 0 & 1\\ 1 & 0\end{pmatrix},$$

试求 $\boldsymbol{X}$.

7. 判断下列方程组是否有解. 若有解，用高斯消元法求出一般解.

(1) $\begin{cases}4x_1+2x_2-x_3=2,\\ 3x_1-x_2+2x_3=10,\\ 11x_1+3x_2=8;\end{cases}$　(2) $\begin{cases}2x_1+x_2-x_3+x_4=1,\\ 4x_1+2x_2-2x_3+x_4=2,\\ 2x_1+x_2-x_3-x_4=1;\end{cases}$

(3) $\begin{cases}2x_1+3x_2+x_3=4,\\x_1-2x_2+4x_3=-5,\\3x_1+8x_2-2x_3=13,\\4x_1-x_2+9x_3=-6;\end{cases}$　　(4) $\begin{cases}2x_1+x_2-x_3+x_4=1,\\3x_1-2x_2+x_3-3x_4=4,\\x_1+4x_2-3x_3+5x_4=-2.\end{cases}$

本章小结

【主要内容】

1. 了解行列式的概念、性质及计算，会利用行列去求简单的线性方程组的解；

2. 理解矩阵的概念及运算，掌握逆矩阵的简单证明；

3. 会利用初等行变换解简单的线性方程组.

【学习要求】

1. 行列式的概念

(1) 二阶行列式 $\begin{vmatrix}a_{11} & a_{12}\\a_{21} & a_{22}\end{vmatrix}=a_{11}a_{22}-a_{21}a_{12}$；

(2) 三阶行列式

$$\begin{vmatrix}a_{11} & a_{12} & a_{13}\\a_{21} & a_{22} & a_{23}\\a_{31} & a_{32} & a_{33}\end{vmatrix}=a_{11}a_{22}a_{33}+a_{12}a_{23}a_{31}+a_{13}a_{21}a_{32}-a_{11}a_{23}a_{32}-a_{12}a_{21}a_{33}-a_{13}a_{22}a_{31};$$

(3) n 阶行列式

$$\begin{vmatrix}a_{11} & a_{12} & \cdots & a_{1n}\\a_{21} & a_{22} & \cdots & a_{2n}\\\cdots & \cdots & \cdots & \cdots\\a_{n1} & a_{n2} & \cdots & a_{nn}\end{vmatrix}=a_{11}A_{11}+a_{12}A_{12}+\cdots+a_{1n}A_{1n},$$

其中，A_{1j} 为元素 $a_{1j}(j=1,2,\cdots,n)$ 的代数余子式.

2. 行列式的性质

(1) $D=D'$；

(2) 互换行列式的两行(列)，行列式仅改变符号；

(3) 行列式的某一行(列)元素的公因子可提到行列式符号的外面；

(4) 行列式 D 中的某一行(列)的元素全为零，则 $D=0$；

(5) 行列式 D 中某两行(列)对应元素相同，则 $D=0$；

(6) 行列式 D 中有两行(列)对应元素成比例，则 $D=0$；

(7) 行列式的某一行(列)的各元素是两数之和，则可将行列式按这两数分成两个行列式之和；

(8) 把行列式的第 i 行(列)的各元素乘以数 k 后加到第 j 行(列)对应元素上去，行列式的值不变；

(9) 行列式等于它的任意一行(列)的各元素与对应的代数余子式的乘积之和；

(10) 行列式中任一行(列)的各元素与另一行(列)相应元素的代数余子式的乘积之和等于零.

3. 计算行列式的常用方法

(1) 利用行列式的性质，将行列式化为三角行列式(**化三角形法**)；

(2) 利用行列式性质将行列式某行(列)只保留一个非零元素,然后按此行(列)展开,化为低阶行列式(**降阶算法**);

(3) 应用行列式的递归定义,将行列式按行(或列)展开计算.

4. 克莱姆法则

(1) 如果线性方程组 $\begin{cases} a_{11}x_1+a_{12}x_2+\cdots+a_{1n}x_n=b_1, \\ a_{21}x_1+a_{22}x_2+\cdots+a_{2n}x_n=b_2, \\ \cdots\quad\cdots\quad\cdots\quad\cdots\quad\cdots\quad\cdots, \\ a_{n1}x_1+a_{n2}x_2+\cdots+a_{nn}x_n=b_n, \end{cases}$ 的系数行列式 $D\neq0$,则方程组有唯一解

$$x_1=\frac{D_1}{D},\quad x_2=\frac{D_2}{D},\quad \cdots,\quad x_n=\frac{D_n}{D},$$

其中 $D_j(j=1,2,\cdots,n)$ 是把系数行列式 D 中第 j 列换成常数列所构成的行列式.

(2) 如果齐次线性方程组的系数行列式 $D\neq0$,则它只有唯一零解.

(3) 齐次线性方程组有非零解的充要条件为系数行列式 $D=0$.

5. 矩阵的概念

由 $m\times n$ 个数 $a_{ij}(i=1,2,\cdots,m;j=1,2,\cdots,n)$ 排成的 m 行 n 列的矩形数表

$$\boldsymbol{A}=\begin{pmatrix} a_{11} & a_{12} & \cdots & a_{1n} \\ a_{21} & a_{22} & \cdots & a_{2n} \\ \cdots & \cdots & \cdots & \cdots \\ a_{m1} & a_{m2} & \cdots & a_{mn} \end{pmatrix}$$

称为 $m\times n$ 矩阵.矩阵通常用大写黑体字母表示.

如果 $\boldsymbol{A}=(a_{ij})_{mn}$ 和 $\boldsymbol{B}=(b_{ij})_{mn}$ 都是 $m\times n$ 矩阵,且它们的对应元素相等,即

$$a_{ij}=b_{ij}(i=1,2,\cdots,m;j=1,2,\cdots,n),$$

则称矩阵 $\boldsymbol{A}$ 与矩阵 $\boldsymbol{B}$ 相等,记作 $\boldsymbol{A}=\boldsymbol{B}$.

6.矩阵的运算

(1) 矩阵的加(减)法:

$$(a_{ij})_{mn}\pm(b_{ij})_{mn}=(a_{ij}\pm b_{ij})_{mn}\quad(i=1,2,\cdots,m;j=1,2,\cdots,n);$$

(2) 数与矩阵相乘:

$$\lambda(a_{ij})_{mn}=(\lambda a_{ij})_{mn}\quad(i=1,2,\cdots,m;j=1,2,\cdots,n);$$

(3) 矩阵的乘法:设 $\boldsymbol{A}=(a_{ij})_{ms}$,$\boldsymbol{B}=(b_{ij})_{sn}$,则 $\boldsymbol{C}=\boldsymbol{AB}=(c_{ij})_{mn}$,其中

$$c_{ij}=a_{i1}b_{1j}+a_{i2}b_{2j}+\cdots+a_{is}b_{sj}=\sum_{k=1}^{s}a_{ik}b_{kj}\quad(i=1,2,\cdots,m;j=1,2,\cdots,n);$$

(4) 逆矩阵:

n 阶方阵 $\boldsymbol{A}=(a_{ij})$ 可逆的充要条件是 $|\boldsymbol{A}|\neq0$,且 $\boldsymbol{A}^{-1}=\frac{1}{|\boldsymbol{A}|}\boldsymbol{A}^*$,

其中 $\boldsymbol{A}^*=\begin{pmatrix} A_{11} & A_{21} & \cdots & A_{n1} \\ A_{12} & A_{22} & \cdots & A_{n2} \\ \cdots & \cdots & \cdots & \cdots \\ A_{1n} & A_{2n} & \cdots & A_{nn} \end{pmatrix}$

称为 $\boldsymbol{A}$ 的伴随矩阵,伴随矩阵中的元素 A_{ij} 是方阵 $|\boldsymbol{A}|$ 中元素 a_{ij} 的代数余子式

$(i,j=1,2,\cdots,n)$.

用初等行变换,求 $\boldsymbol{A}^{-1}$ 的一般步骤为:

① 由 $\boldsymbol{A}$ 作 $n\times 2n$ 矩阵 $(\boldsymbol{A}\vdots\boldsymbol{E})$;

② 对 $(\boldsymbol{A}\vdots\boldsymbol{E})$ 施行初等行变换,当把 $(\boldsymbol{A}\vdots\boldsymbol{E})$ 中的 $\boldsymbol{A}$ 变为单位阵 $\boldsymbol{E}$ 时,原来的 $\boldsymbol{E}$ 就变为 $\boldsymbol{A}^{-1}$.

7. 方阵 $|\boldsymbol{A}|$ 的性质

(1) $|\lambda\boldsymbol{A}|=\lambda^n|\boldsymbol{A}|$($\lambda$ 为常数);

(2) $|\boldsymbol{AB}|=|\boldsymbol{BA}|=|\boldsymbol{A}||\boldsymbol{B}|$.

8. 矩阵的初等变换

(1) 互换矩阵的两行(列),记作 $r_i\leftrightarrow r_j(c_i\leftrightarrow c_j)$;

(2) 用一个非零常数乘以矩阵的某一行(列)的所有元,记作 $r_ik(c_ik)$;

(3) 把第 i 行(列)的各元素的 k 倍加到第 j 行(列)的对应元素上去,记作 $r_j+kr_i(c_j+kc_i)$.

9. 线性方程组

当 $\begin{cases}a_{11}x_1+a_{12}x_2+\cdots+a_{1n}x_n=b_1,\\a_{21}x_1+a_{22}x_2+\cdots+a_{2n}x_n=b_2,\\\cdots\cdots\cdots\cdots\cdots\cdots\cdots\cdots\\a_{m1}x_1+a_{m2}x_2+\cdots+a_{mn}x_n=b_m.\end{cases}$ 中 $b_1,b_2,\cdots,b_m$ 不全为零时,称为非齐次线性方程组;当 $b_1,b_2,\cdots,b_m$ 全为零时,称为齐次线性方程组. $\widetilde{\boldsymbol{A}}$、$\boldsymbol{A}$ 分别称为线性方程组的增广矩阵和系数矩阵.

高斯消元法解线性方程组的一般步骤为:

① 对于齐次线性方程组,对系数矩阵 $\boldsymbol{A}$ 施行初等行变换,化为行阶梯形矩阵,由此得方程组的通解.

② 对于非齐次线性方程组,对增广矩阵 $\widetilde{\boldsymbol{A}}=(\boldsymbol{A}\vdots\boldsymbol{B})$ 施行初等行变换,化为行阶梯形矩阵或最简形矩阵,若 $r=n$,与增广矩阵等价的最简形矩阵的最后一列元素就是方程组的解;若 $r<n$,把含有自由元的项移至方程右端,从而得到非齐次线性方程组的解.

【重点】 行列式的计算、矩阵运算、解线性方程组.

【难点】 矩阵的逆.

复习题二

1. 填空题:

(1) 三阶行列式 $D_1=6$,将 D_1 第3行的各元素乘以2后加到第1行对应元素上去,得新行列式 $D_2=$________;

(2) 四阶行列式第3行的元素分别是 $-6,1,3,4$,对应的余子式分别为 $2,-2,8,5$,则行列式 $D=$________;

(3) $\begin{pmatrix}1&-1\\2&0\end{pmatrix}\begin{pmatrix}2&1\\0&3\end{pmatrix}-\begin{pmatrix}2&1\\1&3\end{pmatrix}+\begin{pmatrix}1&0\\0&1\end{pmatrix}=$________;

(4) $\boldsymbol{A}=\begin{pmatrix}2&0&-1\\1&3&2\end{pmatrix}$,$\boldsymbol{B}=\begin{pmatrix}1&7&-1\\4&2&3\\2&0&1\end{pmatrix}$,则 $(\boldsymbol{AB})^{\mathrm{T}}=$________;

(5) 如果非齐次线性方程组 $\boldsymbol{AX}=\boldsymbol{B}$ 无解,则当 $R(\boldsymbol{A})=r$ 时,必有 $R(\widetilde{\boldsymbol{A}})=$________;

(6) 已知方程组$\begin{cases} x_1+x_2+ax_3=0 \\ x_1+ax_2+x_3=0 \\ x_1+2x_2+2x_3=0 \end{cases}$ 有非零解，则 $a=$______；

(7) 设 $\boldsymbol{A}$ 是 4 阶方阵，且 $|\boldsymbol{A}|=k$，则 $|3\boldsymbol{A}|=$______.

2. 单项选择题：

(1) 下列行列式中不等于零的有(　　).

A. 行列式 D 中有两行对应元素成比例　　B. 行列式 D 中有一行的元素全为零

C. 行列式 D 满足 $2D-3D^{\mathrm{T}}=6$　　D. 行列式 D 中有两行对应元素之和均为零

(2) 设有 3×2 矩阵 $\boldsymbol{A}$，2×3 矩阵 $\boldsymbol{B}$，3×5 矩阵 $\boldsymbol{C}$，则(　　)运算可行.

A. $\boldsymbol{BC}$　　B. $\boldsymbol{AC}$　　C. $\boldsymbol{BAC}$　　D. $\boldsymbol{AB}-\boldsymbol{BC}$

(3) $\boldsymbol{A},\boldsymbol{B},\boldsymbol{C}$ 是 n 阶方阵，且 $\boldsymbol{A}$ 可逆，下列成立的是(　　).

A. 若 $\boldsymbol{AB}=\boldsymbol{CB}$，则 $\boldsymbol{A}=\boldsymbol{C}$　　B. 若 $\boldsymbol{AB}=\boldsymbol{E}$，则 $\boldsymbol{B}=\boldsymbol{E}$

C. 若 $\boldsymbol{AB}=\boldsymbol{AC}$，则 $\boldsymbol{B}=\boldsymbol{C}$　　D. 若 $\boldsymbol{BC}=0$，则 $\boldsymbol{B}=0$

(4) 已知 $f(x)=\begin{vmatrix} 1 & 1 & 1 & 1 \\ 1 & 1 & -1 & -1 \\ 1 & -1 & 1 & -1 \\ x & -1 & -1 & 1 \end{vmatrix}$，则使 $f(x)=0$ 的根是(　　).

A. 0　　B. -2　　C. -1　　D. -3

(5) 若 $\boldsymbol{A},\boldsymbol{B}$ 为 n 阶方阵，则必有(　　).

A. $|\boldsymbol{A}+\boldsymbol{B}|=|\boldsymbol{A}|+|\boldsymbol{B}|$　　B. $|\boldsymbol{AB}|=|\boldsymbol{BA}|$

C. $\boldsymbol{AB}=\boldsymbol{BA}$　　D. $(\boldsymbol{A}+\boldsymbol{B})^{-1}=\boldsymbol{A}^{-1}+\boldsymbol{B}^{-1}$

(6) 设 $\boldsymbol{A},\widetilde{\boldsymbol{A}}$分别是非齐次线性方程组 $\boldsymbol{AX}=\boldsymbol{B}$ 的系数矩阵和增广矩阵，则 $R(\boldsymbol{A})=R(\widetilde{\boldsymbol{A}})$是 $\boldsymbol{AX}=\boldsymbol{B}$ 有唯一解的(　　).

A. 充分条件　　B. 必要条件　　C. 充分必要条件　　D. 无关条件

3. 计算下列行列式：

(1) $\begin{vmatrix} 1 & 4 & 4 & 4 & 4 \\ 4 & 2 & 4 & 4 & 4 \\ 4 & 4 & 3 & 4 & 4 \\ 4 & 4 & 4 & 4 & 4 \\ 4 & 4 & 4 & 4 & 5 \end{vmatrix}$；　　(2) $\begin{vmatrix} 0 & 1 & 0 & \cdots & 0 \\ 0 & 0 & 2 & \cdots & 0 \\ \cdots & \cdots & \cdots & \cdots & \cdots \\ 0 & 0 & 0 & \cdots & n-1 \\ n & 0 & 0 & \cdots & 0 \end{vmatrix}$.

4. 求下列矩阵的秩：

(1) $\begin{pmatrix} 1 & -1 & 0 \\ 2 & 2 & 1 \\ 3 & 0 & 0 \\ 4 & 1 & 2 \end{pmatrix}$；　　(2) $\begin{pmatrix} -1 & 2 & 1 & 0 \\ 1 & -2 & -1 & 0 \\ -1 & 0 & 1 & 1 \\ -2 & 0 & 2 & 2 \end{pmatrix}$.

5. 判断下列矩阵是否可逆. 若可逆，求其逆矩阵.

(1) $\begin{pmatrix} 3 & 0 & 8 \\ 3 & -1 & 6 \\ -2 & 0 & -5 \end{pmatrix}$；　　(2) $\begin{pmatrix} 1 & 1 & 1 & 1 \\ 1 & 1 & -1 & -1 \\ 1 & -1 & 1 & -1 \\ 1 & -1 & -1 & 1 \end{pmatrix}$.

6. 解矩阵方程 $\boldsymbol{X}\begin{pmatrix} 1 & 1 & -1 \\ 2 & 1 & 0 \\ 1 & -1 & 1 \end{pmatrix}=\begin{pmatrix} 1 & 1 & 3 \\ 4 & 3 & 2 \\ 1 & 2 & 5 \end{pmatrix}$.

7. 设 $\mathbf{A}=\begin{pmatrix}1 & 2 & 3 & a & 5\\ 2 & 6 & 7 & 2a & 10-b\\ 0 & -2 & -1 & 2a+b-4 & a+1\\ 1 & 4 & 4 & a & 5-b\end{pmatrix}$. 试确定 a,b，使 $R(\mathbf{A})=2$.

8. 判别下列方程组是否有解. 若有解，有多少解？当有无穷多解时，求出通解.

(1) $\begin{cases}x_1-2x_2+2x_3-x_4=1,\\ 2x_1+x_2-x_3+x_4=2,\\ x_1+3x_2-3x_3+2x_4=0;\end{cases}$

(2) $\begin{cases}x_1+3x_2+x_3=0,\\ 3x_1+2x_2+3x_3=-7,\\ -x_1+4x_2-x_3=7;\end{cases}$

(3) $\begin{cases}x_1+x_2+x_3+x_4+x_5=7,\\ 3x_1+2x_2+x_3+x_4-3x_5=-2,\\ x_2+2x_3+2x_4+6x_5=23,\\ 5x_1+4x_2+3x_3+3x_4-x_5=12.\end{cases}$

9. 设线性方程组为 $\begin{cases}kx_1+x_2+x_3=1\\ x_1+kx_2+x_3=1\\ x_1+x_2+kx_3=1\end{cases}$. 问 k 取何值时，(1) 有唯一解？(2) 无解？(3) 有无穷多解？并在有无穷多解时，求出通解.

第3章 概　　率

自然现象与社会现象是各式各样的，若从结果是否确定的角度去划分，可以分为两大类：一类是**确定性现象**，即在一定条件下，必然会发生某种结果或必然不发生某种结果的现象. 例如，在一个标准大气压下. 纯水加热到 100℃ 必然会沸腾；异种电荷互相吸引. 另一类是**随机现象**，即在相同的条件下，多次进行同一试验所得的结果并不完全一样，而且事先并不能预言将会发生什么结果的现象. 例如，抛一枚硬币，事先无法断言是正面朝上还是反面朝上；从一副不含小丑的扑克牌中任选两张，所得两张牌的花色；某电话交换台每分钟内接到的呼叫次数；从某厂的一批产品中，随机抽取 3 件进行质量检验，检查次品数的多少等. 这些现象均是随机现象.

随机现象是偶然性与必然性的辩证统一，其偶然性表现在每一次试验前，不能准确地预言哪种结果出现；其必然性表现在相同条件下进行大量重复试验时，结果呈现出统计规律性. 偶然性孕育着必然性，必然性通过无数的偶然性表现出来. **概率论**与**数理统计**的任务就是要揭示随机现象内部存在的统计规律性. 它从表面上看起来是错综复杂的偶然现象中，揭示出潜在的必然性规律. 概率论与数理统计在自然科学和社会科学的各个领域中应用十分广泛.

3.1　随机事件及其概率

3.1.1　随机试验和随机事件

随机现象是通过随机试验去研究的，在一定条件下，抛硬币、投篮、抽查产品等，都是**随机试验**，简称试验. 随机试验具有以下三个鲜明的特点：

(1) 可重复性. 试验可以在相同的条件下大量重复进行.

(2) 明确性. 每次试验的可能结果不止一个，但在试验之前可知所有的可能结果.

(3) 随机性. 在一次试验中，某种结果出现与否是不确定的，每次试验前不能准确预言哪一个结果会出现.

为了便于研究，通常把对随机试验下的某种结果，称为随机事件，简称**事件**. 通常用大写字母 A,B,C 等表示. 在一定的研究范围内，不能再细分的事件，称为**基本事件**. 如一次投篮下的基本事件是“命中”和“不中”两个；抛掷一枚骰子中的基本事件是出现“1 点”、“2 点”、“3 点”、“4 点”、“5 点”、“6 点”共六个. 一个随机试验所对应的基本事件的个数，可以是有限个，也可以是无限多个. 一个随机试验的全体基本事件组成的集合称为**样本空间**，记作 Ω. 每个基本事件称为**样本点**，常用 e 表示. 两个或两个以上的基本事件组合而成的事件，称为**复合事件**. 如掷骰子试验中，“出现奇数点”、“出现点数不小于 5”，它们都是复合事件.

在一定条件下，每次试验中都必定发生的事件称为**必然事件**，记为 Ω. 每次试验中都肯定不发生的事件，称为**不可能事件**，记为 $\varnothing$. 如掷一枚骰子，“点数不超过 6 点”就是必然事件；“出现 3.6 点”就是不可能事件. 必然事件和不可能事件实质上都是确定性现象，失去了随机性.为了便于讨论,通常把它们当作随机事件的两种极端情况来看待.

【例 1】 分别写出下列随机试验的样本空间:

(1)抛一颗均匀的骰子,观察出现的点数;

(2)连续不断地投篮,直到投中为止,考察投篮结束时的投篮次数;

(3)从一副扑克牌(52 张)中任抽一张,考察它的花色.

解 (1)令 i 表示"正好出现 i 点",$i=1,2,3,4,5,6$.则样本空间 $\Omega=\{1,2,3,4,5,6\}$.

(2)令 i 表示"第 i 次投篮时首次投中",则样本空间 $\Omega=\{1,2,3,4,\cdots\}$.

(3)显然试验的所有可能结果为:黑桃,红心,方块,梅花.故样本空间 $\Omega=\{$黑桃,红心,方块,梅花$\}$.

【例 2】 从编号分别为 $1,2,\cdots,9,10$ 的十个球中任取一个,观察其编号数.试写出该试验的样本空间和下列事件所包含的基本事件:

$A=\{$取到奇数号球$\}$, $B=\{$取到偶数号球$\}$,$C=\{$取到编号数大于 4 的球$\}$.

解 样本空间为 $\Omega=\{1,2,3,4,5,6,7,8,9,10\}$

而 $A=\{1,3,5,7,9\}$, $B=\{2,4,6,8,10\}$, $C=\{5,6,7,8,9,10\}$.

上面例 2 表明,随机事件是样本空间 Ω 的一个子集.一个事件发生,当且仅当该子集中的一个基本事件发生.因为 Ω 本身就是 Ω 的一个子集,且它包含了试验的所有基本事件,在每次试验中必定发生,因此称样本空间 Ω 为必然事件.同样,空集 $\varnothing$ 是样本空间 Ω 的子集,它不包含任何基本事件,在每次试验中都不可能发生,因此称空集 $\varnothing$ 为不可能事件.

由于可以用样本空间的子集来表示随机事件,而随机事件是由一些基本事件 e 构成的集合,因此借助集合知识,可以定义事件之间的运算与关系.

3.1.2 事件的运算

1. 事件的和(或并)

事件 A 与事件 B 至少有一个发生,称为**事件 A 与事件 B 的和(或并)**,记作 $A+B$(或 $A\cup B$).这是一个新事件,是一种"或"关系,且满足 $A\cup B\Leftrightarrow\{e|e\in A$ 或 $e\in B\}$.常用图示法直观地表示事件间的运算与关系:用一个矩形表示必然事件 Ω,矩形内的一些封闭图形表示随机事件.图 3-1 中,阴影部分就表示 A 与 B 的和事件 $A\cup B$.

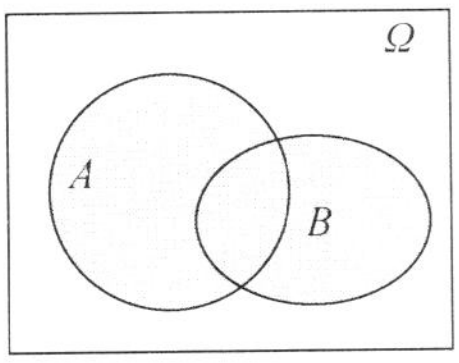

图 3-1

事件的和的概念,可推广到 n 个事件的情形:新事件 $A_1+A_2+\cdots+A_n$ 称为 n 个事件 $A_1,A_2,\cdots,A_n$ 之和,表示 n 个事件 $A_1,A_2,\cdots,A_n$ 中至少有一个发生.

2. 事件的积(或交)

事件 A 与事件 B 同时发生,称为**事件 A 与事件 B 的积**(或交),记作 AB(或 $A\cap B$).这是一个新事件,是一种"且"关系,且满足 $A\cap B\Leftrightarrow\{e|e\in A$ 且 $e\in B\}$.图 3-2 中,阴影部分就

表示 A 与 B 的积事件 AB.

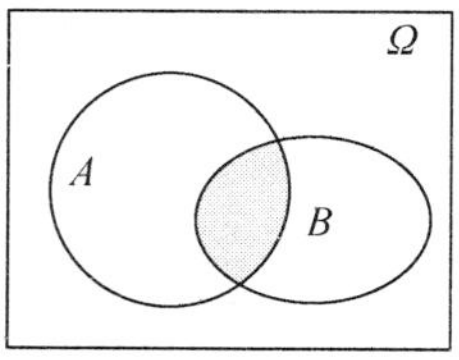

图　3-2

事件的积的概念，可推广到 n 个事件的情形：新事件 $A_1A_2\cdots A_n$ 称为 n 个事件 $A_1,A_2,\cdots,A_n$ 之积，表示 n 个事件 $A_1,A_2,\cdots,A_n$ 同时发生.

3. 事件的差

事件 A 发生而事件 B 不发生的事件，称为**事件 A 与 B 的差**，记作 $A-B$. 这是一个新事件，且满足 $A-B=\{e|e\in A$ 且 $e\notin B\}$. 图 3-3 中，阴影部分表示 A 与 B 的差事件 $A-B$.

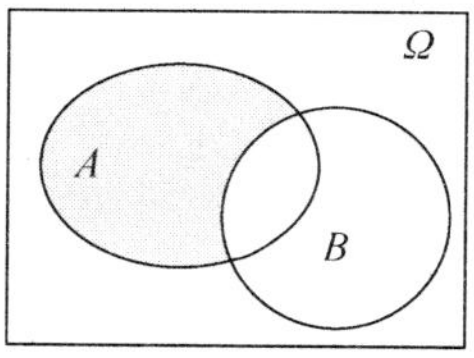

图　3-3

3.1.3　事件间的关系

1. 包含关系

如果事件 B 发生，必然导致事件 A 发生，则称**事件 B 包含于事件 A**，或称**事件 A 包含事件 B**，记作 $B\subset A$，即 B 是 A 的子集，且满足 $B\subset A\Leftrightarrow$ 若 $e\in B$，则 $e\in A$，如图 3-4 所示。

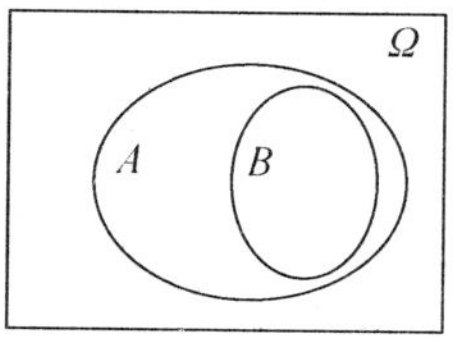

图　3-4

2. 相等关系

如果 $A\subset B$ 且 $B\subset A$，则称**事件 A 与事件 B 相等**，记作 $A=B$，表示事件 A 发生必然导致事件 B 发生；反之，事件 B 发生也必然导致事件 A 发生.

3. 事件的互不相容关系

如果事件 A 与事件 B 不可能同时发生，即 $AB=\varnothing$，则称**事件 A 和 B 是互不相容**（或**互斥**）. 即 A,B 没有公共的基本事件. 如图 3-5 所示的两个事件 A 与 B 是互不相容关系.

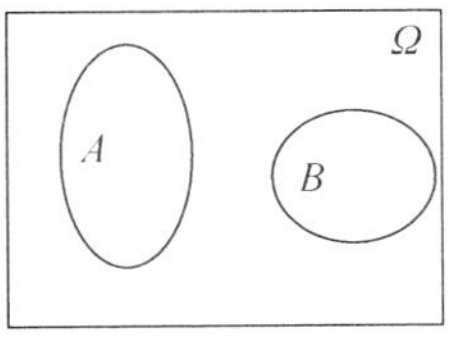

图 3-5

互不相容的概念,可推广到 n 个事件的情形:如果 n 个事件 $A_1,A_2,\cdots,A_n$ 中的任意两个事件都不能同时发生,即

$$A_iA_j=\varnothing \quad (i\neq j;i,j=1,2,\cdots,n),$$

则称这 n 个事件为**两两互不相容**.

4. 事件的逆(对立事件)

如果事件 A 与事件 B 满足 $A+B=\Omega$ 且 $AB=\varnothing$,则称**事件 A 与 B 互为对立事件**(或称 B 是 A 的**逆事件**). A 的逆事件记作$\overline{A}$,即 $B=\overline{A}$. 且$\overline{A}$表示事件 A 不发生;同时,A 与$\overline{A}$表示的是非此即彼的关系. 图 3-6 中,阴影部分表示 A 的逆事件$\overline{A}$.

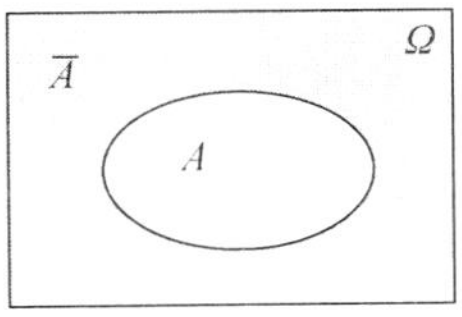

图 3-6

由定义可知,两个相互对立事件一定是互不相容的,但两个互不相容事件不一定是相互对立事件. 且事件 A 和 B 的差事件 $A-B$ 可等价地表示为 $A\cap\overline{B}$.

事件的运算具有一系列的性质如下:

(1) 交换律:$A\cup B=B\cup A$, $A\cap B=B\cap A$;

(2) 幂等律:$A\cup A=A$, $A\cap A=A$;

(3) 吸收律:若 $B\subset A$,则 $A\cup B=A$, $A\cap B=B$;

(4) 蕴涵律:$A\cup B\supset A$, $A\cup B\supset B$, $A\cap B\subset A$, $A\cap B\subset B$;

(5) 否定律:$\overline{\overline{A}}=A$, $\overline{\Omega}=\varnothing$, $\overline{\varnothing}=\Omega$;

(6) 德·摩根(de MorgAn)律:

$$\overline{A\cup B}=\overline{A}\cap\overline{B},\quad \overline{\bigcup_{i=1}^{n}A_i}=\bigcap_{i=1}^{n}\overline{A_i},\quad \overline{A\cap B}=\overline{A}\cup\overline{B},\quad \overline{\bigcap_{i=1}^{n}A_i}=\bigcup_{i=1}^{n}\overline{A_i};$$

(7) 结合律:$(A\cup B)\cup C=A\cup(B\cup C)$, $(A\cap B)\cap C=A\cap(B\cap C)$;

(8) 分配律:$(A\cup B)C=AC\cup BC$, $(AB)\cup C=(A\cup C)(B\cup C)$.

【例 3】 设 Ω 为样本空间,A,B,C 为三个事件. 试用事件的运算表示下列事件:

(1) A 与 B 发生,而 C 不发生;

(2) A,B,C 同时发生;

(3) A,B,C 同时不发生;

(4) A,B,C 至少有一个发生;

（5）A,B,C 至少有两个发生；

（6）A 发生，而 B 与 C 有且只有一个发生.

解 （1）$A\cap B\cap\overline{C}$； （2）$A\cap B\cap C$； （3）$\overline{A}\cap\overline{B}\cap\overline{C}$； （4）$A\cup B\cup C$； （5）$AB\overline{C}\cup AC\overline{B}\cup BC\overline{A}\cup ABC$； （6）$AB\overline{C}\cup A\overline{B}C$. 显然，(3)是(4)的互为逆事件.

【例 4】 随机抽检三件产品，设 A 表示“三件中至少有一件是废品”；B 表示“三件中至少有两件是废品”；C 表示“三件全是正品”. 问 $\overline{A},\overline{B},\overline{C},A+B,AC$ 各表示什么事件？

解 $\overline{A}$表示“三件全是正品”($=C$)；

$\overline{B}$表示“三件中至多有一件是废品”；

$\overline{C}$表示“三件中至少有一件是废品”($=A$)；

$A+B=A$ 表示“三件中至少有一件是废品”(因为 $B\subset A$)；

$AC=\varnothing$表示不可能事件(显然还有 $A+C=\Omega$，所以 A 和 C 互为对立事件).

3.1.4 概率的统计定义

一个随机事件在一次试验中可能发生，也可能不发生，即在一次试验中，随机事件的发生带有偶然性. 然而，对同一事件，在相同条件下进行大量试验，又会呈现出一种确定的规律性. 由此揭示出：随机事件发生的可能性大小是可以度量的.

在抛掷均匀硬币的试验中，正面在一次试验中有可能出现，也可能不出现，预先作出确定的预测是不可能的. 为了研究均匀硬币正面发生的可能性大小，历史上曾有人作过多次抛硬币的试验，结果见表 3-1.

表 3-1 抛硬币试验

试验者	投掷次数 n	正面出现的次数 k	正面出现的频率 $\frac{k}{n}$
德·摩根	2048	1061	0.5181
蒲丰	4040	2048	0.5069
费勒	10 000	4979	0.4979
皮尔逊	12 000	6019	0.5016
皮尔逊	24 000	12 012	0.5005

容易看出，随着抛掷次数的增加，正面向上的频率 k/n 围绕着一个确定的常数 0.5 作幅度越来越小的摆动. 正面向上的频率稳定于 0.5 附近，这是一个客观存在的事实，不随人们主观意志为转移的. 这一规律就是频率的稳定性. 它揭示了随机现象的统计规律性.

一般地，在大量重复试验中，事件 A 发生的频率 k/n 总是在一个确定的常数 p 附近摆动，且具有稳定性. 这个常数 p 就是事件 A 发生的可能性大小的度量，称为**事件 A 的概率**，记为 $P(A)$，即 $P(A)=p$. 而人们常说的市场占有率，中奖率，次品率，命中率，成绩及格率等都是概率的原形或特例.

如在前面的掷硬币试验中，若设 $A=\{正面朝上\}$，则

$$P(A)=0.5.$$

这就是说，出现“正面朝上”的可能性是 50%.

注意 虽然事件的频率与概率都是度量事件发生可能性大小的统计特征，但频率是一个试验值，具有随机性，可能取多个不同的值，因此只能近似地反映事件出现的可能性大小；

概率是一个理论值，是由事件本身内在的本质特征确定的，只能取唯一值，因此它能精确地反映事件出现的可能性大小.

由概率的统计定义直接确定某一事件的概率通常是十分困难的. 在许多实际应用中，事件发生的概率不可能经过大量的重复试验来得到. 但对于某些特殊试验，可以不通过重复试验，只要通过对一次试验中可能出现的结果进行分析，就可计算出它的概率. 接下来就讨论这种类型.

3.1.5 概率的古典定义

某车间共生产30件产品，其中3件次品，现从30件产品中随机地抽取1件进行检验. 这里，所谓“随机地抽取”，指的是每件产品被抽到的可能性是相同的. 很明显，即使不进行大量试验，也会容易得出抽到次品的概率是$\frac{3}{30}=0.1$.

从这个例子中，得到一种简单而又直观的计算概率的方法. 但在应用这种方法时，要求随机试验具备以下两个特点：

(1)每次试验的样本空间只有有限个基本事件(即有限个样本点)；

(2)每次试验中各基本事件发生的可能性相同.

具有上述两个特点的试验是大量存在的，称其为**古典概型**，也称为**等可能性概型**. 在古典概型中，若试验的基本事件总数为n，而事件A包含了m个基本事件，则事件A的概率为

$$P(A)=\frac{m}{n}=\frac{A\text{包含的基本事件数}}{\text{基本事件的总数}}.$$

这种概率的定义，称为**概率的古典定义**. 下面通过例子来说明其计算方法.

【例5】 同时抛掷两枚均匀的骰子，求事件A：“两个点数乘积为6”的概率.

解 等可能的基本事件共有$6^2=36$个，全部列举如下：

$$\begin{array}{cccccc}
(1,1), & (1,2), & (1,3), & (1,4), & (1,5), & (1,6),\\
(2,1), & (2,2), & (2,3), & (2,4), & (2,5), & (2,6),\\
(3,1), & (3,2), & (3,3), & (3,4), & (3,5), & (3,6),\\
(4,1), & (4,2), & (4,3), & (4,4), & (4,5), & (4,6),\\
(5,1), & (5,2), & (5,3), & (5,4), & (5,5), & (5,6),\\
(6,1), & (6,2), & (6,3), & (6,4), & (6,5), & (6,6).
\end{array}$$

事件A含有基本事件为(1,6),(2,3),(3,2),(6,1)共4个，所以

$$P(A)=\frac{4}{36}=\frac{1}{9}.$$

例5采用列举法处理，这种方法直观、清楚，但很繁琐，而且在很多场合下，列出所有基本事件是不现实的. 因此，通常是用计算排列数、组合数的方法去求n和m.

【例6】 在一口袋里装有9个大、小形状完全一样的球，其中有4个红球，5个白球. 从中任取2个球. 试求事件：

(1)“2个球都是红球”发生的概率；

(2)“1个红球，1个白球”发生的概率；

(3)若是9个人排队一人各取一球，则第3个人取到红球的概率.

解 设$A=\{2$个球都是红球$\}$，$B=\{1$个红球，1个白球$\}$，$C=\{$第3个人取到红球$\}$.

(1) 解法一 试验与取球的顺序有关，则基本事件总数$n=P_9^2=72$，而A包含的基本事

件数是 $m=P_4^2=12$. 因此，有

$$P(A)=\frac{m}{n}=\frac{12}{72}=\frac{1}{6}.$$

解法二　试验与取球的顺序无关，则基本事件总数 $n=C_9^2=36$，而 A 包含的基本事件数是 $m=C_4^2=6$. 因此，有

$$P(A)=\frac{m}{n}=\frac{6}{36}=\frac{1}{6}.$$

（2）解法一　试验与取球的顺序有关，则基本事件总数 $n=P_9^2=72$，而 B 包含的基本事件数是 $m=2P_4^1P_5^1=40$. 因此，有

$$P(B)=\frac{m}{n}=\frac{40}{72}=\frac{5}{9}.$$

解法二　试验与取球的顺序无关，则基本事件总数 $n=C_9^2=36$，而 B 包含的基本事件数是 $m=C_4^1C_5^1=20$. 因此，有

$$P(B)=\frac{m}{n}=\frac{20}{36}=\frac{5}{9}.$$

（3）解法一　全排列法，将 9 个球看成是各有区别的球，把它们排成一排，其基本事件总数 $n=P_9^9=9!$. 而符合 C 的排法是：先取一个红球排在 3 号位，取法有 $P_4^1=4$ 种，再将余下的 8 个球排在剩下的 8 个位置上去，其排法有 $P_8^8=8!$ 种. 由乘法原理，事件 C 包含的基本事件数 $m=4\times 8!$. 因此，有

$$P(C)=\frac{m}{n}=\frac{4\times 8!}{9!}=\frac{4}{9}.$$

解法二　选排列法，将 9 个球看成是各有区别的球，只管前 3 个取球. 9 个球中取 3 个球，并把它们排成一排，其基本事件总数 $n=P_9^3=9\times 8\times 7$，而符合 C 的排法是：先保证第 3 人取到红球，取法有 $P_4^1=4$ 种，再从余下的 8 个球中任取 2 个球排在前两个位置上去，其排法有 $P_8^2=8\times 7$ 种. 由乘法原理，事件 C 包含的基本事件数 $m=4\times 8\times 7$. 因此，有

$$P(C)=\frac{m}{n}=\frac{4\times 8\times 7}{9\times 8\times 7}=\frac{4}{9}.$$

思考　第 6 个人取到红球的概率又是多少？用组合知识可以解答第(3)小题吗？第(3)小题也是古典概率中著名的抽签问题，它揭示了 9 人中任何一个抽到红球的概率都是 4/9，与取球的先后无关. 竞技比赛中的抽签分组、日常生活中的抓阄分配，都体现公平性原则，这与大家的日常生活经验是一致的.

3.1.6　概率的性质

显然，根据频率与概率的关系和概率的统计定义，概率具有下述三条性质：

性质 1（非负性）　对任一事件 A，有 $0\leqslant P(A)\leqslant 1$.

性质 2　必然事件 Ω 的概率等于 1，即 $P(\Omega)=1$.

性质 3　不可能事件 $\varnothing$ 的概率等于 0，即 $P(\varnothing)=0$.

定理 3-1-1　A 与 B 是任意两个随机事件，则 $P(A\cup B)=P(A)+P(B)-P(AB)$.

证明　略. 特别地，若 A 与 B 互不相容，即 $AB=\varnothing$ 时，有 $P(A\cup B)=P(A)+P(B)$.

推论 1　若事件 $A_1,A_2,\cdots,A_n$ 两两互不相容，则

$$P(A_1\cup A_2\cup\cdots\cup A_n)=P(A_1)+P(A_2)+\cdots+P(A_n).$$

推论 2 对任意事件 A，有 $P(\overline{A})=1-P(A)$.

证明 由于 $A\cup\overline{A}=\Omega$ 且 $A\cap\overline{A}=\varnothing$，所以

$$1=P(\Omega)=P(A\cup\overline{A})=P(A)+P(\overline{A}).$$

从而 $P(\overline{A})=1-P(A)$.

推论 3 A,B,C 是任意三个随机事件，则

$$P(A\cup B\cup C)=P(A)+P(B)+P(C)-P(AB)-P(AC)-P(BC)+P(ABC).$$

推论 4 对任意事件 A 与 B，有 $P(A-B)=P(A\cap\overline{B})=P(A)-P(AB)$.

特别地，当 $B\subset A$ 时，有 $P(A-B)=P(A)-P(B)$.

【例 7】 某企业生产的 12 件产品中有 3 件次品、9 件正品，从中任取 3 件，求事件 A："至少有一件次品"的概率.

解法一 基本事件总数 $n=C_{12}^3=220$. 令 $A_i=\{3$ 件中恰有 i 件次品$\}$，$i=1,2,3$，显然 A_1,A_2,A_3 互不相容，且 $A=A_1\cup A_2\cup A_3$，而 A_1,A_2,A_3 含有的基本事件数分别为 $C_3^1C_9^2=108$，$C_3^2C_9^1=27$，$C_3^3C_9^0=1$. 所以根据推论 1，得

$$P(A)=P(A_1)+P(A_2)+P(A_3)=\frac{108}{220}+\frac{27}{220}+\frac{1}{220}=\frac{34}{55}.$$

解法二 显然 A 的逆事件$\overline{A}=\{$全是正品$\}$，而$\overline{A}$含有的基本事件数为 $C_9^3=84$. 所以根据推论 2，得

$$P(A)=1-P(\overline{A})=1-\frac{84}{220}=1-\frac{21}{55}=\frac{34}{55}.$$

通过这个例子，可以看出：当直接计算某事件的概率比较复杂时，通过转化为求它的逆事件的概率，往往可以简化计算.

【例 8】 某城市发行日报和晚报两种报纸，有 50%的住户订日报，65%的住户订晚报，35%的住户同时订两种报，求：(1) 订报住户的百分比；(2) 只订日报的住户百分比；(3) 只订晚报的住户百分比.

解 设 $A=\{$住户订日报$\}$，$B=\{$住户订晚报$\}$，则 AB，$A\cup B$，$A\overline{B}$，$\overline{A}B$ 分别表示住户同时订两种报、住户订报、住户只订日报、住户只订晚报. 由已知

$$P(A)=0.5,\quad P(B)=0.65,\quad P(AB)=0.35,$$

于是有：(1) $P(A\cup B)=P(A)+P(B)-P(AB)=0.5+0.65-0.35=0.8$；

(2) $P(A\overline{B})=P(A-B)=P(A)-P(AB)=0.5-0.35=0.15$；

(3) $P(\overline{A}B)=P(B-A)=P(B)-P(AB)=0.65-0.35=0.30$.

【例 9】 某校 2013 级一教学班共有 40 名学生. 假定每人的生日在一年 365 天中任意一天的可能性是相同的，试求下列事件的概率：

(1) $A=$"该班 40 名学生的生日各不相同"；

(2) $B=$"该班 40 名学生中至少有两名学生的生日在同一天".

解 因为每名学生的生日都有 365 种情况，则 40 名学生的生日情况应该有 365^{40} 种，即基本事件总数 $n=365^{40}$.

(1) A 含有的基本事件数 $m=P_{365}^{40}$，由古典概型，事件 A 的概率为

$$P(A)=\frac{m}{n}=\frac{P_{365}^{40}}{365^{40}}\approx 0.11.$$

(2) 显然，B 刚好就是 A 的逆事件$\overline{A}$，所以根据推论 2，得

$$P(B)=P(\overline{A})=1-P(A)=1-\frac{P_{365}^{40}}{365^{40}}\approx 0.89.$$

该问题也是概率论中著名的生日问题，其第(2)小题的结果与大家的直观感觉相符吗？下表是不同团体人数下至少有两人生日相同的概率值．这是一个挺有意思的结论．

团体人数	10	20	22	23	30	40	50	55
至少有两人生日相同的概率	0.12	0.41	0.48	0.51	0.71	0.89	0.97	0.99

【例 10】 设 $P(A)=0.5, P(B)=0.7, P(A\cup B)=0.9$．计算下列概率：

(1) $P(A-B)$；

(2) $P(\overline{A}\cup\overline{B})$；

(3) $P(A\cup\overline{B})$．

解 因为 $P(A\cup B)=P(A)+P(B)-P(AB)$，所以

$$P(AB)=P(A)+P(B)-P(A\cup B)=0.5+0.7-0.9=0.3.$$

(1) 利用推论 4，有

$$P(A-B)=P(A\cap\overline{B})=P(A)-P(AB)=0.5-0.3=0.2.$$

(2) 应用德、摩根律，有

$$P(\overline{A}\cup\overline{B})=P(\overline{A\cap B})=1-P(AB)=1-0.3=0.7.$$

(3) 利用定理和推论 2，有

$$\begin{aligned}P(A\cup\overline{B})&=P(A)+P(\overline{B})-P(A\cap\overline{B})\\&=P(A)+[1-P(B)]-P(A-B)=0.5+[1-0.7]-0.2=0.6.\end{aligned}$$

习题 3-1

1. 某人同时掷三颗骰子，并记录三颗骰子的点数之和．试写出该随机试验的样本空间 Ω，并指出 $A=\{$点数之和大于 12$\}$的基本事件．

2. 以下两式各说明事件 A 与 B 之间有什么关系？

(1) $A+B=A$；　　(2) $AB=B$．

3. 将一枚均匀硬币连续抛掷 4 次．试求其样本空间 Ω 中基本事件的个数，并列举出 $A=\{$恰有 1 正 3 反$\}$，$B=\{$至少有 3 次正面向上$\}$所含的基本事件．

4. 回答下列问题：

(1) 概率与频率有什么联系？有什么区别？

(2) 古典概型有什么特点？

(3) 事件 A 与其对立事件 $\overline{A}$ 的概率有什么关系？

(4) 使用概率加法公式时，应注意什么条件？

5. 设 A,B,C,D 是四个事件，试用它们表示下列事件：

(1)“A,B,C,D 全都不发生”；　　(2)“A,B,C,D 中至少有一个发生”；

(3)“A,B,C,D 中恰有一个不发生”；　　(4)“A,B,C,D 中恰有一个发生”．

6. 一口袋中装有 5 个红球、3 个白球和 2 个黑球．现从中任取 3 个球，求 3 个球恰好是三种不同颜色的球的概率．

7. 有 5 名女同学和 3 名男同学决定用抽签的方法分配四张电影票．问：分到电影票的恰是 2 名女同学和 2 名男同学的概率是多少？至少有 1 名男同学分到电影票的概率又是多少？

8. 有 10 张卡片，分别写上 0，1，2，…，9．从这 10 张卡片中任取 2 张，求下列事件的概率：$A=\{$两数字

都是奇数}，$B=\{$两数字的和是偶数$\}$，$C=\{$两数字的积是偶数$\}$.

9. 某单位职工订阅甲、乙、丙三种报纸.据调查，职工中订甲报占40%，订乙报占26%，订丙报占24%，同时订甲、乙报占8%，同时订甲、丙报占5%，同时订乙、丙报占4%，同时订甲、乙丙报占2%.现从职工中随机抽查一人.问：该人至少订阅一种报纸的概率是多少？不读报的概率又是多少？

10. 已知 $P(A)=0.2$，$P(B)=0.45$，$P(AB)=0.15$.求 $P(A\overline{B})$，$P(\overline{A}B)$，$P(\overline{AB})$；

3.2 条件概率与事件的独立性

3.2.1 条件概率

在概率问题的研究中，经常会碰到下列问题，即在事件 A 发生的条件下，事件 B 发生的概率问题.先考察下面的例子.

【例 1】 某校三年级有1500名在校大学生，其性别和过英语四级情况如下表：

	过四级	未过四级	合计
男生	700	200	900
女生	500	100	600
合计	1200	300	1500

从1500名大学生中随机抽取1人，用 A 表示"抽到男生"，B 表示"抽到过四级的学生"，显然 AB 表示"抽到过四级的男生".由古典概率定义知

$$P(A)=\frac{900}{1500},\qquad P(B)=\frac{1200}{1500},\qquad P(AB)=\frac{700}{1500}.$$

现在要问：如果已知抽到的是已过四级的学生，则他是男生的概率？由于已知是过四级的学生，于是只能在1200名过四级的学生中去考虑，而其中男生占700名，故所求概率为 $\frac{700}{1200}$.这个概率是在附加了一个新的条件下的概率，称为条件概率.

一般地，有下列定义：

定义 3-2-1 如果事件 A，B 是同一试验下的两个随机事件，且 $P(B)\neq 0$，则在事件 B 已经发生的条件下事件 A 发生的概率叫作事件 A 的**条件概率**，记作 $P(A|B)$.

例如，在例1中所求的条件概率可记作

$$P(A|B)=\frac{700}{1200}=\frac{7}{12},$$

且可以验算有等式

$$P(A|B)=\frac{P(AB)}{P(B)}.$$

这不是偶然巧合.

一般地，有下述**条件概率的计算公式**：

$$P(A|B)=\frac{P(AB)}{P(B)}\quad (P(B)\neq 0\quad 或\quad P(B|A)=\frac{P(AB)}{P(A)}\quad (P(A)\neq 0).$$

【例 2】 一个盒子内装有5只坏的电子管和7只好的电子管.从盒中不放回地抽两次，

每次一只.若发现第一只是好的,问另一只也是好电子管的概率是多少?

解 设 A 表示"第一只是好的",B 表示"第二只是好的",根据题意要求 $P(B|A)$.

解法一:假设将 12 只电子管编上号码,作不放回抽两次,其基本事件总数为 $12\times11=132$.而 AB 表示"两次都抽到好的",则 AB 含有的基本事件数为 $7\times6=42$.由古典概率定义得

$$P(A)=\frac{7}{12},\quad P(AB)=\frac{42}{132}=\frac{7}{22}.$$

故所求概率

$$P(B|A)=\frac{P(AB)}{P(A)}=\frac{7}{22}\Big/\frac{7}{12}=\frac{6}{11}.$$

也可以这样思考,原有样本空间含有的基本事件总数为 $12\times11=132$,但在发现"第一只是好的"的条件下,新样本空间含有的基本事件数变为 $7\times11=77$,而符合"第二只是好的"的基本事件只有 $7\times6=42$ 个.故所求概率 $P(B|A)=\frac{42}{77}=\frac{6}{11}$.结果一样.

解法二:借助古典概率的思想.首先在 A 已发生的条件下,盒中只剩下 11 只电子管,且其中只有 6 只是好电子管(因为已经抽去了 1 只好的),因此第二次再抽到好电子管的概率为 $\frac{6}{11}$.即 $P(B|A)=\frac{6}{11}$.

3.2.2 乘法公式

由条件概率的计算公式,即得

定理 3.2.1(乘法定理) 设 A、B 为任意两个事件,则

$$P(AB)=P(A)P(B|A)\quad(P(A)\neq0),$$
$$P(AB)=P(B)P(A|B)\quad(P(B)\neq0).$$

上述公式称为概率的**乘法公式**.

推论 设 A,B,C 为任意三个事件,则

$$P(ABC)=P(A)P(B|A)P(C|AB),$$

其中 $P(AB)\neq0$.读者可类似推广到更多事件的情况.

【例 3】 有一代数方程,甲先解,甲解出的概率为 0.6.如果甲解不出来,乙再来解答,解出的概率为 0.5.求:(1)此方程是由乙解出的概率;(2)此方程被解出的概率.

解 设 $A=$"甲解出方程",$B=$"乙解出方程",显然 $\overline{A}=$"甲没解出方程",并且 $B\subset\overline{A}$,所以 $\overline{A}B=B$.由已知 $P(A)=0.6$,$P(B|\overline{A})=0.5$,而且"方程被解出"可表示为 $A\cup B=A\cup\overline{A}B$,$A$ 和 $\overline{A}B$ 互不相容,则

(1) $P(B)=P(\overline{A}B)=P(\overline{A})P(B|\overline{A})=[1-P(A)]P(B|\overline{A})=(1-0.6)\times0.5=0.2$.

(2) $P(A\cup B)=P(A\cup\overline{A}B)=P(A)+P(\overline{A}B)=0.6+0.2=0.8$.

【例 4】 甲、乙两市都位于长江上游.根据 100 多年来的气象记录知道,一年中甲市下雨天的比例占 21%,乙市下雨天的比例占 15%,两市同时下雨占 12%.试求:

(1) 甲市下雨的条件下,乙市出现雨天的概率;

(2) 乙市下雨的条件下,甲市出现雨天的概率;

(3) 两市中至少有一市下雨的概率.

解 设事件 $A=$"甲市出现雨天",$B=$"乙市出现雨天".由已知条件得 $P(A)=0.21$,

$P(B)=0.15$，$P(AB)=0.12$. 于是

(1) $P(B|A)=\dfrac{P(AB)}{P(A)}=\dfrac{0.12}{0.21}=\dfrac{4}{7}$；

(2) $P(A|B)=\dfrac{P(AB)}{P(B)}=\dfrac{0.12}{0.15}=0.8$；

(3) $P(A\cup B)=P(A)+P(B)-P(AB)=0.21+0.15-0.12=0.24$.

该例子中 $P(A/B)=0.8$，表明在乙市下雨的条件下，甲市出现雨天的概率上升到 80%. 因此，假设某人要从乙市出差去甲市，而乙市正在下雨，明智的做法是携带雨伞，以免在甲市遭遇淋雨.

3.2.3 全概率公式

在概率的计算中，总是希望由简单事件的概率来得到较复杂事件的概率. 为达到此目的，通常先将复杂事件分解为若干个互不相容的事件之和，然后利用概率的可加性计算所需概率. 全概率公式就是这种方法的具体体现. 为此，先定义完备事件组.

定义 3.2.2 事件组 $A_1,A_2,\cdots,A_n$ 称为**样本空间 Ω 的完备事件组**，是指在一次试验中，n 个事件 $A_1,A_2,\cdots,A_n$ 中至少有一个必然发生，即 $A_1+A_2+\cdots+A_n=\Omega$，且只能有一个发生，即 $A_1,A_2,\cdots,A_n$ 两两互不相容.

可见，样本空间 Ω 的完备事件组是将 Ω 分割成若干个互不相容的事件.

定理 3.2.2 若 $A_1,A_2,\cdots,A_n$ 构成样本空间 Ω 的完备事件组，则对任意一事件 B，皆有

$$P(B)=\sum_{i=1}^{n}P(A_i)P(B|A_i).$$

上述公式叫作**全概率公式**. 它的直观意义是：如果某一事件 B 的发生有多种可能的原因 $A_i(i=1,2,\cdots,n)$，则 B 发生的概率与 $P(BA_i)$ $(i=1,2,\cdots,n)$ 有关，且 B 的概率等于所有这些概率的和(见图 3-7). 求事件 B 的概率，必须已知各原因 $A_i(i=1,2,\cdots,n)$ 的概率及条件概率 $P(B|A_i)$. 因此，$P(A_i)$ 又叫作**原因概率**(或**先验概率**).

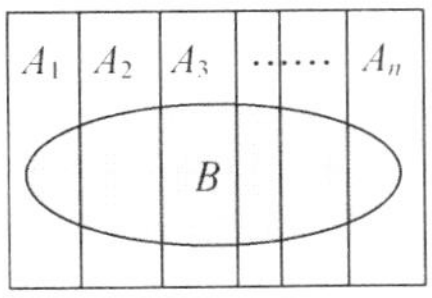

图 3-7

运用全概率公式的关键，在于找出样本空间 Ω 一个完备事件组.

由于 $A+\overline{A}=\Omega$ 且 $A\overline{A}=\varnothing$，即 A 和 $\overline{A}$ 构成完备事件组，因此，当 $n=2$ 时，全概率公式为如下形式：$P(B)=P(A)P(B|A)+P(\overline{A})P(B|\overline{A})$.

【例 5】 仓库中有分别由甲、乙、丙三个厂家生产的同种电子元件，它们生产的产量分别占 50%，35%，15%，其次品率分别为 0.01，0.02，0.04. 求仓库中电子元件的次品率.

解 设 A_1,A_2,A_3 分别表示抽到甲、乙、丙厂家的产品，$B=\{$抽到次品$\}$，则 A_1,A_2,A_3 两两互不相容，且 $\Omega=A_1+A_2+A_3$. 所以 A_1,A_2,A_3 构成一完备事件组. 于是由已知

$$P(A_1)=0.50,\quad P(A_2)=0.35,\quad P(A_3)=0.15;$$

得

$$P(B|A_1)=0.01,\quad P(B|A_2)=0.02,\quad P(B|A_3)=0.04.$$

再根据全概率法公式，得仓库中电子元件的次品率

$$\begin{aligned}P(B)&=P(A_1)P(B|A_1)+P(A_2)P(B|A_2)+P(A_3)P(B|A_3).\\&=0.50\times0.01+0.35\times0.02+0.15\times0.04=0.018.\end{aligned}$$

【例 6】 袋中装有 30 个乒乓球，其中 10 个白的，20 个黄的. 现有两人依次随机地从袋

中各取一球，取后不放回. 试求第二次取得白球的概率.

解 设 A="第一次取到白色乒乓球"，$\overline{A}$="第一次取到黄色乒乓球"，又 B="第二次取到白色乒乓球"，则

由已知
$$P(A)=\frac{10}{30}=\frac{1}{3},\qquad P(\overline{A})=1-\frac{1}{3}=\frac{2}{3}.$$
$$P(B|A)=\frac{9}{29},\qquad P(B|\overline{A})=\frac{10}{29},$$

且根据全概率公式，得
$$\begin{aligned}P(B)&=P(A)P(B|A)+P(\overline{A})P(B|\overline{A})\\&=\frac{1}{3}\times\frac{9}{29}+\frac{2}{3}\times\frac{10}{29}=\frac{1}{3}.\end{aligned}$$

思考： 第三次取到白球的概率，又应该怎样构造完备事件组呢？

3.2.4 贝叶斯公式

与全概率公式所解决的问题相反，如果已知各种原因事件 A_i 的概率 $P(A_i)$ 及条件概率 $P(B|A_i)(i=1,2,\cdots,n)$，则在结果事件 B 已经发生的条件下，各原因事件 A_i 出现的条件概率 $P(A_i|B)(i=1,2,\cdots,n)$ 是多少？解决这类问题的方法是下面的定理.

定理 3.2.3 设 $A_1,A_2,\cdots,A_n$ 为样本空间 Ω 的完备事件组，且 $P(A_i)>0(i=1,2,\cdots,n)$，则对随机事件 $B(P(B)>0)$，有
$$P(A_i|B)=\frac{P(A_i)P(B|A_i)}{\sum\limits_{j=1}^{n}P(A_j)P(B|A_j)}\quad(i=1,2,\cdots,n).$$

上述公式叫作**贝叶斯**(Bayes)**公式**（又叫**逆概率公式**）. 由于它是在结果事件 B 已经发生后对原因事件 A_i 发生可能性大小所作的推算，所以也叫**后验概率**.

【例 7】 继续考察例 5. 在仓库中随机抽取一电子元件，经检验是次品、求它是甲、乙、丙厂家生产的概率.

解 仍然令 A_1,A_2,A_3 分别表示抽到甲、乙、丙厂家的产品，B=｛抽到次品｝，则由贝叶斯公式，得
$$P(A_1|B)=\frac{P(A_1)P(B|A_1)}{P(B)}=\frac{P(A_1)P(B|A_1)}{\sum\limits_{j=1}^{3}P(A_j)P(B|A_j)}=\frac{0.5\times0.01}{1.8\%}=\frac{5}{18},$$
$$P(A_2|B)=\frac{P(A_2)P(B|A_2)}{P(B)}=\frac{P(A_2)P(B|A_2)}{\sum\limits_{j=1}^{3}P(A_j)P(B|A_j)}=\frac{0.35\times0.02}{1.8\%}=\frac{7}{18},$$
$$P(A_3|B)=\frac{P(A_3)P(B|A_3)}{P(B)}=\frac{P(A_3)P(B|A_3)}{\sum\limits_{j=1}^{3}P(A_j)P(B|A_j)}=\frac{0.15\times0.04}{1.8\%}=\frac{6}{18}.$$

很明显，该件次品来自于乙厂家的可能性最大.

【例 8】 已知某类人群的癌症患病率为 0.6%，现在用某种试验方式对该类人群进行癌症普查，该试验的效果如下：被试验者患癌其试验结果呈阳性的概率为 0.95，被试验者没患癌其试验结果呈阴性的概率为 0.96. 试求某被试验者试验结果呈阳性其确实患癌的概率？

解 设 A="被试验者患癌"，$\overline{A}$="被试验者没患癌"，B="试验结果呈阳性". 由已知

$$P(A)=0.006,\quad P(\overline{A})=0.994,$$
$$P(B|A)=0.95,\quad P(B|\overline{A})=1-0.96=0.04,$$

所以,由贝叶斯公式得

$$P(A|B)=\frac{P(A)P(B|A)}{P(A)P(B|A)+P(\overline{A})P(B|\overline{A})}=\frac{0.006\times0.95}{0.006\times0.95+0.994\times0.04}=12.5\%.$$

本题结论表明,虽然 $P(B|A)=0.95$ 和 $P(\overline{B}|\overline{A})=0.96$ 都比较大,表面上体现该试验方式比较可靠,但将该试验方式在普查情况下用于患癌诊断,由于 $P(A|B)=12.5\%$,即 1000 个被被试验者中大约只有 125 个确实患癌. 如果混淆了 $P(B|A)$和 $P(A|B)$的概念,就有可能造成误诊,引起不良的后果.

3.2.5 事件的独立性

直观地讲,如果两个事件 A 和 B,其中任何一个事件是否发生,都不影响另一个事件发生的可能性,则称两个事件 A 和 B **相互独立**. 比如:甲、乙二人同时向同一目标各射击一次,彼此互不影响. 如果用 A 表示"甲击中",用 B 表示"乙击中",则 A 与 B 是相互独立的. A 发生与否对 B 是否发生并无影响,即 $P(B|A)=P(B)$;同样也有 $P(A|B)=P(A)$.

定义 3.2.3 如果事件 A 的发生不影响事件 B 发生的概率,即

$$P(B|A)=P(B)\quad 或\quad P(A|B)=P(A),$$

则称**事件 A、B 是相互独立**的.

定理 3.2.4 事件 A 与 B 相互独立的充分必要条件是

$$P(AB)=P(A)P(B).$$

证明 略.

推论 若事件 A 与 B 独立,则 A 与$\overline{B}$、$\overline{A}$与 B、$\overline{A}$与$\overline{B}$中的每一对事件都相互独立.

证明 对于事件$\overline{A}$与$\overline{B}$,因为

$$\begin{aligned}P(\overline{A}B)&=P(B)-P(AB)=P(B)-P(A)P(B)\\&=P(B)[1-P(A)]=P(B)P(\overline{A})\end{aligned}$$

所以,由定理 3.2.4 知,$\overline{A}$与 B 相互独立. 同理可证 A 与$\overline{B}$、$\overline{A}$与$\overline{B}$相互独立.

独立性的概念在概率论的理论及应用中都起着非常重要的作用. 但在实际问题中,两事件是否独立,通常不是通过计算来验证,而是根据问题的具体情况,按独立性的实际意义来判定. 比如:张同学投篮是否命中与李同学投篮是否命中显然是相互独立的,无需计算验证.

【例 9】 甲、乙两导弹发射台同时向同一敌机发射一枚导弹,它们击中敌机的概率分别为 0.5 和 0.6. 求敌机被击中的概率.

解 令 A,B 分别表示敌机被甲和乙击中,显然事件 A,B 是相互独立的. 而"敌机被击中"可表示为 $A+B$,则所求概率为

$$\begin{aligned}P(A+B)&=P(A)+P(B)-P(AB)\\&=P(A)+P(B)-P(A)P(B)\\&=0.5+0.6-0.5\times0.6=0.8.\end{aligned}$$

独立性的概念可推广到任意有限多个事件的情形.

定义 3.2.4 如果 $n(n>2)$个事件 $A_1,A_2,\cdots,A_n$ 中任何一个事件发生的概率都不受其他一个或几个事件发生与否的影响,则称 $A_1,A_2,\cdots,A_n$ 相互独立.

例如，三个事件 A,B,C 独立，当且仅当以下四个等式同时成立：

$$P(AB)=P(A)P(B),$$
$$P(AC)=P(A)P(C),$$
$$P(BC)=P(B)P(C),$$
$$P(ABC)=P(A)P(B)P(C).$$

显然，如果 n 个事件 $A_1,A_2,\cdots,A_n$ 相互独立，那么其中任意 k 个（$2\leqslant k\leqslant n$）事件也相互独立，并且把 $A_1,A_2,\cdots,A_n$ 中的任意一个或几个事件换成逆事件后，得到的 n 个事件也相互独立.

一般地，当 n 个事件 $A_1,A_2,\cdots,A_n$ 相互独立时，有下述公式：

$$P(A_1A_2\cdots A_n)=P(A_1)P(A_2)\cdots P(A_n).$$
$$P(A_1+A_2+\cdots+A_n)=1-P(\overline{A_1})P(\overline{A_2})\cdots P(\overline{A_n}).$$

【例 10】 有三个电路开关 a,b,c，它们闭合的概率分别为 0.8，0.9，0.7，则在如下三种连接方式下，求线路接通的概率.（1）串联；（2）并联；（3）混联，如图 3-8 所示.

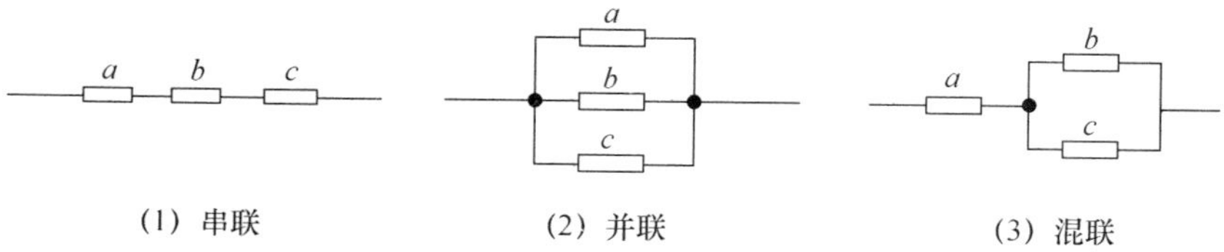

图 3-8

解 设 A,B,C 分别表示电路开关 a,b,c 闭合，显然事件 A,B,C 相互独立，且 $P(A)=0.8,P(B)=0.9,P(C)=0.7$. 若设 $D=\{$线路接通$\}$，则

（1）$P(D)=P(ABC)=P(A)P(B)P(C)=0.8\times0.9\times0.7=0.504$；

（2）$P(D)=P(A+B+C)=1-P(\overline{A})P(\overline{B})P(\overline{C})=1-(1-0.8)\times(1-0.9)\times(1-0.7)=0.994$；

（3）$P(D)=P[A(B+C)]=P(A)P(B+C)=0.8\times[1-(1-0.9)\times(1-0.7)]=0.776$.

如果将电路开关闭合的概率理解为电子元件的可靠性（即电子元件正常工作的概率），那例 10 的求解就是不同连接方式下的系统可靠性，即近代新兴学科——可靠性理论.

【例 11】 某地区人群中，每人血液中含有某种病毒的概率为 0.002. 现随机抽取人群中的 2000 人血液进行混合，求混合后的血液中含有该种病毒的概率.

解 用 A_i 表示“抽到的第 i 人血液中含有该种病毒的事件”（$i=1,2,\cdots,2000$），用 B 表示“混合后血液中含有该种病毒的事件”. 显然 $A_1,A_2,\cdots,A_{2000}$ 相互独立，且 $P(A_i)=0.002$ （$i=1,2,\cdots,2000$），并有 $B=A_1+A_2+\cdots+A_{2000}$. 因此

$$\begin{aligned}P(B)&=P(A_1+A_2+\cdots+A_{2000})\\&=1-P(\overline{A_1})P(\overline{A_2})\cdots P(\overline{A_{2000}})\\&=1-(1-0.002)^{2000}\approx0.982.\end{aligned}$$

从此例可以看出，虽然每个人携带该种病毒的概率很小，但混合后的血样中含有该种病毒的概率却相当大，在实际工作中，这类效应值得引起重视.

3.2.6 贝努里概型

定义 3.2.5 如果将一个试验重复做 n 次，并满足：

(1) 每次试验条件都一样，且可能的结果为有限个；

(2) 各次试验的结果互不影响(即相互独立)，

则称此 n 次重复试验为 **n 次独立试验**. 特别，如果每次试验只有两个结果 A 和$\overline{A}$，且

$$P(A)=p,\quad P(\overline{A})=q=1-p(0<p<1),$$

则称此 n 次重复试验为 **n 次贝努里(Bernoulli)试验**. 贝努里试验的概率模型称为**贝努里概型**，该模型是应用得最广泛的模型之一，因此也是概率论研究得最多的模型之一. 特别是在保险、博彩行业中广泛应用. 在贝努里概型中，主要关心的是 n 次试验中 A 发生 k 次的问题. 一般地，有如下定理.

定理 3.2.5 设一次试验中事件 A 发生的概率为 $p(0<p<1)$，则在 n 次贝努里试验中 A 恰好发生 k 次的概率是

$$P_n(k)=C_n^k p^k q^{n-k}\quad (k=0,1,2,\cdots,n),$$

其中 $q=1-p$. 很明显，上述公式正好是二项式$(q+p)^n$ 展开式中的一般项，所以也叫**二项概率公式**.

【例 12】 某篮球运动员进行 3 次投篮，而该篮球运动员的投篮命中率为 0.6. 试求在 3 次投篮中，恰有 2 次投中的概率.

解 很明显，在短时间内该运动员水平不会产生根本性的变化，即每次投篮命中率都是 0.6，共进行三次. 所以是三次贝努里试验. 由已知，$n=3$，$p=0.6$，故所求概率为

$$P_3(2)=C_3^2 0.6^2(1-0.6)^{3-2}=0.432.$$

【例 13】 某企业仓库中的产品次品率为 0.05. 现从仓库中随机抽取 10 件产品，试求：

(1) 恰有 1 件次品的概率；

(2) 至少有 1 件次品的概率.

解 因为仓库中产品很多，从中只是抽取 10 件，可认为每件产品是次品的概率都是 0.05，所以是 10 次贝努里试验. 由已知 $n=10$，$p=0.05$，并令 A="恰有一件次品"，B="至少有一件次品"，则$\overline{B}$="全是正品". 故所求概率为：

(1) $P(A)=P_{10}(1)=C_{10}^1 0.05^1(1-0.05)^{10-1}=0.315$.

(2) $P(B)=1-P(\overline{B})=1-P_{10}(0)=1-C_{10}^0 0.05^0(1-0.05)^{10}=0.401$.

【例 14】 在人寿保险事业中，假如一个投保人能活到 70 岁的概率为 0.7. 今有 4 个人投保，求：

(1) 全部活到 70 岁的概率；

(2) 恰有 3 个活到 70 岁的概率；

(3) 都活不到 70 岁的概率.

解 4 个人投保，可看作 4 次贝努里试验. 由于 $n=4$，$p=0.7$，$q=1-0.7=0.3$，因此所求概率为

(1) P(全都活到 70 岁)$=P_4(4)=C_4^4\times0.7^4\times0.3^0=0.2401$.

(2) P(恰有 3 人活到 70 岁)$=P_4(3)=C_4^3\times0.7^3\times0.3^1=0.4116$.

(3) P(都活不到 70 岁)$=P_4(0)=C_4^0\times0.7^0\times0.3^4=0.0081$.

习题 3-2

1. 已知 $P(A)=0.2, P(B)=0.45, P(AB)=0.15$. 求 $P(A|B)$. $P(B|A)$. $P(A|\overline{B})$.

2. 掷两个均匀的骰子. 如果已知它们的点数不同，问至少有一个是 6 点的条件概率是多少？

3. 一批产品中有 5% 的次品，而合格品中优等品占 80%. 从这批产品中任取一件，求该产品是优等品的概率.

4. 袋中有 4 个黑球和 6 个白球. 从中随机取出一个，然后放回，并同时加入与抽出的球同色的球 2 个. 再取第 2 个. 求所取两球都是白球的概率.

5. 在空战中，甲机先向乙机开火，击落乙机的概率是 0.2；若乙机未被击落，就进行还击，击落甲机的概率是 0.3；若甲机未被击落，则再进攻乙机，击落乙机的概率是 0.6. 求这几个回合中：(1) 甲机被击落的概率；(2) 乙机被击落的概率.

6. 甲袋中有 5 个白球、5 个黑球；乙袋中有 3 个白球、6 个黑球. 现从甲袋中任取一球放入乙袋中，再从乙袋中随机地抽取一个球，求最后取出的一球是白球的概率.

7. 某射击小组共有 20 名射手，其中一级射手 4 人，二级射手 8 人、三级射手 8 人. 一、二、三级射手能通过选拔进入比赛的概率分别是 0.9、0.7、0.4. 求任选一名射手能通过选拔进入比赛的概率.

8. 已知产品中 96% 是合格品. 现有一种简化的检查方法，它把真正的合格品确认为合格品的概率为 0.98，而把不合格品误认为合格品的概率为 0.05. 求在简化方法检查下，一检验结果为合格品而确实是合格品的概率.

9. 在秋菜运输中，某汽车可能到甲、乙、丙三地去拉菜. 设到此三地拉菜的概率分别为 0.2，0.5，0.3，而在各处拉到一级菜的概率分别为 0.1，0.3，0.7.

(1) 求汽车拉到一级菜的概率；

(2) 已知汽车拉到一级菜，求该车菜是乙地拉来的概率.

10. 三人各自独立地破译同一份密码，他们各自译出的概率分别为 $\frac{2}{5}$，$\frac{1}{3}$，$\frac{1}{4}$. 求密码被译出的概率.

11. 射击时甲的命中率为 p，乙的命中率为 0.7. 现在已知两人各自独立地向同一目标射击一次，恰好一人命中的概率为 0.38. 试求甲的命中率 p.

12. 一工人看管 3 台机床. 在一小时内甲、乙、丙 3 台机床需工人照看的概率分别是 0.9，0.8，0.85. 求在一小时中，恰有 1 台机床需要照看的概率.

13. 某试卷共有 10 道选择题，每题有 4 个备选答案，只有一个选项是正确的，每题 5 分. 某同学全凭猜测，试问：(1) 他恰好猜对 3 道题的概率；(2) 他刚好得到 30 分的概率.

14. 甲、乙两名篮球运动员投篮命中率分别为 0.7，0.6，每人投篮三次. 试求：(1) 甲、乙两人进球数目相等的概率；(2) 甲比乙投中次数多的概率.

3.3 随机变量

3.3.1 随机变量的概念

在随机现象的讨论中，有很大一部分试验的试验结果可直接用数字表示. 例如：在产品抽样检查时，主要关心的是抽到产品中正品（或次品）的件数；掷一枚骰子时，考察出现的点数；电话交换台在一分钟内收到的呼叫次数；灯泡使用寿命的长短；机械零件的测量误差等. 即使有些随机试验的试验结果直接与数字无关，但却可以人为量化. 例如：抛一枚硬币时，若规定“出现正面”为数字 1、“出现反面”为数字 0. 这样也能将试验结果与数字联系起来.

定义 3.3.1 如果随机试验每一个可能结果 e，都唯一地对应着一个实数 $X(e)$，则这个随试验结果不同而变化的量称为**随机变量**. 随机变量通常用 X,Y,Z 等表示,也可用希腊字母 ξ,η,ζ 等表示.

引进随机变量后,就可以用它所体现的等式或不等式来表示随机事件. 如在前面例子——掷骰子试验中,如果用 X 表示掷出的点数,则 X 是随机变量,而 $X=4$ 表示"掷出 4 点",$X\leqslant 3$ 表示"掷出点数 1、2 或 3 点";又如:令 X 表示电话交换台在一分钟内收到的呼叫次数,则 X 是随机变量,而 $X=0$ 表示"一分钟内没有接到呼叫",$X\leqslant 15$ 表示"一分钟内收到用户呼叫次数不超过 15 次".

一般地,随机变量最常见的有两种类型,即离散型随机变量和连续型随机变量.

3.3.2 离散型随机变量

定义 3.3.2 如果随机变量 X 只取有限个或可列个可能值,而且以确定的概率取这些不同的值,则称 X 为**离散型随机变量**.

由定义知,讨论离散型随机变量 X 的统计规律,只需讨论 X 的可能取值以及每一取值对应的概率.

设离散型随机变量 X 的可能取值为 $\{x_1,x_2,\cdots,x_k,\cdots\}$,且它取这些值的概率依次为

$$P(X=x_k)=p_k \quad (k=1,2,\cdots),$$

则这一列数称为 X 的**概率分布**,简称**分布**. 为直观起见,常将随机变量 X 的概率分布写成如下表格形式,并称之为随机变量 X 的**分布列**:

X	x_1	x_2	$\cdots$	$x_k\cdots$
P	p_1	p_2	$\cdots$	$p_k\cdots$

由概率的性质知,p_k 具有如下性质:

(1) $p_k\geqslant 0,(k=1,2,3,\cdots)$;

(2) $\sum\limits_k p_k=1$.

【例 1】 某射击运动员有四发子弹进行射击,击中目标即停止射击或直至子弹射击完毕. 已知该运动员每次击中目标的概率为 0.85. 求:(1) 运动员射击子弹数 X 的分布列;(2) $P(X\leqslant 2),P(1<X\leqslant 3)$.

解 X 的可能取值是 $\{1,2,3,4\}$,且令 $A=$击中目标,则 $P(A)=0.85$,所以

$P(X=1)=P(A)=0.85$,

$P(X=2)=P(\overline{A}A)=(1-0.85)\times 0.85=0.1275$,

$P(X=3)=P(\overline{A}\,\overline{A}A)=(1-0.85)^2\times 0.85=0.019\,125$,

$$\begin{aligned}P(X=4)&=P(\overline{A}\,\overline{A}\,\overline{A}A)+P(\overline{A}\,\overline{A}\,\overline{A}\,\overline{A})\\&=(1-0.85)^3\times 0.85+(1-0.85)^4=0.003\,375,\end{aligned}$$

则

(1) X 的分布列为

X	1	2	3	4
P	0.85	0.1275	0.019 125	0.003 375

（2）$P(X\leqslant 2)=P(X=1)+P(X=2)=0.85+0.1275=0.9775$；

$P(1<X\leqslant 3)=P(X=2)+P(X=3)=0.1275+0.019\,125=0.146\,625$.

【例 2】 从六个数 1,2,3,4,5,6 中随机抽取三个数 x_1,x_2,x_3. 试求随机变量 $X=\max(x_1,x_2,x_3)$ 的分布列以及 $P(X<5)$.

解 因为 X 的所有可能取值为{3,4,5,6}，且

$$P(X=3)=\frac{C_3^3}{C_6^3}=\frac{1}{20},\quad P(X=4)=\frac{C_3^2}{C_6^3}=\frac{3}{20},$$

$$P(X=5)=\frac{C_4^2}{C_6^3}=\frac{6}{20},\quad P(X=6)=\frac{C_5^2}{C_6^3}=\frac{10}{20},$$

所以，X 的分布列为

X	3	4	5	6
P	0.05	0.15	0.30	0.50

且 $P(X<5)=P(X=3)+P(X=4)=0.05+0.15=0.20$

由上述例子可以看出，只要知道了离散型随机变量的分布列，就掌握了离散型随机变量的整个分布规律.

下面介绍几种常见的离散型随机变量的概率分布.

（1）两点分布

定义 3.3.3 如果随机变量 X 的概率分布为

X	0	1
P	$1-p$	p

其中 $(0<p<1)$，则称随机变量 X 服从**两点分布**，记作 $X\sim(0\text{-}1)$.

在实践中，服从两点分布的随机变量是很多的. 例如，产品的“合格”与“不合格”；一次考试的“及格”与“不及格”；射击一次的“中靶”与“脱靶”等. 总之，任何一个只有两种可能结果的随机现象都可以将它数量化，变为两点分布.

【例 3】 某单项选择题有四个备选答案. 张同学全凭猜测，现定义随机变量如下：

$$X=\begin{cases}1, & \text{猜测正确},\\ 0, & \text{猜测错误}.\end{cases}$$

则有 $P(X=1)=0.25$，　$P(X=0)=0.75$，即随机变量 X 服从两点分布.

（2）二项分布.

定义 3.3.4 如果随机变量 X 的概率分布为

$$P(X=k)=C_n^k p^k q^{n-k}\quad (k=0,1,2,\cdots,n),$$

其中 $0<p<1,q=1-p$，则称 X 服从参数为 n,p 的**二项分布**，记作 $X\sim B(n,p)$.

很明显，$P(X=k)=C_n^k p^k q^{n-k}\geqslant 0,(k=0,1,2,\cdots,n)$. 又由二项式定理知

$$\sum_{k=0}^{n} p_k=\sum_{k=0}^{n} C_n^k p^k q^{n-k}=(p+q)^n=1.$$

因此，它满足概率分布的两条性质. 由于 $C_n^k p^k q^{n-k}$ 恰是 $(p+q)^n$ 二项展开式的通项，所以称其为二项分布. 二项分布的实际背景就是 n 次贝努里概型. 当 $n=1$ 时，二项分布就成为两点分布.

【例4】 设袋中有3只红球,1只白球.有放回地摸4只球,试求摸到的白球数 X 的概率分布.

解 由于是有放回地摸球,因此可以看成4次贝努里概型,即 $n=4$.而每次摸到白球的概率是 $p=\frac{1}{4}$,所以 $X\sim B\left(4,\frac{1}{4}\right)$,于是,得

$$P(X=k)=C_4^k\left(\frac{1}{4}\right)^k\left(\frac{3}{4}\right)^{4-k}\quad(k=0,1,2,3,4).$$

分布列可表示为

X	0	1	2	3	4
P	$\frac{81}{256}$	$\frac{108}{256}$	$\frac{54}{256}$	$\frac{12}{256}$	$\frac{1}{256}$

(3) 泊松分布

定义 3.3.5 如果随机变量 X 的概率分布为

$$P(X=k)=\frac{\lambda^k}{k!}e^{-\lambda}\quad(k=0,1,2,\cdots;\ \lambda>0),$$

则称 X 服从参数为 λ 的**泊松分布**,记作 $X\sim\pi(\lambda)$.

泊松分布是概率论中相当重要的分布之一,实际生活中,服从泊松分布的随机现象很多.例如,电话总机呼入的电话数、交通路口的车辆流量、公交车站到达的乘客数、排队窗口的排队人数、一页书上出现的瑕疵数等,都服从泊松分布.

【例5】 设某车站在11:00～12:00的时间段内到站的车辆数 X 服从参数为4的泊松分布.分别求在该时间段内到站车辆数为3辆的概率和超过4辆的概率.

解 因为随机变量到站车辆数 X 服从参数为 $\lambda=4$ 的泊松分布,所以,

$$P(X=k)=\frac{4^k}{k!}e^{-4}\quad(k=0,1,2,\cdots)$$

则该时间段内到站车辆数为3辆的概率为

$$P(X=3)=\frac{4^3}{3!}e^{-4}=\frac{32}{3e^4}=0.1954,$$

而该时间段内到站车辆数超过4辆的概率为

$$P(X\geqslant 5)=\sum_{k=6}^{\infty}\frac{4^k}{k!}e^{-4}=0.3712,$$

实际应用中为了方便,将泊松分布的某些参数值 λ 所对应的概率列成专门的表(见附表一),叫作泊松分布表,可供计算时查用.

泊松分布与二项分布之间是否存在关系呢?下面的定理可以回答这个问题:

定理 3.3.1(泊松定理) 设 $\lim\limits_{n\to\infty}np_n=\lambda$,则

$$\lim_{n\to\infty}C_n^k p_n^k(1-p_n)^{n-k}=\frac{\lambda^k}{k!}e^{-k}\quad(k\text{ 为非负整数}).$$

证明 略

该定理表明,泊松分布是二项分布当 $n\to\infty$ 时的极限分布.可以证明:当 n 很大,p 很小,且 $np<5$ 时,有以下近似公式:

$$P_n(k)=C_n^k p^k(1-p)^{n-k}\approx\frac{\lambda^k}{k!}e^{-\lambda}\quad(\lambda=np>0).$$

【例 6】 设有同类型仪器若干台，各仪器的工作相互独立，且发生故障的概率为 0.01. 通常一台仪器的故障可由 1 个人来排除.（1）若由 3 个人共同负责维修 80 台仪器，求仪器发生故障又不能及时排除的概率；（2）若由 1 个人包干 20 台仪器，求仪器发生故障又不能及时排除的概率.

解 （1）设 X 表示“80 台仪器在同一时刻发生故障的台数”，则 $X\sim B(80,0.01)$. 问题是计算 $p(X\geqslant 4)$. 由于 $n=80$ 很大，$p=0.01$ 很小，且 $\lambda=np=80\times 0.01=0.8$，可用泊松定理近似计算. 所以，有

$$p(X\geqslant 4)=\sum_{k=4}^{80}C_{80}^{k}0.01^{k}0.99^{80-k}\approx\sum_{k=4}^{\infty}\frac{0.8^{k}}{k!}e^{-0.8}\approx 0.009\,08.$$

（2）设 Y 表示 20 台仪器在同一时刻发生故障的台数，则 $Y\sim B(20,0.01)$. 问题是计算 $p(Y\geqslant 2)$，此时 $\lambda=np=20\times 0.01=0.2$，同理有

$$p(Y\geqslant 2)=\sum_{k=2}^{20}C_{20}^{k}0.01^{k}0.99^{20-k}\approx\sum_{k=2}^{\infty}\frac{0.2^{k}}{k!}e^{-0.2}\approx 0.017\,523,$$

其中最后结果，由查泊松分布表得到.

计算结果表明前者任务重些(前者每人平均 27 台，后者每人 20 台)，但工作的质量不仅没有降低，相反还提高了，因此，共同负责的方式比个人包干的方式更好，效率更高.

3.3.3 连续型随机变量

连续型随机变量 X 可以取某一区间内所有的值，这时考察 X 取某个值的概率. 意义不大，而是考察 X 在此区间上的某个子区间取值的概率. 例如：在公共汽车站候车，候车时间就是连续型随机变量，乘客关心的不是“正好候车几分钟”，而是“候车时间不超过几分钟”；在电子产品的使用寿命，人们并不要求“使用寿命刚好多少小时”，而是要求“使用寿命要达到多少小时”或者要求“使用寿命在什么范围之间”. 于是，所讨论的问题就成了 $P(a\leqslant X\leqslant b)$ 的问题.

定义 3.3.6 对于随机变量 X，如果存在一个非负可积函数 $p(x)(-\infty<x<+\infty)$，使得对于任意实数 a、$b(a<b)$，都有

$$p(a<X<b)=\int_{a}^{b}p(x)\mathrm{d}x,$$

则称 X 为**连续型随机变量**，$p(x)$称为 X 的**概率密度函数**，简称**概率密度**或**密度**.

由定义知，连续型随机变量 X 的概率密度函数 $p(x)$满足下列两条基本性质：

（1）$p(x)\geqslant 0$；

（2）$\int_{-\infty}^{+\infty}p(x)\mathrm{d}x=1$.

这里应该注意两个问题：

（1）连续型随机变量 X 取区间内任一定值的概率为零，即 $P(X=c)=0$；

（2）连续型随机变量 X 在任一区间上取值的概率与是否含有区间端点无关，即

$$P(a<X<b)=P(a\leqslant X<b)=P(a<X\leqslant b)=P(a\leqslant X\leqslant b).$$

密度函数 $y=p(x)$的图像称为**密度曲线**. 由定积分的几何意义知，连续型随机变量 X 在区间(a,b)内取值的概率等于由曲线 $y=p(x)$及 $x=a$，$x=b$，$y=0$ 围成的曲边梯形的面积(图 3-8).

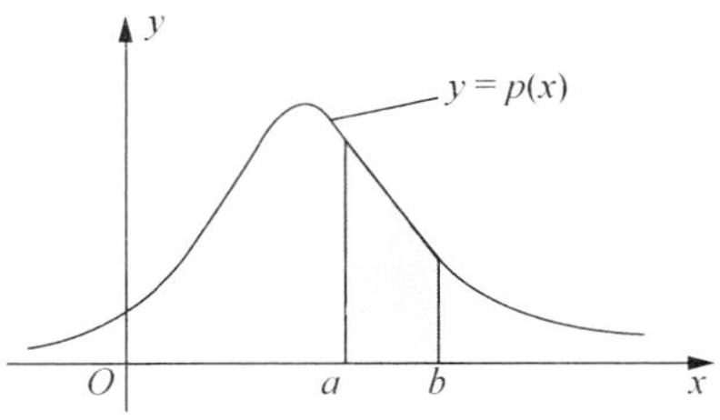

图　3-8

类似于离散型随机变量分布列的作用，如果知道了连续型随机变量 X 的概率密度 $p(x)$，也就知道了连续型随机变量的统计规律性，则 X 落在某区间 (a,b) 的概率都可以通过定积分 $\int_a^b p(x)\mathrm{d}x$ 加以求解.

【例 7】 已知连续型随机变量 X 的概率密度为

$p(x)=\dfrac{c}{1+x^2}\quad(-\infty<x<\infty)$，求常数 c，并计算 $P(X\leqslant -1)$，$P(X>\sqrt{3})$.

解　由 $\int_{-\infty}^{+\infty} p(x)\mathrm{d}x=\int_{-\infty}^{\infty}\dfrac{c}{1+x^2}\mathrm{d}x=c\cdot\arctan x\Big|_{-\infty}^{\infty}=\pi c=1$

得 $c=\dfrac{1}{\pi}$. 所以概率密度为　　$p(x)=\dfrac{1}{\pi}\dfrac{1}{1+x^2}\quad(-\infty<x<\infty)$.

于是

$$P(X\leqslant -1)=\int_{-\infty}^{-1}\frac{1}{\pi}\frac{1}{1+x^2}\mathrm{d}x=\frac{1}{\pi}\arctan x\Big|_{-\infty}^{-1}=\frac{1}{\pi}\frac{\pi}{4}=0.25;$$

$$P(X>\sqrt{3})=\int_{\sqrt{3}}^{\infty}\frac{1}{\pi}\frac{1}{1+x^2}\mathrm{d}x=\frac{1}{\pi}\arctan x\Big|_{\sqrt{3}}^{\infty}=\frac{1}{\pi}\frac{\pi}{6}=\frac{1}{6}.$$

下面介绍几种常见的连续型随机变量的概率分布.

1. 均匀分布

定义 3.3.7　如果随机变量 X 的概率密度为

$$p(x)=\begin{cases}\dfrac{1}{b-a} & (a\leqslant x\leqslant b,a<b),\\ 0, & \text{其他},\end{cases}$$

则称 X 服从区间 $[a,b]$ 上的**均匀分布**，记为 $X\sim U[a,b]$.

显然满足概率密度的两条性质

(1) $p(x)\geqslant 0$；

(2) $\int_{-\infty}^{+\infty}p(x)\mathrm{d}x=\int_a^b\dfrac{1}{b-a}\mathrm{d}x=1$.

如果 $[c,d]\subset[a,b]$，则 X 在 $[c,d]$ 上取值的概率为

$$P(c<X<d)=\int_c^d p(x)\mathrm{d}x=\int_c^d\frac{1}{b-a}\mathrm{d}x=\frac{d-c}{b-a}.$$

上式表明，X 落在 $[a,b]$ 中任一子区间的概率（图 3-9 中阴影部分）与该子区间的具体位置无关，而与该子区间的长度成正比. 这就是说，X 在区间 $[a,b]$ 上取值是均匀的.

均匀分布在实际问题中常常遇到. 例如，在数值计算中，由于四舍五入，小数点后第一位小数所引起的误差 X，一般可看作一个在 $[-0.5,+0.5]$ 上服从均匀分布的随机变量.

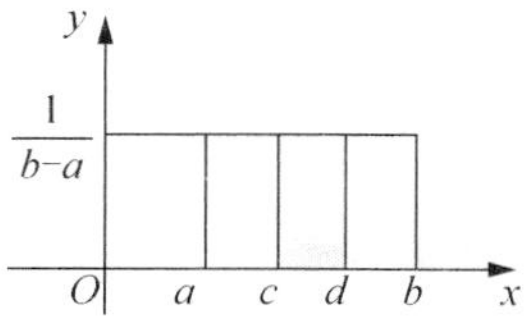

图 3-9

【例 8】 某公共汽车站每隔 20 min 有一辆公共汽车通过. 现有一乘客随机到达该车站候车. 求：

(1) 该乘客候车时间 X(单位：min)的概率密度；

(2) 该乘客候车时间不超过 6 min 的概率.

解 (1) 依题意可知 X 服从区间$[0,20]$上的均匀分布，则 X 的概率密度为

$$p(x)=\begin{cases}\dfrac{1}{20}, & 0\leqslant x\leqslant 20,\\ 0, & \text{其他}.\end{cases}$$

(2) $P(0\leqslant X\leqslant 6)=\int_0^6 \frac{1}{20}\mathrm{d}x=0.3.$

2. 指数分布

定义 3.3.8 如果随机变量 X 的概率密度为

$$p(x)=\begin{cases}\lambda \mathrm{e}^{-\lambda x} & (x\geqslant 0,\lambda>0),\\ 0, & (x<0),\end{cases}$$

则称 X 服从参数为 λ 的**指数分布**，记为 $X\sim E(\lambda)$.

显然满足概率密度的两条性质：

(1) $p(x)\geqslant 0$；

(2) $\int_{-\infty}^{+\infty} p(x)\mathrm{d}x=\int_0^{+\infty}\lambda \mathrm{e}^{-\lambda x}\mathrm{d}x=-\mathrm{e}^{-\lambda x}\Big|_0^{+\infty}=1.$

指数分布概率密度函数的图像如图 3-10. 指数分布也有广泛的实用背景，如电子元件的寿命、电话的通话时间、随机服务系统的排队时间等，都近似地服从指数分布.

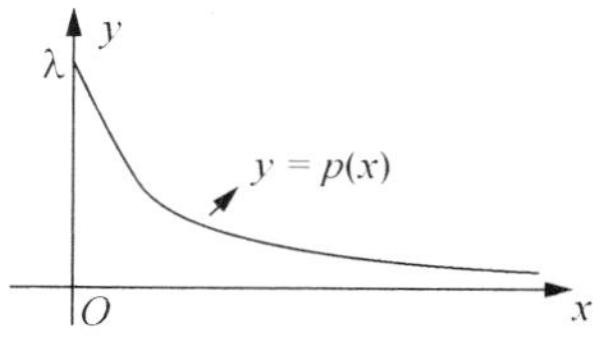

图 3-10

【例 9】 某学校学生在学校 ATM 机前排队取钱的等候时间 T(单位：min)服从参数为 0.1 的指数分布. 试求该校李同学某次取款等待时间在 5～10 min 分钟的概率.

解 据题意，等候时间 T 的概率密度函数为

$$p(t)=\begin{cases}0.1\mathrm{e}^{-0.1t} & (t>0),\\ 0 & (t\leqslant 0).\end{cases}$$

故所求概率是

$$P(5<T<10)=\int_5^{10}0.1\mathrm{e}^{-0.1t}\mathrm{d}t=-\mathrm{e}^{-0.1t}\Big|_5^{10}=\mathrm{e}^{-0.5}-\mathrm{e}^{-1}.$$

(3) 正态分布.

定义 3.3.9 如果随机变量 X 的概率密度为

$$p(x)=\frac{1}{\sqrt{2\pi}\sigma}\mathrm{e}^{-\frac{1}{2\sigma^2}(x-\mu)^2}\quad(-\infty<x<+\infty,\sigma>0),$$

则称 X 服从参数为 μ,σ^2 的**正态分布**，记作 $X\sim N(\mu,\sigma^2)$.

正态分布在概率统计中占有特殊重要的地位. 现实中，许多随机变量都服从正态分布或近似服从正态分布. 如稳定生产条件下的产品质量指标，学生考试的分数，成年人的身高、体重以及通信中的噪声电流或电压等都服从正态分布.

正态分布概率密度函数 $y=p(x)$的图像如图 3-11 所示. 曲线呈对称钟型，在 $x=\mu$ 点处取得最大值，相对于直线 $x=\mu$ 对称；在 $x=\mu\pm\sigma$ 对应的点处有两个拐点；当 $x\to\infty$时，曲线

以 x 轴为其渐近线.

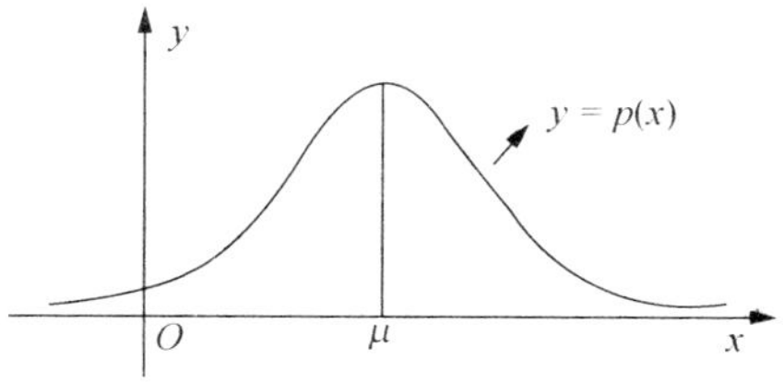

图 3-11

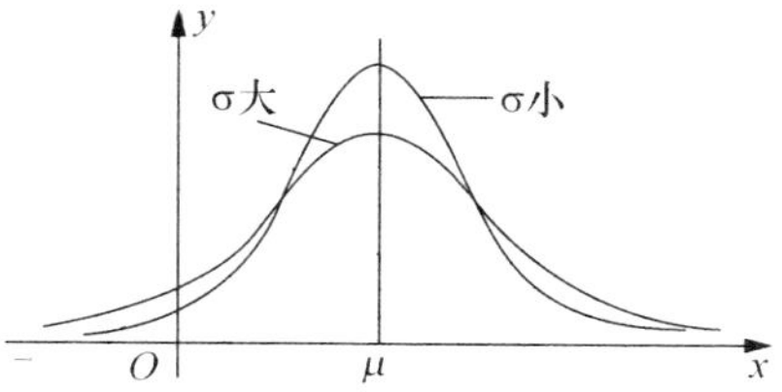

图 3-12

正态分布曲线由其参数 μ,σ^2 唯一确定. μ 的改变,引起曲线的对称轴 $x=\mu$ 作平行移动;σ^2 的改变,影响密度曲线 $y=p(x)$ 的陡峭平坦,当 σ^2 大时,曲线平坦,而当 σ^2 小时,曲线陡峭(见图 3-12).

特别地,在正态分布中,当 $\mu=0,\sigma^2=1$ 时,称 X 服从**标准正态分布**,记作 $X\sim N(0,1)$. 标准正态分布的概率密度函数用 $\varphi(x)$ 表示,即

$$\varphi(x)=\frac{1}{\sqrt{2\pi}}e^{-\frac{x^2}{2}}\quad(-\infty<x<+\infty).$$

如果 $X\sim N(0,1)$,则 X 落在区间 $(-\infty,x)$ 内的概率(图 3-13 中的阴影部分)为

$$P(X<x)=\int_{-\infty}^{x}\varphi(t)\mathrm{d}t=\int_{-\infty}^{x}\frac{1}{\sqrt{2\pi}}e^{-\frac{t^2}{2}}\mathrm{d}t.$$

它是 x 的函数,通常记作 $\Phi(x)$,即

$$\Phi(x)=\int_{-\infty}^{x}\frac{1}{\sqrt{2\pi}}e^{-\frac{t^2}{2}}\mathrm{d}t.$$

对非负的 x 值,可直接从 $\Phi(x)$ 函数值表(称为标准正态分布表)(见附表二)中查得;对于负的 x 值,可根据标准正态分布概率密度曲线的对称性(图 3-14)知

$$\Phi(x)=1-\Phi(-x),$$

从而查表即可得. 由上可得,当 $X\sim N(0,1)$,有

$$\begin{aligned}P(a\leqslant X\leqslant b)&=\int_a^b\varphi(x)\mathrm{d}x\\&=\int_{-\infty}^{b}\varphi(x)\mathrm{d}x-\int_{-\infty}^{a}\varphi(x)\mathrm{d}x=\Phi(b)-\Phi(a).\end{aligned}$$

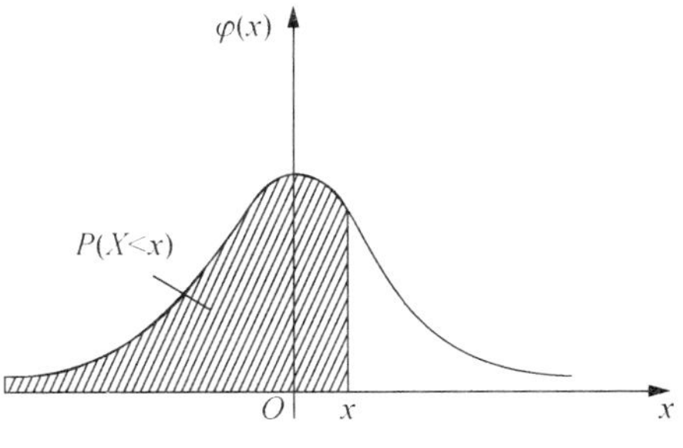

图 3-13

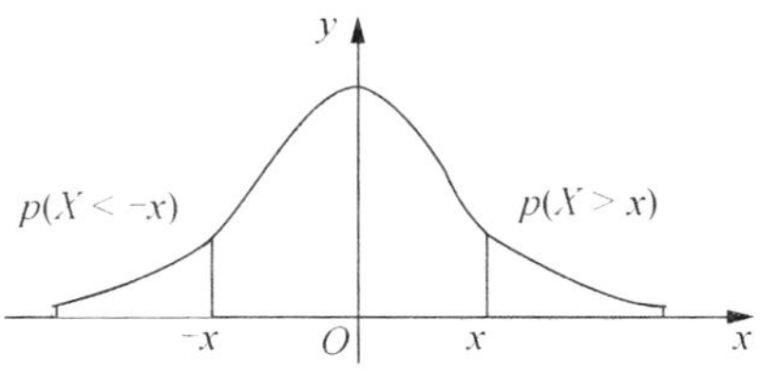

图 3-14

【例 10】 已知 $X\sim N(0,1)$. 求 $P(1<X<2.5)$, $P(X<-1.5)$.

解 查表得 $P(1<X<2.5)=\Phi(2.5)-\Phi(1)=0.9938-0.8413=0.1525$.

$$P(X<-1.5)=\Phi(-1.5)=1-\Phi(1.5)=1-0.9332=0.0668.$$

对于一般正态分布 $X\sim N(\mu,\sigma^2)$，通过变量代换

$$Y=\frac{X-\mu}{\sigma},$$

可化为标准正态分布，即 $Y\sim N(0,1)$，从而也可通过查标准正态分布表求概率值.

另有结论如下：若 $X\sim N(\mu,\sigma^2)$，则

$$P(a\leqslant X\leqslant b)=\Phi\left(\frac{b-\mu}{\sigma}\right)-\Phi\left(\frac{a-\mu}{\sigma}\right).$$

【例 11】 已知某人在发车前 1 h 乘坐出租车到火车站赶火车. 已知乘车地点到火车站有两条路线，相应的乘车时间(分钟)服从 $N(40,1600)$ 和 $N(50,100)$. 若只考虑时间因素，问应该选取哪条路线才能使赶上火车的概率更大?

解 令 X 表示“走路线一所花时间”，则 $X\sim N(40,1600)$；Y 表示“走路线二所花时间”，则 $Y\sim N(50,100)$. 能赶上火车就是所花时间不超过 60 min，故路线一能赶上火车的概率

$$P(X\leqslant 60)=\Phi\left(\frac{60-40}{40}\right)=\Phi(0.5)=0.6915;$$

路线二能赶上火车的概率

$$P(Y\leqslant 60)=\Phi\left(\frac{60-50}{10}\right)=\Phi(1)=0.8413.$$

因此应该选择走第二条路线，赶上火车的概率更大.

思考 如果只有 50 分钟可用呢?

【例 12】 设 $X\sim N(\mu,\sigma^2)$. 求 $P(\mu-\sigma<X<\mu+\sigma)$.

解 查表得

$$\begin{aligned}P(\mu-\sigma<X<\mu+\sigma)&=\Phi\left(\frac{\mu+\sigma-\mu}{\sigma}\right)-\Phi\left(\frac{\mu-\sigma-\mu}{\sigma}\right)\\&=\Phi(1)-\Phi(-1)=2\Phi(1)-1=2\times 0.8413-1=0.6826.\end{aligned}$$

类似地，可以求得

$$P(\mu-2\sigma<X<\mu+2\sigma)=2\Phi(2)-1=0.9544,$$
$$P(\mu-3\sigma<X<\mu+3\sigma)=2\Phi(3)-1=0.9973.$$

上述两式表明，在正态分布中，能以 95.44% 的概率保证 X 与 μ 的绝对偏差不超过 2σ，以 99.73% 的概率保证这一偏差不超过 3σ. 由于这两个概率已“足够大”，在一般实际应用中，往往据此认为 $(\mu-2\sigma,\mu+2\sigma)$ 是 X 观察值的基本取值范围，而认为 X 的观察值落在 $(\mu-3\sigma,\mu+3\sigma)$ 之外的情况实际上不会发生，这一事实就是所谓的“三倍均方差原理”. 也叫 3σ 规则. 在企业管理中，经常应用这个规则进行质量检验和工艺过程控制.

习题 3-3

1. 设随机变量 X 服从下列概率分布，试确定常数 c：

(1) $P((X=k)=\frac{c}{n}(k=1,2,\cdots,n)$；

(2) $P(X=k)=c2^k(k=0,1,2,3)$.

2. 从六个数 1、2、3、4、5、6 中任取三个，设为 x_1,x_2,x_3. 试求随机变量 $X=\min(x_1,x_2,x_3)$ 的分布列以及 $P(X\geqslant 3)$.

3. 一批晶体管中有 10% 是次品. 现从中抽取 10 个，试求这 10 个中含有次品数 X 的分布列和正品数 Y 的分布列，并求次品数不少于 2 个的概率.

4. 设乒乓球比赛中,实力较强的队员每局获胜的概率为0.6.现在比赛规则由三局两胜制改为五局三胜制,问修改后的规则对实力较强的队员是否有利?

5. 汽车需要通过4个装有红、绿信号灯的路口,才能到达目的地.设汽车在遇到绿灯时的概率为0.6,遇到红灯时的概率为0.4.求首次停下或到达目的地时已通过绿灯数 X 的概率分布.

6. 设随机变量 X 服从泊松分布.已知 $P(X=1)=2P(X=2)$,试求 $P(X=3)$.

7. 确定下列函数中的常数 k,使之成为随机变量 X 的概率密度,并求相应的概率.

(1)已知 $p(x)=\begin{cases} k\mathrm{e}^{-2x}, & x>0, \\ 0, & x\leqslant 0. \end{cases}$

求 $P(X\geqslant 0.5)$;

(2)已知 $p(x)=\begin{cases} kx(1-x), & 0\leqslant x\leqslant 1, \\ 0, & \text{其他}. \end{cases}$

求 $P\left(-1<X\leqslant \frac{1}{3}\right)$.

8. 设随机变量 X 服从区间 $(-3,3)$ 上的均匀分布.求方程 $x^2+2Xx+4=0$ 没有实根的概率.

9. 某品牌电脑使用的年数服从参数 $\lambda=0.125$ 的指数分布.如果某办公室配置了三台这样的电脑,问使用8年后还有电脑能使用的概率.

10. 若 $X\sim N(0,1)$,查表求:(1) $P(X<1)$;(2) $P(X\geqslant 1)$;(3) $P(1\leqslant X\leqslant 2)$;(4) $P(X<-1)$;(5) $P(|X|<1)$;(6) $P(|X|>2)$.

11. 若 $X\sim N(3,3^2)$,试求:(1) $P(2\leqslant X\leqslant 5)$;(2) $P(X>0)$;(3) $P(|X-3|>6)$.

12. 某城市大学男生的身高 X(单位:cm)服从 $N(170,10^2)$,现从该城市大学男生中随机抽选一名测量身高.试求:该男生(1)身高超过180 cm的概率?(2)身高介于165~175 cm的概率.

3.4 随机变量的数字特征

由前面的讨论可知,随机变量 X 的分布列或概率密度能完整地描述 X 的统计规律性,但在许多实际问题中,要求出随机变量 X 的分布列或概率密度却有一定的难度.而在实际应用中只需要知道 X 的某些方面的特征就可.例如,学生学习成绩评估的主要内容是平均成绩和成绩波动的大小,通常平均成绩高且成绩波动小的班集体,学习成绩比较整齐,班上的学习风气就要好些.在这里,平均成绩和成绩波动虽然不能完整地表现全班成绩的统计规律性,却反映了全班成绩的某些重要特征.下面分别以离散型随机变量与连续性随机变量来讨论随机变量的数学期望和方差.

3.4.1 离散型随机变量的数学期望

先看下面的实例:

【例1】 有10个同学参加数学竞赛,成绩 X 资料如下表.试求这次竞赛的平均成绩.

成绩 X/分	60	70	80	90
学生数 f_i/个	4	3	2	1
频率 $\frac{f_i}{\sum f}$	0.4	0.3	0.2	0.1

解 将平均成绩记作 $E(X)$,则

$$E(X)=\frac{60\times 4+70\times 3+80\times 2+90\times 1}{10}$$

$$= 60 \times 0.4 + 70 \times 0.3 + 80 \times 0.2 + 90 \times 0.1 = 70.$$

由于频率是概率的近似表现，所以从上述计算形式中，可得如下求离散型随机变量平均数的公式 $E(X) = \sum_{k=1}^{n} x_k p_k$.

一般地，定义如下：

定义 3.4.1 设离散型随机变量 X 的概率分布为

$$P(X=x_k)=p_k \quad (k=1,2,3,\cdots).$$

如果级数

$$\sum_{k=1}^{\infty} x_k p_k = x_1 p_1 + x_2 p_2 + \cdots + x_k p_k + \cdots$$

绝对收敛，则称这级数为 X 的**数学期望**（或**均值**），简称**期望**，记作 $E(X)$，即

$$E(X) = \sum_{k=1}^{\infty} x_k p_k.$$

显然当 X 取有限个（比如 n 个）值时，有 $E(X)=\sum_{k=1}^{n} x_k p_k$.

【例 2】 掷一枚均匀的骰子，用 X 表示掷出的点数. 求 $E(X)$.

解 容易得出 X 的分布列为

X	1	2	3	4	5	6
P	$\frac{1}{6}$	$\frac{1}{6}$	$\frac{1}{6}$	$\frac{1}{6}$	$\frac{1}{6}$	$\frac{1}{6}$

根据公式 $E(X) = \sum_{k=1}^{n} x_k p_k$，得

$$E(X) = 1 \times \frac{1}{6} + 2 \times \frac{1}{6} + 3 \times \frac{1}{6} + 4 \times \frac{1}{6} + 5 \times \frac{1}{6} + 6 \times \frac{1}{6} = \frac{7}{2}.$$

【例 3】 甲、乙两射击运动员进行打靶，击中环数分别记为随机变量 X 与 Y，它们的分布列如下. 试评定两名运动员水平的高低.

X	7	8	9	10
P	0.2	0.3	0.4	0.1
Y	7	8	9	10
P	0.3	0.5	0.1	0.1

解 运动员水平的高低，可以由其击中环数的数学期望来判定，因为

$$E(X) = 7 \times 0.2 + 8 \times 0.3 + 9 \times 0.4 + 10 \times 0.1 = 8.4,$$

$$E(Y) = 7 \times 0.3 + 8 \times 0.5 + 9 \times 0.1 + 10 \times 0.1 = 8.0,$$

所以 $E(X)>E(Y)$，即甲射击运动员的水平比乙运动员要高.

下面利用定义解决常见离散型随机变量的期望：

(1) 两点分布.

设 $X \sim (0\text{-}1)$，即 X 的概率分布为

X	0	1
P	$1-p$	p

其中 $(0<p<1)$，根据公式 $E(X)=\sum_{k=1}^{n}x_kp_k$，得

$$E(X)=0\times(1-p)+1\times p=p.$$

(2) 二项分布.

设 $X\sim B(n,p)$，即 X 的概率分布为

$$P(X=k)=C_n^kp^kq^{n-k}\quad(k=0,1,2,\cdots,n),$$

其中 $p+q=1$. 根据公式 $E(X)=\sum_{k=1}^{n}x_kp_k$ 及二项式定理，得

$$\begin{aligned}E(X)&=\sum_{k=0}^{n}kP(X=k)=\sum_{k=0}^{n}kC_n^kp^kq^{n-k}=\sum_{k=1}^{n}\frac{k\cdot n!}{k!(n-k)!}p^kq^{n-k}\\&=\sum_{k=1}^{n}\frac{np\cdot(n-1)!}{(k-1)![(n-1)-(k-1)]!}p^{k-1}q^{(n-1)-(k-1)}\\&\xlongequal{\text{令 } r=k-1}np\sum_{r=0}^{n-1}\frac{(n-1)!}{r![(n-1)-r!]}p^rq^{(n-1)-r}\\&=np(p+q)^{n-1}=np.\end{aligned}$$

(3) 泊松分布.

设 $X\sim\pi(\lambda)$，即 X 的概率分布为

$$P(X=k)=\frac{\lambda^k}{k!}e^{-\lambda}\quad(k=0,1,2,\cdots;\quad\lambda>0),$$

其期望 $E(X)=\lambda$.

证明 略

【例 4】 在一本几百页的书中，只有 74%的页数没有一个印刷错误. 如果假定每页的印刷错误数 X 是服从泊松分布的随机变量，求每页的平均印刷错误数.

解 设 λ 为泊松分布的待定参数，则 X 的分布列为

$$P(X=k)=\frac{\lambda^k}{k!}e^{-\lambda}\quad(k=0,1,2,\cdots).$$

问题即变为求 $E(X)=\lambda$. 依题意，一页上不出现印刷错误的概率为 0.74. 而一页上不出现印刷错误就是指印刷错误的个数为 0，故有

$$P(X=0)=\frac{\lambda^0e^{-\lambda}}{0!}=e^{-\lambda}=0.74.$$

于是

$$\lambda=-\ln0.74\approx0.3,$$

即

$$E(X)=\lambda\approx0.3.$$

这就是说，每页平均的印刷错误数大约为 0.3 个.

3.4.2 连续型随机变量的数学期望

定义 3.4.2 设连续型随机变量 X 的概率密度为 $p(x)(-\infty<x<+\infty)$. 如果广义积

分 $\int_{-\infty}^{+\infty} xp(x)\mathrm{d}x$ 绝对收敛，则称积分 $\int_{-\infty}^{+\infty} xp(x)\mathrm{d}x$ 为 X 的**数学期望**（或**均值**），简称**期望**，记作 $E(X)$，即

$$E(X)=\int_{-\infty}^{+\infty} xp(x)\mathrm{d}x.$$

【例 5】 设随机变量 X 的概率密度为

$$p(x)=\begin{cases} ax(1-x), & 0<x<1, \\ 0, & \text{其他}. \end{cases}$$

求常数 a 的值以及 X 的数学期望.

解 因为

$$\int_{-\infty}^{\infty} p(x)\mathrm{d}x=\int_0^1 ax(1-x)\mathrm{d}x=a\left(\frac{1}{2}x^2-\frac{1}{3}x^3\right)\Big|_0^1=\frac{1}{6}a=1$$

所以 $a=6$，则数学期望

$$E(X)=\int_{-\infty}^{+\infty} xp(x)\mathrm{d}x=\int_0^1 x6x(1-x)\mathrm{d}x=6\left(\frac{1}{3}x^3-\frac{1}{4}x^4\right)\Big|_0^1=\frac{1}{2}.$$

下面利用定义解决常见连续型随机变量的期望.

(1) 均匀分布.

设 $X\sim U[a,b]$，即 X 的概率密度为

$$p(x)=\begin{cases} \dfrac{1}{b-a}, & a\leqslant x\leqslant b, \\ 0, & \text{其他}. \end{cases}$$

根据 $E(X)=\int_{-\infty}^{+\infty} xp(x)\mathrm{d}x$，得

$$\begin{aligned} E(X)&=\int_{-\infty}^{+\infty} xp(x)\mathrm{d}x=\int_a^b \frac{x}{b-a}\mathrm{d}x \\ &=\frac{1}{b-a}\frac{x^2}{2}\Big|_a^b=\frac{1}{2}\cdot\frac{b^2-a^2}{b-a}=\frac{1}{2}(b+a). \end{aligned}$$

(2) 指数分布

设 $X\sim E(\lambda)$，即 X 的概率密度为

$$p(x)=\begin{cases} \lambda \mathrm{e}^{-\lambda x}, & x\geqslant 0, \\ 0, & x<0 \end{cases} \quad (\lambda>0).$$

根据 $E(X)=\int_{-\infty}^{+\infty} xp(x)\mathrm{d}x$，得

$$\begin{aligned} E(X)&=\int_{-\infty}^{+\infty} xp(x)\mathrm{d}x=\lambda\int_0^{+\infty} x\mathrm{e}^{-\lambda x}\mathrm{d}x=\int_0^{+\infty} x\mathrm{d}(-\mathrm{e}^{-\lambda x}) \\ &=-x\mathrm{e}^{-\lambda x}\Big|_0^{+\infty}+\int_0^{+\infty}\mathrm{e}^{-\lambda x}\mathrm{d}x=-\frac{1}{\lambda}\mathrm{e}^{-\lambda x}\Big|_0^{+\infty}=\frac{1}{\lambda} \end{aligned}$$

（其中 $\lim\limits_{x\to+\infty} x\mathrm{e}^{-\lambda x}=0$ 和 $\lim\limits_{x\to+\infty}\mathrm{e}^{-\lambda x}=0$）.

(3) 正态分布.

设 $X\sim N(\mu,\sigma^2)$，即 X 的概率密度为

$$p(x)=\frac{1}{\sqrt{2\pi}\sigma}\mathrm{e}^{-\frac{1}{2\sigma^2}(x-\mu)^2} \quad (-\infty<x<+\infty,\sigma>0),$$

期望 $E(X)=\mu$.

证明 略.

上式表明,正态分布的参数 μ 恰好是正态分布随机变量 X 的期望.

【例 6】 若某种品牌的电视机使用寿命 X(单位:h)服从参数为 $\lambda=\frac{1}{5000}$ 的指数分布,求该种品牌的电视机平均使用寿命 $E(X)$ 以及概率 $P(X\geqslant E(X))$.

解 由指数分布定义知 X 的概率密度为

$$p(x)=\begin{cases}\frac{1}{5000}e^{-\frac{1}{5000}x}, & x\geqslant 0,\\ 0, & x<0.\end{cases}$$

由结论知电视机平均使用寿命为 $E(X)=\frac{1}{\lambda}=5000(\text{h})$,以及 $P(X\geqslant E(X))=P(X\geqslant 5000)=\int_{5000}^{+\infty}\frac{1}{5000}e^{-\frac{1}{5000}x}dx=-e^{-\frac{1}{5000}x}\Big|_{5000}^{+\infty}=\frac{1}{e}=0.368$,

即该种电视机的平均使用寿命 $E(X)$ 为 5000 小时,其使用寿命 X 不小于平均使用寿命 $E(X)$ 的概率为 0.368.

3.4.3 随机变量函数的数学期望

设 X 为一已知随机变量,则随机变量的函数 $Y=g(X)$ 仍然是随机变量. 针对 X 是离散型和连续型,下面给出 $Y=g(X)$ 的数学期望 $E(Y)$ 的计算方法.

(1) 若离散型随机变量 X 的概率分布为 $P(X=x_k)=p_k(k=1,2,\cdots)$,且级数 $\sum_{k=1}^{\infty}g(x_k)p_k$ 绝对收敛,则 $Y=g(X)$ 的数学期望

$$E(Y)=E[g(X)]=\sum_{k=1}^{\infty}g(x_k)p_k.$$

特别地,当 $Y=X^2$ 时,便有 $E(X^2)=\sum_{k=1}^{\infty}x_k^2p_k$.

(2) 若连续型随机变量 X 的概率密度为 $p(x)(-\infty<x<+\infty)$,且 $\int_{-\infty}^{+\infty}g(x)p(x)dx$ 绝对收敛,则 $Y=g(X)$ 的数学期望

$$E(Y)=E[g(X)]=\int_{-\infty}^{+\infty}g(x)p(x)dx.$$

特别地,当 $Y=X^2$ 时,便有 $E(X^2)=\int_{-\infty}^{+\infty}x^2p(x)dx$.

以上两个公式表明,在已知随机变量 X 的分布条件下,要求出新随机变量 $Y=g(X)$ 的期望,不需要求出 Y 的分布.

证明 略

3.4.4 方差的概念

数学期望描述了随机变量取值的平均情况,集中趋势. 但在很多情况下,只了解期望是不够的,有时还需研究随机变量取值在期望附近的波动性情况. 例如,甲、乙两射手对同一目标各发 5 发子弹,甲射手命中环数依次为 9,5,8,7,6;乙射手命中环数依次为 10,7,8,6,4.

显然甲、乙两射手命中环数的平均值都是 7 环，但直观上明显感到甲射手技术水平发挥更加稳定，因为甲射手命中的 5 个环数，靠近平均数 7 环比较紧密，波动不大. 那么衡量数据波动大小的指标是什么呢？这就是方差.

定义 3.4.3 设 X 是一个随机变量. 若 $E[X-E(X)]^2$ 存在，则称 $E[X-E(X)]^2$ 为 X 的**方差**，记为 $D(X)$，即

$$D(X)=E[X-E(X)]^2.$$

这就是说，随机变量 X 的方差等于随机变量 X 与其均值 $E(X)$ 之差的平方的期望. 方差 $D(X)$ 的算术平方根 $\sqrt{D(X)}$，叫作随机变量 X 的**标准差**或**均方差**.

(1) 若 X 为离散型随机变量，其概率分布为

$$P(X=x_k)=p_k \quad (k=1,2,3,\cdots),$$

则

$$D(X)=\sum_{k=1}^{\infty}[x_k-E(X)]^2 p_k.$$

(2) 若 X 为连续型随机变量，其概率密度是 $p(x)(-\infty<x<+\infty)$，则

$$D(X)=\int_{-\infty}^{+\infty}[x-E(X)]^2 p(x)\mathrm{d}x.$$

(3)还有一个重要公式：

$$D(X)=E(X^2)-[E(X)]^2,$$

其中 $[E(X)]^2$ 可简记为 $E^2(X)$.

证明 略

【例 7】 已知随机变量 X 的概率分布如下. 求 $E(X)$，$D(X)$.

X	-2	0	3
P	0.1	0.4	0.5

解 $$E(X)=-2\times0.1+0\times0.4+3\times0.5=1.3.$$

由于 $$E(X^2)=(-2)^2\times0.1+0^2\times0.4+3^2\times0.5=4.9,$$ 则

$$D(X)=E(X^2)-[E(X)]^2=4.9-1.3^2=3.21.$$

【例 8】 题目见前面例 5. 求随机变量 X 的方差 $D(X)$.

解 由于期望 $E(X)=\dfrac{1}{2}=0.5$，

故 $$E(X^2)=\int_{-\infty}^{+\infty}x^2 p(x)\mathrm{d}x=\int_0^1 x^2 6x(1-x)\mathrm{d}x=6\left(\frac{1}{4}x^4-\frac{1}{5}x^5\right)\Bigg|_0^1=0.3,$$

$$D(X)=E(X^2)-[E(X)]^2=0.3-0.5^2=0.05.$$

思考 如果用 $D(X)=E[X-E(X)]^2$ 求解，过程会怎样？一般来说，求方差时，利用公式 $D(X)=E(X^2)-[E(X)]^2$，往往比较简便.

下面来解决几种常见分布的方差.

(1) 两点分布 $X\sim(0\text{-}1)$，即

X	0	1
P	$1-p$	p

前面已求得两点分布的期望 $E(X)=p$. 又因为

$$E(X^2)=1^2\times p+0^2\times(1-p)=p,$$

所以,有

$$D(X)=E(X^2)-E^2(X)=p-p^2=p(1-p).$$

(2) 二项分布 $X\sim B(n,p)$, 即 $P(X=k)=C_n^k p^k q^{n-k}(k=0,1,2,\cdots,n)$,其中 $p+q=1$. 因为 $E(X)=np$,且

$$\begin{aligned}
E(X^2) &= \sum_{k=0}^{n} k^2 P(X=k) = \sum_{k=0}^{n} k^2 C_n^k p^k q^{n-k} \\
&= \sum_{k=1}^{n} \frac{k^2 n!}{k!(n-k)!} p^k q^{n-k} = \sum_{k=1}^{n} \frac{k\cdot n!}{(k-1)!(n-k)!} p^k q^{n-k} \\
&= \sum_{k=1}^{n} [(k-1)+1] \frac{n!}{(k-1)!(n-k)!} p^k q^{n-k} \\
&= \sum_{k=1}^{n} (k-1) \frac{n!}{(k-1)!(n-k)!} p^k q^{n-k} + \sum_{k=1}^{n} \frac{n!}{(k-1)!(n-k)!} p^k q^{n-k} \\
&= n(n-1)p^2 \sum_{k=2}^{n} \frac{(n-2)!}{(k-2)![n-k]!} p^{k-2} q^{n-k} \\
&\quad + np \sum_{k=1}^{n} \frac{(n-1)!}{(k-1)!(n-k)!} p^{k-1} q^{n-k} = n(n-1)p^2 + np,
\end{aligned}$$

所以,有

$$D(X)=E(X^2)-E^2(X)=n(n-1)p^2+np-n^2p^2=npq.$$

(3) 泊松分布 $X\sim\pi(\lambda)$,其方差　$D(X)=\lambda$.

证明　略.

可见,服从泊松分布的随机变量的均值与方差是相等的,都等于 λ.

(4) 均匀分布 $X\sim U[a,b]$,即 X 的概率密度为

$$p(x)=\begin{cases}\dfrac{1}{b-a}, & a\leqslant x\leqslant b,\\ 0, & \text{其他}.\end{cases}$$

因为 $E(X)=\dfrac{a+b}{2}$,且

$$E(X^2)=\int_a^b x^2\frac{1}{b-a}\mathrm{d}x=\frac{b^3-a^3}{3(b-a)}=\frac{1}{3}(b^2+ab+a^2),$$

所以,有

$$D(X)=\frac{1}{3}(b^2+ab+a^2)-\left(\frac{a+b}{2}\right)^2=\frac{1}{12}(b-a)^2.$$

可见,对于服从均匀分布的随机变量,方差与区间 $[a,b]$ 长度的平方成正比.

(5) 指数分布 $X\sim E(\lambda)$,即 X 的概率密度为

$$p(x)=\begin{cases}\lambda \mathrm{e}^{-\lambda x}, & x\geqslant 0,\lambda>0,\\ 0, & x<0.\end{cases}$$

因为 $E(X)=\dfrac{1}{\lambda}$,且

$$E(X^2)=\int_0^{+\infty} x^2\cdot\lambda \mathrm{e}^{-\lambda x}\mathrm{d}x=-x^2\mathrm{e}^{-\lambda x}\Big|_0^{+\infty}+2\int_0^{+\infty} x\mathrm{e}^{-\lambda x}\mathrm{d}x$$

$$= \frac{2}{\lambda}\int_0^{+\infty} x \cdot \lambda e^{-\lambda x} dx = \frac{2}{\lambda}E(X) = \frac{2}{\lambda^2},$$

所以，有

$$D(X)=\frac{2}{\lambda^2}-\frac{1}{\lambda^2}=\frac{1}{\lambda^2}.$$

（6）正态分布 $X\sim N(\mu,\sigma^2)$，其方差 $D(X)=\sigma^2$.

证明 略

可见，服从正态分布的随机变量的两个参数 μ 和 σ^2，一个是数学期望，另一个是方差；也就是说，一个刻画了变量取值的平均水平，另一个刻画了变量取值的分散性程度.

特别地，如果随机变量 X 服从标准正态分布，则它的期望为 0，方差为 1.

至此，已得到 6 种常见分布的期望与方差，现将它们汇列在表 3-2 中，以便查用.

表 3-2 常见几种分布表

名称	概率分布	均值	方差	参数范围
两点分布	$P(X=k)=p^k q^{1-k}(k=0,1)$	p	pq	$0<p<1,q=1-p$
二项分布	$P(X=k)=C_n^k p^k q^{n-k}$ $(k=0,1,2,\cdots,n)$	np	npq	$0<p<1,q=1-p$
泊松分布	$P(X=k)=\frac{\lambda^k}{k!}e^{-\lambda}$ $(k=0,1,2,\cdots)$	λ	λ	$\lambda>0$
均匀分布	$p(x)=\begin{cases}\frac{1}{b-a} & (a\leqslant x\leqslant b),\\ 0 & (其他)\end{cases}$	$\frac{a+b}{2}$	$\frac{(b-a)^2}{12}$	$b>a$
指数分布	$p(x)=\begin{cases}\lambda e^{-\lambda x} & (x\geqslant 0),\\ 0 & (x<0)\end{cases}$	$\frac{1}{\lambda}$	$\frac{1}{\lambda^2}$	$\lambda>0$
正态分布	$p(x)=\frac{1}{\sqrt{2\pi}\sigma}e^{-\frac{(x-\mu)^2}{2\sigma^2}}$ $(-\infty<x<\infty)$	μ	σ^2	$\mu\in R,\sigma>0$

3.4.5 数学期望与方差的性质

以下性质均假设期望与方差都存在：

（1）$E(C)=C,D(C)=0$ （C 为常数）；

（2）$E(kX)=kE(X),D(kX)=k^2D(X)$ （k 为常数）；

（3）$E(aX+b)=aE(X)+b,D(aX+b)=a^2D(X)$（$a,b$ 为常数）；

（4）$E(X+Y)=E(X)+E(Y)$. 此式可推广到多个随机变量的情况.

（5）若 X 与 Y 相互独立，则 $D(X+Y)=D(X)+D(Y)$. 此式可推广到多个随机变量相互独立的情形.

注意 随机变量 X 与 Y 相互独立，指的是随机事件 $P(X\leqslant x)$ 与 $P(Y\leqslant y)$ 相互独立.

【例 9】 已知随机变量 X 的概率分布如下. 求 $D(X)$，$E(3X^2-2X+1)$，$D(-3X+2)$.

X	-1	0	1	2
P	0.2	0.3	0.4	0.1

解 由于

$$E(X)=-1\times0.2+0\times0.3+1\times0.4+2\times0.1=0.4,$$

$$E(X^2)=(-1)^2\times0.2+0^2\times0.3+1^2\times0.4+2^2\times0.1=1.0,$$

故

$$D(X)=E(X^2)-[E(X)]^2=1.0-0.4^2=0.84,$$

$$E(3X^2-2X+1)=3E(X^2)-2E(X)+1=3\times1.0-2\times0.4+1=3.2,$$

$$D(-3X+2)=(-3)^2D(X)=9\times0.84=7.56.$$

【例 10】 掷 20 颗均匀的骰子.求这 20 颗骰子出现的点数之和的数学期望与方差.

解 设 X_i 表示第 i 颗骰子出现的点数($i=1,2,\cdots,20$)那么 20 颗骰子点数之和 X 就表示为

$$X=X_1+X_2+\cdots+X_{20}.$$

很显然,X_i 具有相同的概率分布

$$P(X_i=k)=\frac{1}{6}(k=1,2,3,4,5,6;i=1,2,\cdots,20).$$

且 $X_1,X_2,\cdots,X_{20}$ 相互独立.故所求期望为 $E(X)$ 与方差为 $D(X)$.又因为

$$E(X_i)=\frac{1}{6}(1+2+3+4+5+6)=\frac{21}{6},$$

$$E(X_i^2)=\frac{1}{6}(1^2+2^2+3^2+4^2+5^2+6^2)=\frac{91}{6},$$

$$D(X_i)=E(X_i^2)-[E(X_i)]^2=\frac{91}{6}-\left(\frac{21}{6}\right)^2=\frac{35}{12}\quad i=1,2,\cdots,20,$$

所以

$$E(X)=E(X_1+X_2+\cdots+X_{20})=E(X_1)+E(X_2)+\cdots+E(X_{20})=20\times\frac{21}{6}=70,$$

$$D(X)=D(X_1+X_2+\cdots+X_{20})=D(X_1)+D(X_2)+\cdots+D(X_{20})=20\times\frac{35}{12}=\frac{175}{3}.$$

【例 11】 设 $E(X)=4,E(X^2)=25$.求 $E(3+2X),D(3-2X)$.

解

$$E(3+2X)=3+2E(X)=3+2\times4=11.$$

由于 $D(X)=E(X^2)-E^2(X)=25-4^2=9$,所以

$$D(3-2X)=(-2)^2D(X)=4\times9=36.$$

【例 12】 设随机变量 X 的期望 $E(X)=\mu$,方差 $D(X)=\sigma^2(\sigma>0)$,随机变量 $Y=\frac{X-\mu}{\sigma}$.试证明:$E(Y)=0,D(Y)=1$.

证明 由期望的性质,得

$$E(Y)=E\left[\frac{X-\mu}{\sigma}\right]=\frac{1}{\sigma}E[X-\mu]=\frac{1}{\sigma}[E(X)-\mu]=0.$$

再由方差的性质,得

$$D(Y)=D\left[\frac{X-\mu}{\sigma}\right]=\frac{1}{\sigma^2}D[X-\mu]=\frac{1}{\sigma^2}D(X)=1.$$

由此可知，若 $X\sim N(\mu,\sigma^2)$，则 $Y=\dfrac{X-\mu}{\sigma}\sim N(0,1)$. 因此，$Y$ 叫作 X 的**标准化随机变量**.

【例 13】 一台仪器由 10 个独立工作的元件组成，每一个元件发生故障的概率都相等，且在规定时期内，平均发生故障的元件数为 1，试求在这规定的时间内发生故障的元件数的方差.

解 设 10 个元件中发生故障的元件数为随机变量 X，每个元件发生故障的概率为 p，则 $X\sim B(10,p)$，且 $E(X)=1$. 于是 $E(X)=np=10p=1$. 故 $p=0.1$，$q=0.9$. 因此所求方差为

$$D(X)=npq=10\times0.1\times0.9=0.9.$$

习题 3-4

1. 甲、乙两名运动员进行打靶，击中环数分别记为 X 与 Y，它们的分布列如下：

X	7	8	9	10
P	0.2	0.3	0.4	0.1

Y	7	8	9	10
P	0.3	0.5	0.1	0.1

试评定两名运动员成绩的好坏.

2. 盒中有 7 个球，其中有 4 个白球，3 个黑球. 从中任取 3 个，求白球数 X 的数学期望与方差.

3. 一批零件中有 9 件合格品与 3 件废品. 安装机器时，从这批零件中任取 1 件，如果取出的是废品，也不再放回去. 求在取得合格品前已取出的废品数的数学期望与方差.

4. 对某一目标进行 4 次射击，每次命中的概率为 0.4. 设 X 为 4 次射击中命中的次数，求 X 的期望与方差.

5. 一高射炮对敌机连发三发炮弹，每发炮弹击中敌机的概率依次分别为 0.5、0.7、0.8. 设射击是相互独立的. 求高射炮击中敌机的炮弹数 X 的分布列，以及 X 的数学期望 $E(X)$ 与 $D(X)$.

6. 设离散型随机变量 X 以概率 $p_1=0.5$ 取可能的值 $x_1=4$，以概率 $p_2=0.3$ 取可能的值 x_2，以概率 p_3 取可能的值 $x_3=15$，并已知 $E(X)=8$. 求 p_3 和 x_2.

7. 设随机变量 X 服从参数为 2 的泊松分布，且 $Y=3X-1$. 试求 $E(Y)$ 与 $D(X)$.

8. 设随机变量 X 的概率密度为

$$p(x)=\begin{cases}\cos x, & 0<x<\dfrac{\pi}{2},\\ 0, & \text{其他}.\end{cases}$$

求 X 的期望与方差.

9. 设随机变量 X 的概率密度为

$$p(x)=\begin{cases}a+bx, & 0<x<1,\\ 0, & \text{其他},\end{cases}$$

且 $E(X)=0.6$. 求常数 a 和 b 以及方差 $D(X)$.

10. 已知随机变量 X 的密度为

$$p(x)=\begin{cases}x, & 0\leqslant x\leqslant 1,\\ 2-x, & 1<x\leqslant 2,\\ 0, & \text{其他}.\end{cases}$$

求 X 的期望、方差和标准差.

11. 已知随机变量 $X \sim B(n,p)$，且 $E(X)=1.6$，$D(X)=1.28$. 试求 n 和 p.

12. 已知随机变量 X 的概率分布如下：

X	-2	0	2
P	0.4	0.3	0.3

求 $D(X)$，$E(3X^2+5)$，$D(-2X+1)$.

13. 设独立随机变量 X_1，X_2，X_3 的数学期望分别为 9，20，12，方差分别为 2，1，4. 求随机变量

$$Y_1=2X_1+3X_2+X_3,\quad Y_2=X_1-2X_2+5X_3$$

的数学期望与方差.

14. 已知 $X_1 \sim \pi(0.2)$，$X_2 \sim B(10,0.1)$，且 X_1 与 X_2 相互独立. 求 $D(3X_1-4X_2)$.

3.5 概率的应用

【例 1】(生活中的概率问题) 在一项游戏中，袋中装有很多大小、形状完全一样的乒乓球，上面标有数字 5 和 10. 游戏参与者随机从袋中抽取 10 个乒乓球，将上面的数字相加，如果和为 70，75 或 80，就分别付出 10，5，10 元钱；如果和为 50，100，55，95，60，90，65 或 85，将获得奖励 500，500，50，50，10，10，0，0 元钱. 问此游戏规则对参与者是否有利？

解 设随机变量 X 表示抽取的 10 个乒乓球数字之和，其值分别可取 50，55，60，65，70，75，80，85，90，95，100. 而随机变量 R 表示参与者的收益，且每次抽到数字 5 或 10 的概率都是 0.5. 由已知得下表：

X	50	55	60	65	70	75	80	85	90	95	100
P	$\frac{1}{1024}$	$\frac{10}{1024}$	$\frac{45}{1024}$	$\frac{120}{1024}$	$\frac{210}{1024}$	$\frac{252}{1024}$	$\frac{210}{1024}$	$\frac{120}{1024}$	$\frac{45}{1024}$	$\frac{10}{1024}$	$\frac{1}{1024}$
R /元	500	50	10	0	-10	-5	-10	0	10	50	500

于是参与者的平均收益为

$$E(R)=500\times\frac{1}{1024}\times2+50\times\frac{10}{1024}\times2+10\times\frac{45}{1024}\times2+0\times\frac{120}{1024}\times2$$

$$+(-10)\times\frac{210}{1024}\times2+(-5)\times\frac{252}{1024}=-2.5(\text{元}).$$

计算结果表明，参与者的期望收益为 -2.5 元，此游戏规则对参与者不利. 此例是日常生活中经常见到的.

【例 2】(可靠性问题) 某厂设计一种电子设备由三种元件 D1，D2，D3 组成. 已知这三种元件的单价分别为 30，15，20 元，可靠性分别为 0.9，0.8，0.6. 为了增加设备的可靠性，某些元件可装备用件，并设计有备用元件自动启动装置，要求设计中所使用元件费用不超过 105 元，试问应该如何设计可使设备可靠性达到最大？

解 解法一(列举法) 设电子设备中装有元件 D1，D2，D3 各 x,y,z 个. 于是借助费用限制不等式 $30x+15y+20z\leqslant105$，列举出 x、y、z 的所有情况

$$(1,1,1),\quad(1,1,2),\quad(1,1,3),\quad(1,2,1),\quad(1,2,2),\quad(1,3,1),\quad(2,1,1),$$

然后算出对应的电子设备的可靠性，比较即可. 注意：三种元件 D1、D2、D3 之间为串联关

系，而装备用件，则是并联关系，故

(1,1,1)的可靠性为 $=0.9\times0.8\times0.6=0.432$，

(1,1,2)的可靠性为 $=0.9\times0.8\times[1-(1-0.6)^2]=0.6048$，

(1,1,3)的可靠性为 $=0.9\times0.8\times[1-(1-0.6)^3]=0.67392$，

(1,2,1)的可靠性为 $=0.9\times[1-(1-0.8)^2]\times0.6=0.5184$，

(1,2,2)的可靠性为 $=0.9\times[1-(1-0.8)^2]\times[1-(1-0.6)^2]=0.72576$，

(1,3,1)的可靠性为 $=0.9\times[1-(1-0.8)^3]\times0.6=0.53568$，

(2,1,1)的可靠性为 $=[1-(1-0.9)^2]\times0.8\times0.6=0.4752$.

可见在满足费用要求的条件下，安装 1 个 D1、2 个 D2、2 个 D3 可使设备可靠性最大.

解法二(函数法)　设电子设备中装有元件 D1,D2,D3 各 x,y,z 个，则设备的可靠性函数为 $P=[1-(1-0.9)^x][1-(1-0.8)^y][1-(1-0.6)^z]$，

而限制条件为 $30x+15y+20z\leqslant105$ ($1\leqslant x,y,z\leqslant3$，且都取整数). 要求解函数 P 的最大值，显然非常困难，但是借助数学软件也可以求解. 其最优解仍然是设备上安装 1 个 D1、2 个 D2、2 个 D3 可使可靠性最大，最大可靠性为 0.725 76.

【例 3】(企业生产问题)　假设一部机器在一天内发生故障的概率为 0.2，机器发生故障时全天停止工作. 若一周 5 个工作日里无故障，可获利润 10 万元；发生一次故障仍可获利润 5 万元；发生二次故障所获利润 0 元；发生三次或三次以上故障要亏损 2 万元. 求一周内期望利润是多少？

解　设 X 表示一周 5 个工作日内发生故障的天数，则由题意知 X 服从二项分布，即 $X\sim B(5,0.2)$. 于是

$$P(X=0)=(1-0.2)^5=0.32768,$$
$$P(X=1)=C_5^1 0.2(1-0.2)^4=0.4096,$$
$$P(X=2)=C_5^2 0.2^2(1-0.2)^3=0.2048,$$
$$P(X\geqslant3)=1-P(X=0)-P(X=1)-P(X=2)=0.05792.$$

又设 Y 表示一周内的所获利润，由已知得 Y 的分布列如下：

Y	10	5	0	−2
P	0.327 68	0.4096	0.2048	0.057 92

则一周内期望利润

$$E(Y)=10\times0.32768+5\times0.4096+0\times0.2048+(-2)\times0.05792=5.20896\text{(万元)}$$

接下来为大家介绍风险型决策问题和随机型储存问题.

(1)风险型决策问题. 决策是面对未来的，而未来又有不确定性和随机性，因此，有些决策具有一定的成败概率，叫风险型决策. 即根据各种可能结果的概率来作出的决策. 决策者对此要承担一定的风险. 风险型问题具有决策者期望达到的明确标准，存在两个以上的可供选择方案和决策者无法控制的两种以上的自然状态，并且在不同自然状态下不同方案的损益值可以测算出来，对于未来发生何种自然状态，决策者虽然不能作出确定回答，但能大致估计出其发生的概率值.

【例 4】　某企业家需要就该企业是否与另一家外国企业合资联营做出决策. 根据有关专

家估计，合资联营的成功率为 0.4. 若合资联营成功，可增加利润 7 万元；若失败，将减少利润 4 万元；若不联营，则利润不变. 问此企业家应如何做出决策？

解 在该问题中，“成功”与“失败”是两种自然状态，“联营”与“不联营”是两种可选方案. 用 X 表示选择合资联营能增加的利润值，则 X 的概率分布为

$$P(X=7)=0.4,\quad P(X=-4)=0.6.$$

所以，选择合资联营能增加的利润期望值为

$$E(X)=7\times 0.4+(-4)\times 0.6=0.4(\text{万元}).$$

由于不合资联营，增加的利润为零，故应做出合资联营的决策.

【例 5】 某公司为扩大市场，在某天要举办一个产品展销会，会址打算选择甲、乙、丙三地. 获利情况除了与会址有关外，还与当天天气有关，天气分为晴、阴、多雨三种. 据天气预报，估计当天三种天气情况可能发生概率为 0.2，0.5，0.3. 若在甲地举办，在晴、阴、多雨三种天气下的收益（单位：百万元）为 4.5，5，1.5；若在乙地举办，在晴、阴、多雨三种天气下的收益为 5.5，4.5，1；若在丙地举办，在晴、阴、多雨三种天气下的收益为 6，3.5，1.5. 请通过分析为公司决策，确定会址，使收益最大.

解 在该问题中，“晴”“阴”“多雨”是三种自然状态，“甲”“乙”“丙”会址是三种可选方案. 如果用随机变量 X 表示获利，则针对 3 个会址分别求出对应的期望收益进行比较：

甲地期望收益 $E(X)=4.5\times 0.2+5\times 0.5+1.5\times 0.3=3.85$（百万元），

乙地期望收益 $E(X)=5.5\times 0.2+4.5\times 0.5+1\times 0.3=3.65$（百万元），

丙地期望收益 $E(X)=6\times 0.2+3.5\times 0.5+1.5\times 0.3=3.40$（百万元）.

经比较知，该公司应该在甲地举办产品展销会，可使期望收益最大化.

对这类风险型决策问题，常用损益矩阵分析法和决策树法求解.

(2) 随机型储存问题. 工矿企业为了保证生产正常进行，从原材料、半成品到成品都需要存贮；商业方面，为了满足市场需要，必须采购一定数量的货物，保证一定量的库存，如果库存量过大会造成积压的损失，库存量过小也会造成缺货的损失. 因此，必须选择一个最优的存贮方案，使总费用最小，获利最大，这就是存储问题.

【例 6】 某商品某月（该月为 30 天）销售一种易腐烂商品，每筐成本 20 元，售价 50 元. 若每天剩余一筐，则损失 20 元. 现市场的需求情况不清楚，但有去年同月的日售量统计资料如下：

日销售量/筐	100	110	120	130
销售天数	6	15	6	3
概率	0.2	0.5	0.2	0.1

试决定今年同月的日订货量.

解 (1) 若订货量为 100 筐，则期望利润为

$$E(X_1)=3000\times 0.2+3000\times 0.5+3000\times 0.2+3000\times 0.1=3000(\text{元});$$

(2) 若订货量为 110 筐，则期望利润为

$$E(X_2)=2800\times 0.2+3300\times 0.5+3300\times 0.2+3300\times 0.1=3200(\text{元});$$

(3) 若订货量为 120 筐，则期望利润为

$$E(X_3)=2600\times 0.2+3100\times 0.5+3600\times 0.2+3600\times 0.1=3150(\text{元});$$

(4) 若订货量为 130 筐，则期望利润为

$$E(X_4)=2400\times0.2+2900\times0.5+3400\times0.2+3900\times0.1=3000(\text{元}).$$

可以看出，当订货量为 110 筐时，其期望利润为最大. 因此，该商店每天应订货 110 筐.

【例 7】 假定在国际市场上，每年对我国某种出口商品的需求量是随机变量 X(单位：t). 由以往的统计资料可知，它近似地服从在区间[2000，4000]上的均匀分布. 设每出售这种商品 1 吨，可以为国家赚取外汇 3 万元；如果不能售出，造成积压，则每吨需付库存费用 1 万元. 问每年应组织多少货源，才能使国家的收益为最大？

解 设 y 表示某年准备出口的此种商品量（显然可只考虑 $2000\leqslant Y\leqslant4000$），出口该商品所获得的收益为 Z，则

$$Z=f(X)=\begin{cases}3y, & y\leqslant X\leqslant4000,\\ 3X-(y-X), & 2000\leqslant X<y.\end{cases}$$

于是问题化为：求 y 为何值时，$E(Z)$ 取得最大值. 因为 X 是随机变量，所以 Z 也是随机变量，且 Z 是 X 的函数，即 $Z=f(X)$. 又因 X 的概率密度为

$$p(x)=\begin{cases}\dfrac{1}{2000}, & 2000\leqslant x\leqslant4000,\\ 0, & \text{其他},\end{cases}$$

于是，得

$$\begin{aligned}E(Z)&=E[f(x)]=\int_{-\infty}^{+\infty}f(x)p(x)\mathrm{d}x\\&=\int_{2000}^{4000}f(x)\frac{1}{2000}\mathrm{d}x\\&=\frac{1}{2000}\left\{\int_{2000}^{y}[3x-(y-x)]\mathrm{d}x+\int_{y}^{4000}3y\mathrm{d}x\right\}\\&=\frac{1}{2000}\left[\int_{2000}^{y}(4x-y)\mathrm{d}x+\int_{y}^{4000}3y\mathrm{d}x\right]\\&=\frac{1}{2000}\left[(2x^2-xy)\Big|_{2000}^{y}+3xy\Big|_{y}^{4000}\right]\\&=\frac{1}{1000}(-y^2+7000y-4\,000\,000).\end{aligned}$$

上式关于 y 求导，得

$$E'(Z)=\frac{1}{1000}(-2y+7000).$$

令 $E'(Z)=0$，得 $y=3500$ 是唯一驻点. 故当 $y=3500$t 时，$E(Z)$ 取得最大值. 这就是说，每年应组织 3500t 此种商品出口，才能使国家的收益最大.

上面通过几个具体实例简单地介绍了概率知识在日常生活和工作中的应用. 应当指出，所讨论的问题都是经过抽象、简化了的数学模型，实际情况往往要复杂得多. 因此，在实际工作中，遇到类似的问题时，要深入调查，全面掌握情况，科学地分析问题，以求得最优方案.

习题 3-5

1. 一家生产易腐食品的公司，每盒产品的成本为 10 元，产品销售单价是每盒 15 元. 需求量 X(单位：盒）是随机变量，可能的取值为(100，200，300)，相对应的概率依次为 0.2，0.2，0.6. 如果需求低于产量，过剩产品就会损失掉；如果需求超过产量，则公司为了保持良好的服务形象，将以每盒 18 元的成本开动一条特别生产线，以满足超额需求，但产品总是以 15 元的单价出售. 该公司应如何决策？

2. 某公司最近在海湾附近购买了土地，准备建设成一个新的开发区，现需确定这个新开发区的规模，有三种选择：小规模(D_1)，中规模(D_2)，大规模(D_3)．由于不明该地区经济发展的情况，因此很难了解开发区的需求会怎样．该公司知道，如大型开发，而后来的需求低，对公司来说代价很高．但是，如果公司作一个保守的小型开发的决策，而后来又发现需求高，那么公司的利润就要比他们可能得到的要少．该公司按照三种需求水平(低、中、高)制定了下列支付表(单位：亿元)：

决策	需求		
	低	中	高
小型	400	400	400
中型	100	600	600
大型	−300	300	900

设三种需求的概率分别为 $P(低)=0.20$，$P(中)=0.35$，$P(高)=0.45$．问该公司应选择哪种开发规模？

3. 质量控制程序要对从供应商那里收到的零件进行100%的检验．历史资料表明，出现的不合格品率如下表．100%检验的质量控制成本是每500件的一批货物250元．如果这批货物不是100%经过检验，那么不合格的就会引起在以后的生产过程中返工的问题．每件不合格品的返工费用是25元．工厂经理为了节省每批货物250元的检验费，想免掉检验程序，你支持这一做法吗？

不合格品率/%	0	1	2	3
概率	0.15	0.25	0.40	0.20

4. 某工厂有甲、乙两种新产品要由商业部门依次在某地市场上试销．根据合同，试销的先后次序由工厂决定，并且如果工厂决定先试销甲(或乙)产品，则只有当甲(或乙)产品试销成功后，商业部门才同意继续试销乙(或甲)产品．如果第一种产品试销不成功，那么商业部门就不再试销另一种产品．设甲产品试销成功可得利润 v_1 元，试销成功的概率为 p_1；乙产品试销成功可得利润 v_2 元，试销成功的概率为 p_2，且两种产品试销结果是相互独立的．试问工厂应先试销哪种产品，才能使利润的期望值最大？

本章小结

【主要内容】

随机事件，事件的概率，事件间独立性，随机变量以及随机变量的期望和方差．

【学习要求】

1. 理解事件的关系与运算、概率、条件概率、事件的独立性；会用事件的和、积、逆表示复杂事件，会解决简单古典概型下概率的计算；会运用全概率公式和二项概率公式解决一些复杂事件的概率。

2. 了解随机变量的概念；理解离散型随机变量的分布列与连续型随机变量的概率密度；能完整地描述随机变量的统计规律性，理解随机变量的期望和方差，前者反映随机变量取值的平均数，后者反映随机变量取值偏离中心的程度；会利用离散型与连续型随机变量的性质，会求解简单离散型随机变量的分布列；会求离散型与连续型随机变量的期望与方差。牢记六种常见分布(两点分布、二项分布、泊松分布、均匀分布、指数分布和正态分布)的期望、方差结论；会查正态分布表；会利用期望和方差的性质解决一些问题。

【重点】概率的计算，期望与方差的计算。

【难点】古典概型下概率的计算，全概率公式的运用，随机变量的概念。

复习题三

1. 填空题：

(1) 设 A,B,C 为三个随机事件. 则“A 发生，且 B 与 C 至少有一个发生”的事件可表示为________.

(2) 设事件 A 与互不相容，且 $P(A)=\frac{1}{3}$，$P(A\cup B)=\frac{1}{2}$，则 $P(\overline{B})=$________.

(3) 设事件 A 与 B 满足，$P(A\overline{B})=P(B\overline{A})$，且 $P(A)=\frac{1}{3}$，则 $P(B)=$________.

(4) 若 A,B 相互独立，且 $P(A)=0.8$，$P(B)=0.65$，则 $P(A+B)=$________.

(5) 设 A,B 为随机事件，$P(A)=0.5$，$P(B)=0.6$，$P(A\cup B)=0.7$，则 $P(A|B)=$________.

(6) 每次试验中事件 A 发生的概率为 p. 现重复进行 n 次独立试验，则 A 至少发生一次的概率为________；A 发生次数不超过一次的概率为________.

(7) 某随机现象的样本空间共有 15 个样本点，且每个样本点出现的概率都相同. 已知事件 A 包含 12 个样本点，事件 B 包含 7 个样本点，且 A 与 B 有 4 个样本点是相同的，则 $P(B|A)=$________.

(8) 设随机变量 X 在区间[1,4]上服从均匀分布，则 $P(1.5<X<2.5)=$________.

(9) 若随机变量 X 的分布列如下，则常数 a 的值为________.

X	1	2	3	4
P	$0.025a$	$0.05a$	$0.075a$	$0.10a$

(10) 设 $X\sim b(n,p)$ 为二项分布，且 $E(X)=1.6$，$D(X)=1.28$，则 $n=$________，$p=$________.

2. 选择题：

(1) 设事件 A 与 B 互不相容，且 $P(A)>0$，$P(B)>0$，则有(　　).

A. $P(A)=1-P(B)$　　B. $P(AB)=P(A)P(B)$

C. $P(A\cup B)=1$　　D. $P(\overline{AB})=1$

(2) 设 A 与 B 互为对立事件，且 $P(A)>0$，$P(B)>0$，则下列各式中错误的是(　　).

A. $P(A)=1-P(B)$　　B. $P(AB)=P(A)P(B)$

C. $P(A\cup B)=1$　　D. $P(\overline{AB})=1$

(3) 设 A,B 为两随机事件，且 $B\subset A$，则下列式子正确的是(　　).

A. $P(A+B)=P(A)$　　B. $P(AB)=P(A)$

C. $P(B|A)=P(B)$　　D. $P(B-A)=P(B)-P(A)$.

(4) 掷一枚不均匀硬币连掷 4 次，且反面向上的概率为 $\frac{2}{3}$，则恰好 3 次正面向上的概率是(　　).

A. $\frac{8}{81}$　　B. $\frac{8}{27}$　　C. $\frac{32}{81}$　　D. $\frac{3}{4}$

(5) 设随机变量 X 的概率密度为 $f(x)=\begin{cases}\frac{|x|}{4}, & -2<x<2;\\ 0, & \text{其他},\end{cases}$ 则 $P\{|X|\geqslant 1\}=$(　　).

A. 0.25　　B. 0.5 C. 0.75 D. 1

(6) 设随机变量 $X\sim N(1,2^2)$，$Y\sim N(1,2)$. 已知 X 与 Y 相互独立，则 $3X+2Y$ 的方差为(　　).

A. 8　　B. 16 C. 28 D. 44

3. 某人忘记电话号码的最后一个数字，因而随意地拨号. 求：

(1) 拨号不超过 3 次而接通所需的电话的概率；

(2) 已知最后一个数字是奇数，拨号不超过 3 次而接通所需电话的概率.

4. 某类灯泡的使用时数在 1000 h 以上的概率为 0.2. 求 3 只灯泡在使用 1000 h 至少有 1 只损坏的

概率.

5. 设有 3 个工厂生产灯泡,甲厂供应市场的 50%,乙厂供应市场的 30%,丙厂供应市场的 20%. 又知甲、乙、丙厂的正品率分别为 96%、80%、75%. 现顾客从市场任意购买一个灯泡,问:

(1) 此灯泡是正品的概率是多少?

(2) 若他购买到的灯泡不是正品,问此灯泡是由甲厂生产的概率是多少?

6. 设随机变量 X 的密度为

$$p(x)=\begin{cases} e^{-x}, & x>0, \\ 0, & x\leqslant 0. \end{cases}$$

求:(1)$P(X\leqslant 2)$;(2)$P(X>2)$.

7. 已知随机变量 X 的概率密度为

$$f(x)=\begin{cases} ax+b, & 0<x<1 \\ 0, & \text{其他} \end{cases},$$

且 $P\{x>1/2\}=5/8$. 求:(1) 常数 a,b 的值;(2) 期望与方差.

8. 设随机变量 $X\sim B(4,p)$,且 $P(X\geqslant 1)=\dfrac{80}{81}$. 求 p 的值.

9. 袋中有 10 个球,7 个红球,3 个白球. 从中任取 2 个球,求取得的红球数 X 的概率分布,以及 X 的均值与方差.

10. 设足球队 A 与 B 比赛,若有一队胜 4 场,则比赛结束. 假设 A,B 在每场比赛中获胜的概率均为$\dfrac{1}{2}$,试求平均需比赛几场才能分出胜负?

第4章　统计初步

在前章学习中，已经知道随机变量及其分布能完整地描述随机现象的统计规律性，然而，在实际生活中，随机变量的分布未必知道，如：某交通路口某天的交通事故数所服从的分布事先往往不知道；学生的成绩一般来说服从正态分布，但其数学期望(即平均成绩)、标准差在阅卷过程中却不知道．因此，当对某一随机现象进行定量研究时，首先要对反映随机现象的试验数据进行收集、整理、分析和推断，以此来获得该随机现象的统计规律性和有关的数字特征．数理统计学就能解决这样的问题．所谓数理统计学，就是运用概率论的知识，研究如何从试验资料出发，对随机变量的概率分布或某些特征做出推断的学科．其特点是从局部观测资料的统计特性，来推断随机现象整体统计特性．它的应用相当广泛，已成为从事科学研究和经济管理工作必不可少的工具．

4.1　总体与样本

4.1.1　总体与样本

在数理统计中，对于某研究对象，往往研究它的某一项(或几项)数量指标．为此，考虑与该数量指标相联系的随机试验，对这一数量指标进行观察或试验，并将试验的全部可能的观察值称为**总体**(或**母体**)，每一个可能的观察值称为**个体**．从总体中抽取的一部分观察值称为**样本**．样本中所包含的个体数称为**样本容量**．样本容量通常用 n 表示．

例如，欲检查 1000 台电脑的使用寿命，则这 1000 台电脑的使用寿命就是总体，其中每一台电脑的使用寿命就是一个个体．若从中抽取 20 台电脑进行检查，则这 20 台电脑的使用寿命构成样本，样本容量为 25．

总体中的每个个体都是随机试验的一个观察值，随着试验的不同而变化，因此观察值为随机变量．当对总体的某一数量指标进行研究时，该总体就对应于一个随机变量 X，所以对总体的研究就是对随机变量 X 的研究．如某厂生产的一批电视机的平均使用寿命，某机床加工的所有零件的长度方差等．这里，寿命和长度就是要研究的数量标志，寿命随电视机的不同而变化，长度随零件的不同而变化，它们都是随机变量．因此，在后面就将总体与随机变量不加区别．说总体 X 也就是指它所对应的随机变量 X；说总体 X 的分布也就是指它对应的随机变量 X 的分布．

如果从总体 X 中抽取 n 个个体 $X_1,X_2,\cdots,X_n$ 组成一个样本，则记作$(X_1,X_2,\cdots,X_n)$，其中 $X_i(i=1,2,\cdots,n)$表示样本中的第 i 个个体．很明显，每个 $X_i(i=1,2,\cdots,n)$都是**随机变量**，且与总体 X 具有相同的分布．所以，称$(X_1,X_2,\cdots,X_n)$为**随机样本**．对样本$(X_1,X_2,\cdots,X_n)$的每一次观测所得到的 n 个数据$(x_1,x_2,\cdots,x_n)$，称为**样本观测值**(或**样本值**)．习惯上，不将样本$(X_1,X_2,\cdots,X_n)$与它的观测值$(x_1,x_2,\cdots,x_n)$加以区别，并都用$(X_1,X_2,\cdots,X_n)$表示．在考察一般问题时，把$(X_1,X_2,\cdots,X_n)$作为一组随机变量；而对某一次观测结果而言，$(X_1,X_2,\cdots,X_n)$又是一组确定的数值，即样本观测值．

抽取样本的目的是为了推断总体，而样本的抽取方法影响着统计推断的方法. 为了研究方便，常常假定样本满足下面两个条件：

(1) 独立性：$X_1, X_2, \cdots, X_n$ 是 n 个相互独立的随机变量.

(2) 代表性：每个 $X_i (i=1,2,\cdots,n)$ 与总体 X 有相同的分布.

满足上述两个条件的随机样本$(X_1, X_2, \cdots, X_n)$称为**简单随机样本**. 今后无特别说明，都是指简单随机样本，简称样本.

当采用有放回的重复抽样时，所得的样本就是简单随机样本. 但有放回的重复抽样使用起来并不方便，如灯泡的使用寿命、混凝土结构强度试验等就不可能采用重复抽样. 因此在实际中，当样本的容量相对于总体来说很小(如在 10 000 件中抽取 50 件)时，即使是不放回抽样得到的样本也可以近似地看作是一个简单随机样本.

【例 1】 设袋中有 4 个球，依次标示为 A, B, C, D. 有放回的从该袋中随机地抽取容量为 $n=2$ 的样本，则所有可能的样本有哪些？

解 设 X 表示从袋中取得球的对应字母，则总体 X 仅由 4 个可能结果 $\{A, B, C, D\}$ 构成. 又设第 i 次抽得球的结果为 $X_i (i=1,2)$，则样本为(X_1, X_2). 由于抽样是有放回的，故所有可能的样本为 (A,A)，(A,B)，(A,C)，(A,D)，(B,A)，(B,B)，(B,C)，(B,D)，(C,A)，(C,B)，(C,C)，(C,D)，(D,A)，(D,B)，(D,C)，(D,D)，共 $4^2=16$ 个不同的简单随机样本.

4.1.2 分布密度的近似求法

设$(X_1, X_2, \cdots, X_n)$是来自连续型总体 X 的一个样本，为了由它近似地求出总体 X 的分布密度，需要进行数据整理工作，常常采用绘制频率直方图的方法. 下面用一个例子来说明它的作法.

【例 2】 从某商场过去一年中每天商品销售收入的统计资料中随机抽取 50 d 的销售额，数字资料如下(单位：万元). 试求该商场商品销售收入的近似概率分布密度.

39.0	37.0	58.0	32.0	31.5	37.0	48.1	35.0	40.0	52.7
43.0	45.0	42.8	52.1	49.0	48.0	31.0	46.3	23.0	36.5
34.0	26.5	40.1	30.0	39.0	43.0	27.0	37.0	31.0	54.2
34.0	38.0	43.0	47.0	33.0	26.0	59.5	32.5	28.0	19.0
35.0	35.5	41.0	29.0	38.5	42.0	26.0	32.3	33.0	23.0

解 由于数据较多，初看起来显得零乱，很难弄清楚销售额的变化情况，下面采用绘频率直方图的方法来整理数据. 其步骤如下：

(1) 排序. 找出数据中的最大值 L，最小值 S 和极差 $R=L-S$. 这里 $R=59.5-19=40.5$.

(2) 决定分组的组数. 把数据分成若干组，组数 k 可由下表决定. 本题中取 $k=9$.

样本容量 n	50～100	100～250	250 以上
组数 k	6～10	7～12	10～20

组数 k 的数值没有硬性规定. 但经验表明，组数太小会掩盖数据的变动情况，组数太多，又呈现不出数据的规律性. 因此，一般来说，需要试作一二次，才能找到较理想的 k 值.

（3）计算组距 h，决定分点．组距 h 等于极差 R 除以组数 k，即

$$h=\frac{R}{k},$$

一般 h 取整数．这里

$$h=\frac{40.5}{9}=4.5\approx 5.$$

选一个比最小值 S 稍小的数 a，作为左边第一组的起点．为了使样本数据不成为分点，a 要比样本数据多取一位小数．这里，取 $a=15.25$．然后，由公式

$$t_i=a+hi \quad (i=1,2,\cdots,h)$$

就可计算出每个组的端点值，从而得到分组的情况（表 4-1）．

（4）统计频数，计算频率和频率密度．用选举唱票的方法，对落在各个小组内的数据进行累计，然后数出样本值落在各个组内的频数（n_i），并计算出频率 $\left(\frac{n_i}{n}\right)$ 和频率密度 $\left(\frac{频率}{组距}=\frac{n_i}{5n}\right)$（表 4-1）．

表 4-1　频率分布表

组号	分组界限	频数 n_i	频率 $\frac{n_i}{n}$	频率密度 $\frac{n_i}{5n}$
1	15.25～20.25	1	0.02	0.004
2	20.25～25.25	2	0.04	0.008
3	25.25～30.25	7	0.14	0.028
4	30.25～35.25	12	0.24	0.048
5	35.25～40.25	11	0.22	0.044
6	40.25～45.25	7	0.14	0.028
7	45.25～50.25	5	0.10	0.020
8	50.25～55.25	3	0.06	0.012
9	55.25～60.25	2	0.04	0.008
合　计		50	1.00	0.200

（5）绘频率直方图．取一直角坐标系，以分组界限值为横坐标，以频率密度为纵坐标绘出一系列矩形，每个矩形的面积恰好等于样本数据落在该区间内的频率．因此，所有矩形面积之和等于频率的总和，即等于 1．并把这个图形叫作频率直方图（见图 4-1）．

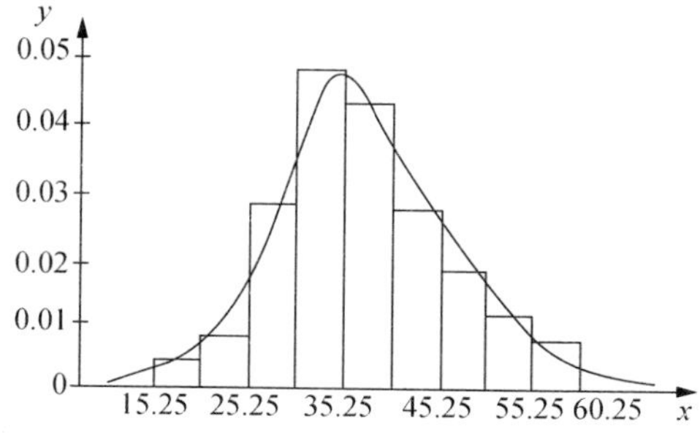

图　4-1

图 4-1 大致描述了总体 X 的概率分布情况．有了直方图，就可近似地绘出分布密度曲线：作一条曲线，让它大致经过每个竖着的长方形的上边，则这条曲线就是频率分布密度曲线，它可作为总体 X 的分布密度曲线的近似．容易看出，如果样本

容量越大(即 n 越大),分组越细(即 k 越大),则频率分布密度曲线将趋于总体 X 的分布密度曲线.

可以看出,图 4-1 中的频率分布曲线近似于正态分布曲线. 这就是说,本题所考察的总体是近似服从正态分布的.

4.1.3　样本的数字特征

定义 4.1.1　设$(X_1, X_2, \cdots, X_n)$是来自总体 X 的样本,则称

$$\overline{X} = \frac{1}{n}\sum_{i=1}^{n} X_i$$

为**样本均值**,称

$$S^2 = \frac{1}{n-1}\sum_{i=1}^{n}(X_i - \overline{X})^2 \tag{4-1}$$

为**样本方差**,称

$$S = \sqrt{\frac{1}{n-1}\sum_{i=1}^{n}(X_i - \overline{X})^2}$$

样本均方差或**样本标准差**.

【例 3】　某次数学竞赛后,从参赛所有同学中随机抽取 10 名同学,取得的成绩分别为 54,67,68,78,70,66,67,70,65,69. 求该组样本观察值的样本均值与样本方差.

解　$\overline{X} = \frac{1}{n}\sum_{i=1}^{n} X_i = \frac{1}{10} \times (54+67+68+78+70+66+67+70+65+69) = 67.4.$

$$\begin{aligned} S^2 &= \frac{1}{n-1}\sum_{i=1}^{n}(X_i - \overline{X})^2 \\ &= \frac{1}{9} \times (13.4^2 + 0.4^2 + 0.6^2 + 10.6^2 + 2.6^2 + 1.4^2 + 0.4^2 + 2.6^2 + 2.4^2 + 1.6^2) \\ &= \frac{316.4}{9}. \end{aligned}$$

可以看到,用上述样本方差公式计算时比较复杂,下面对该公式进行简化. 因为

$$\begin{aligned} S^2 &= \frac{1}{n-1}\sum_{i=1}^{n}(X_i - \overline{X})^2 = \frac{1}{n-1}\sum_{i=1}^{n}(X_i^2 - 2\overline{X}X_i + \overline{X}^2) \\ &= \frac{1}{n-1}\left[\sum_{i=1}^{n} X_i^2 - 2\overline{X}\sum_{i=1}^{n} X_i + n\overline{X}^2\right] \\ &= \frac{1}{n-1}\left[\sum_{i=1}^{n} X_i^2 - 2n\overline{X}^2 + n\overline{X}^2\right] = \frac{1}{n-1}\left(\sum_{i=1}^{n} X_i^2 - n\overline{X}^2\right), \end{aligned}$$

所以,有方差简化公式

$$S^2 = \frac{1}{n-1}\left(\sum_{i=1}^{n} X_i^2 - n\overline{X}^2\right). \tag{4-2}$$

利用上述公式计算样本方差时比较方便.

现在用方差简化公式重新计算例 3 的方差以及标准差. 因为

$$\sum_{i=1}^{10} X_i^2 = 54^2 + 67^2 + 68^2 + 78^2 + 70^2 + 66^2 + 67^2 + 70^2 + 65^2 + 69^2 = 45\,744,$$

所以,根据公式(4-2),得

$$S^2=\frac{1}{10-1}\left(\sum_{i=1}^{10}X_i^2-10\overline{X}^2\right)=\frac{1}{9}(45\ 744-10\times 67.4^2)=\frac{316.4}{9}=35.1556.$$

故所求样本标准差为 $S=\sqrt{35.1556}\approx 5.93$.

习题 4-1

1. 为了解中学生的身体发育情况，对某中学同年龄的 70 名女生的身高进行测量，结果如下（单位：cm）：

167	154	159	166	169	159	156	166	162	158
159	156	166	160	164	160	157	156	157	161
160	156	166	160	164	160	157	156	157	161
158	158	153	158	164	158	163	158	153	157
162	162	159	154	165	166	157	151	146	151
158	160	165	158	163	163	162	161	154	165
162	162	159	157	159	149	164	168	159	153

试根据以上数据，作出身高的频率直方图.

2. 某工地送来一批烧结普通砖试样进行检测试验，10 块砖样的抗压强度值（单位：MPa）为 13.8，22.1，19.6，22.4，13.8，19.2，18.4，18.7，12.1，21.2. 试求这 10 块样砖抗压强度的均值和方差.

3. 甲、乙两个农业试验区均种植玉米，若各分 10 个小区，各小区面积相同，除甲区施磷肥外，其他试验条件都一样，得到玉米产量（单位：kg）如下：

甲区	62	57	65	60	63	58	57	60	60	58
乙区	56	50	56	57	58	57	60	55	57	55

求两个区的平均产量和方差.

4. 某总体 X 有四个指标值：11，14，16，19. 现从中有放回地抽取两个指标值构成样本.（1）试列出所有可能的样本；（2）算出每个样本的平均值；（3）求出全部样本平均值的平均值.

4.2 常用统计量的分布

在数理统计中，并不是利用抽取的样本直接对总体进行估计、推断的，而是要对样本进行一番提炼和加工，即针对不同的问题构造出样本的各种函数. 上面讨论的样本均值、样本方差和样本标准差都是样本$(X_1,X_2,\cdots,X_n)$的函数，为了充分利用样本所提供的信息来认识总体，有时还要用到样本的其他函数.

定义 4.2.1 设来自于总体 X 的样本$(X_1,X_2,\cdots,X_n)$，而 $g(X_1,X_2,\cdots,X_n)$是一个不含任何未知参数的函数，则称 $g(X_1,X_2,\cdots,X_n)$是一个**统计量**. 显然，$\overline{X}$，S^2，S 都是统计量.

由于样本$(X_1,X_2,\cdots,X_n)$中的每一个分量 X_i $(i=1,2,\cdots,n)$都是随机变量，因此统计量也是随机变量，于是可以研究统计量的概率分布问题. 下面介绍最常用的几个统计量及其分布.

4.2.1 样本均值的分布

定理 4.2.1 如果$(X_1,X_2,\cdots,X_n)$是来自正态总体 $X\sim N(\mu,\sigma^2)$的一个样本，则样本均

值$\overline{X}\sim N\left(\mu,\frac{\sigma^2}{n}\right)$或统计量$\frac{\overline{X}-\mu}{\sigma/\sqrt{n}}\sim N(0,1)$.

事实上,可以证明:$\overline{X}$是服从正态分布的随机变量.又因为

$$E(X_i)=E(X)=\mu,\quad D(X_i)=D(X)=\sigma^2\quad (i=1,2,3\cdots,n),$$

所以

$$\begin{aligned}E(\overline{X})&=E\left[\frac{1}{n}(X_1+X_2+\cdots+X_n)\right]\\&=\frac{1}{n}[E(X_1)+E(X_2)+\cdots+E(X_n)]\\&=\frac{1}{n}(\mu+\mu+\cdots+\mu)=\mu,\\D(\overline{X})&=D\left[\frac{1}{n}(X_1+X_2+\cdots+X_n)\right]\\&=\frac{1}{n^2}[D(X_1)+D(X_2)+\cdots+D(X_n)]\\&=\frac{1}{n^2}(\sigma^2+\sigma^2+\cdots+\sigma^2)=\frac{\sigma^2}{n}.\end{aligned}$$

故$\overline{X}\sim N\left(\mu,\frac{\sigma^2}{n}\right)$.然后对$\overline{X}$进行标准化得$\frac{\overline{X}-\mu}{\sigma/\sqrt{n}}\sim N(0,1)$.

通常将服从标准正态分布的统计量记为字母U,即$U=\frac{\overline{X}-\mu}{\sigma/\sqrt{n}}\sim N(0,1)$.

【例 1】 某电子元件的使用寿命X服从正态分布$N(100,25)$.先从中随机抽取一个样本容量为 36 的样本.求样本平均使用寿命$\overline{X}$落在$98\sim101$之间的概率.

解 因为$\mu=100,\sigma^2=25,n=36$,所以$\overline{X}\sim N\left(100,\left(\frac{5}{6}\right)^2\right)$.于是,得

$$\begin{aligned}P(98<\overline{X}<101)&=\Phi\left(\frac{101-100}{\frac{5}{6}}\right)-\Phi\left(\frac{98-100}{\frac{5}{6}}\right)\\&=\Phi(1.2)-\Phi(-2.4)=\Phi(1.2)-[1-\Phi(2.4)]\\&=0.8849-1+0.9918=0.8767.\end{aligned}$$

在实际应用中,常常需要对U取某些区间值的概率反查正态分布表(附表二).

【例 2】 求λ的值,使$P(U>\lambda)=0.10$.

解 因为$U\sim N(0,1)$,所以

$$P(U>\lambda)=1-P(U\leqslant\lambda)=1-\Phi(\lambda)=0.10.$$

于是,有

$$\Phi(\lambda)=1-0.10=0.90.$$

查附表二,得$\lambda=1.28$.

【例 3】 求λ的值,使$P(|U|<\lambda)=0.99$.

解 由

$$\begin{aligned}P(|U|<\lambda)&=P(-\lambda\leqslant U\leqslant\lambda)=\Phi(\lambda)-\Phi(-\lambda)\\&=2\Phi(\lambda)-1=0.99\end{aligned}$$

知

$$\Phi(\lambda)=\frac{1+0.99}{2}=0.995.$$

查表，得 $\lambda=2.57$.

一般地，若已知 α 查表求 λ，使 $P(|U|<\lambda)=1-\alpha$，则根据标准正态分布的对称性（见图 4-2），有

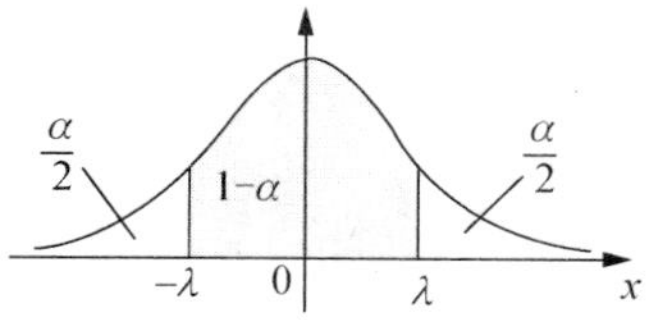

图 4-2

$$P(U<\lambda)=1-\frac{\alpha}{2}.$$

反查正态分布表，即得 λ. 通常记 $\lambda=U_{\frac{\alpha}{2}}$，并称 $U_{\frac{\alpha}{2}}$ 为临界值，即

$$P(|U|<U_{\frac{\alpha}{2}})=1-\alpha.$$

4.2.2 t 分布

在统计量 $U=\frac{\overline{X}-\mu}{\sigma/\sqrt{n}}$ 中，当总体 X 的方差 σ^2 未知时，可用样本方差 S^2 代替，从而得到统计量

$$t=\frac{\overline{X}-\mu}{S/\sqrt{n}}.$$

它的概率分布称为自由度 df 为 $n-1$ 的 t 分布，简记作

$$t=\frac{\overline{X}-\mu}{S/\sqrt{n}}\sim t(n-1).$$

t 分布的密度曲线如图 4-3 中的实线所示，它关于 y 轴对称，比标准正态分布的密度曲线（图中浅色线）平坦一些，在中部处于其下，而在尾部处于其上. 随着自由度的增加，t 分布逐渐逼近标准正态分布. t 分布临界值表见附表四.

【例 4】 若 $P(t>\lambda)=0.025$，试求自由度 $\mathrm{d}f=5,10,20$ 时的 λ 值.

解 根据 $P(t>\lambda)=0.025$ 及 t 分布的对称性知

$$P(|t|>\lambda)=0.05,$$

所以 $\alpha=0.05$.

(1) 当 $\mathrm{d}f=5$ 时，查附表四得 $\lambda=2.5706$；

(2) 当 $\mathrm{d}f=10$ 时，查附表四得 $\lambda=2.2281$；

(3) 当 $\mathrm{d}f=20$ 时，查附表四得 $\lambda=2.0860$.

一般地，已知 α 和样本容量 n，求 λ 使 $P(|t|<\lambda)=1-\alpha$，可根据自由度 $\mathrm{d}f=n-1$ 及

$$P(t>\lambda)=\frac{\alpha}{2},$$

查表即得 λ（参见图 4-4）. 临界值 λ 常记作 $\lambda=t_{\frac{\alpha}{2}}(n-1)$.

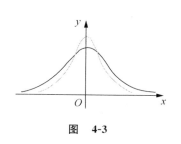

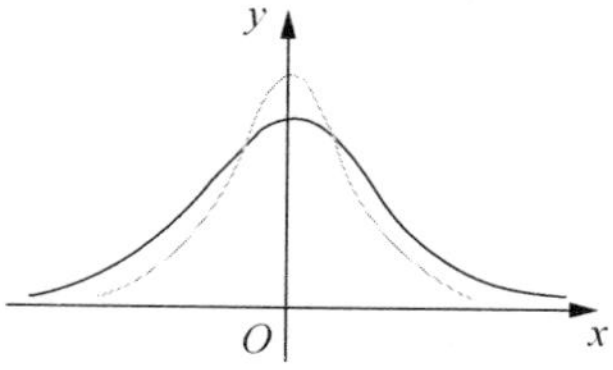

图 4-3

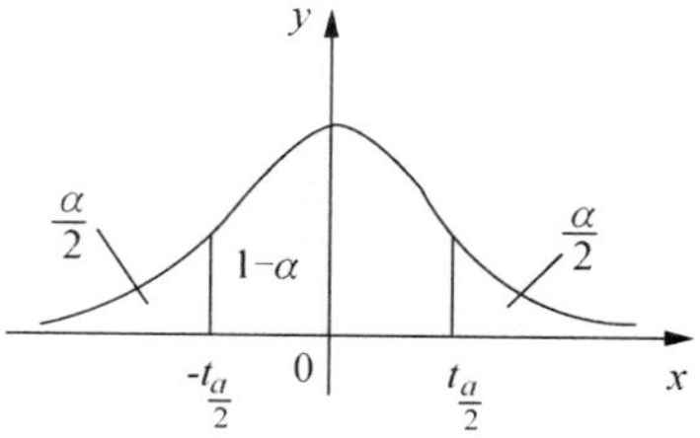

图 4-4

4.2.3　χ^2 分布

设$(X_1, X_2, \cdots, X_n)$是来自正态总体 $X \sim N(\mu, \sigma^2)$的一个样本，则统计量

$$\chi^2 = \frac{(n-1)S^2}{\sigma^2}$$

服从自由度为 $n-1$ 的 χ^2 分布，记作

$$\chi^2 = \frac{(n-1)S^2}{\sigma^2} \sim \chi^2(n-1),$$

其中样本方差为

$$S^2 = \frac{1}{n-1}\sum_{i=1}^{n}(X_i - \overline{X})^2,$$

与标准正态分布和 t 分布不同，它是一种非对称分布. χ^2 分布的密度曲线如图 4-5 所示. χ^2 的临界值可由附表三查得.

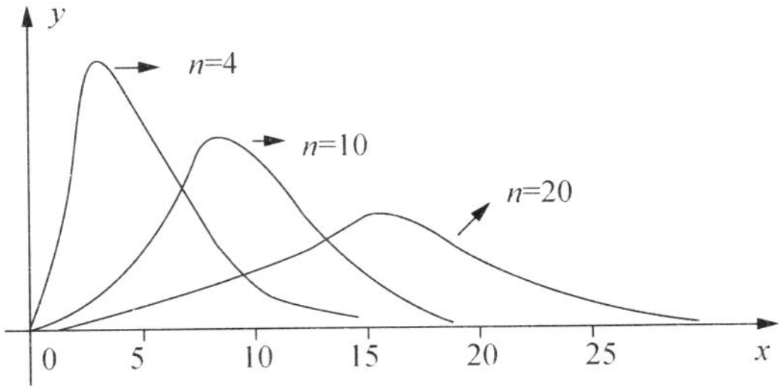

图　4-5

【例 5】　若 $P(\chi^2(12) < \lambda) = 0.05$，求 λ.

解　因为

$$P(\chi^2(12) \geqslant \lambda) = 1 - P(\chi^2(12) < \lambda) = 1 - 0.05 = 0.95,$$

所以，由 $df = 12, \alpha = 0.95$ 查表得 $\lambda = 5.226$.

【例 6】　如果自由度 $df = 9$，且满足 $P(\lambda_1 < \chi^2 < \lambda_2) = 0.90$，求 λ_1, λ_2 的值.

解　如图 4-6 所示，满足已知条件的 λ_1, λ_2 有无穷多组，通常采用对称性处理，使随机事件 $\chi^2 \leqslant \lambda_1$ 和 $\chi^2 \geqslant \lambda_2$ 概率都等于$(1-0.90/2)=0.05$，即

$$P(\chi^2 \leqslant \lambda_1) = P(\chi^2 \geqslant \lambda_2) = 0.05.$$

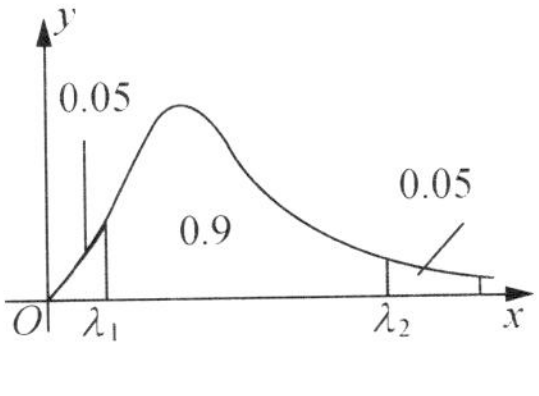

图　4-6

于是，有

$$P(\chi^2 > \lambda_1) = 0.95, \quad P(\chi^2 \geqslant \lambda_2) = 0.05.$$

根据自由度 $df = 9$，查表得 $\lambda_1 = 3.3251. \lambda_2 = 16.9190.$

一般地，已知 $\alpha(0 < \alpha < 1)$和样本容量 n，求 λ_1, λ_2 使

$$P(\lambda_1 < \chi^2 < \lambda_2) = 1 - \alpha.$$

可根据自由度 $df = n-1$ 及

$$P(\chi^2 > \lambda_1) = 1 - \frac{\alpha}{2}, \quad P(\chi^2 > \lambda_2) = \frac{\alpha}{2}.$$

查表即得 λ_1, λ_2 的值. 通常记

$$\lambda_1 = \chi^2_{1-\frac{\alpha}{2}}(n-1), \quad \lambda_1 = \chi^2_{\frac{\alpha}{2}}(n-1),$$

即

$$P[\chi^2_{1-\frac{\alpha}{2}}(n-1) < \chi^2 < \chi^2_{\frac{\alpha}{2}}(n-1)] = 1 - \alpha.$$

习题 4-2

1. 在总体 $X \sim N(52, 6.3^2)$中，随机地抽取一个容量为 36 的样本. 求样本平均值 $\overline{X}$ 落在 50.8～53.8 之间的概率.

2. 在总体 $X \sim N(80, 20^2)$中随机抽取一个容量为 100 的样本，求样本平均值 $\overline{X}$ 与总体均值之差的绝对值大于 4 的概率.

3. 查表求下列各分布的临界值：

(1) $P(U<U_\alpha)=0.01$， $P(U>U_\alpha)=0.05$， $P(|U|<U_{\frac{\alpha}{2}})=0.90$.

(2) $P(\chi^2>\chi^2_\alpha(10))=0.025$， $P(\chi^2<\chi^2_\alpha(20))=0.05$， $P(\chi^2_{1-\frac{\alpha}{2}}(15)<\chi^2<\chi^2_{\frac{\alpha}{2}}(15))=0.99$.

(3) $P(t>t_\alpha(10))=0.125$， $P(t<t_\alpha(14))=0.005$， $P(|t|<t_\alpha(8))=0.95$.

4. 设 $X_1,X_2,\cdots,X_n$ 是来自正态总体 $X\sim N(10,4)$的样本，且样本均值 $\overline{X}$ 满足 $P(9.02<\overline{X}<10.98)=0.95$，试求样本容量 n 为多少？

4.3 参数估计

4.3.1 点估计的概念与评价

实际工作中，对于未知总体 X 来讲，可能是总体分布未知，也可能是总体的一个或几个参数未知.例如：正常情况下，成年人的身高分布一般为正态分布 $N(\mu,\sigma^2)$，而成年人的平均身高 μ 和成年人身高方差 σ^2 却是未知的.为了确定 μ 和 σ^2，需要进行随机抽样，然后用样本$(X_1,X_2,\cdots,X_n)$提供的信息来对总体 μ 和 σ^2 做出估计.由于样本来自总体，因此样本均值和样本方差都必然在一定程度上反映总体均值 μ 和总体方差 σ^2 的特性.一个很自然的想法，就是用样本均值 $\overline{X}$ 作为总体均值 μ 的估计，用样本方差 S^2 作为总体方差 σ^2 的估计.这就是参数的点估计问题.

定义 4.3.1 设 θ 是总体 X 的需要估计的参数(称为待估参数).$(X_1,X_2,\cdots,X_n)$为来自总体 X 的样本.如果构造一个统计量 $g(X_1,X_2,\cdots,X_n)$作为参数 θ 的估计，则称这个统计量为参数 θ 的一个点估计量，并记作 $\hat{\theta}$，即

$$\hat{\theta}=g(X_1,X_2,\cdots,X_n).$$

如果$(x_1,x_2,\cdots,x_n)$是样本的一组观测值，则 $\hat{\theta}=g(x_1,x_2,\cdots,x_n)$就是 θ 的一个点估计值.

总体均值 $E(X)$、总体方差 $D(X)$和总体标准差 $\sqrt{D(X)}$的点估计分别记作

$$\hat{E}(X)=\overline{X}=\frac{1}{n}\sum_{i=1}^{n}X_i,$$

$$\widetilde{D}(X)=S^2=\frac{1}{n-1}\sum_{i=1}^{n}(X_i-\overline{X})^2,$$

$$\sqrt{\widetilde{D}(X)}=S=\sqrt{\frac{1}{n-1}\sum_{i=1}^{n}(X_i-\overline{X})^2}.$$

【例 1】 已知取某型号火箭 8 枚进行射程试验，测得数据为(单位：km)：54、52、49、57、43、47、50、51.试估计该型号火箭射程的均值、方差和标准差.

解 由均值 $E(X)$和方差 $D(X)$的点估计公式，得

$$\widetilde{E}(X)=\overline{X}=\frac{1}{8}(54+52+49+57+43+47+50+51)=50.375$$

因

$$\sum_{i=1}^{8}X_i^2=54^2+52^2+49^2+57^2+43^2+47^2+50^2+51^2=20\,429,$$

故

$$\widetilde{D}(X)=S^2=\frac{1}{8-1}\left(\sum_{i=1}^{8}X_i^2-8\overline{X}^2\right)=\frac{1}{7}(20\,429-8\times50.375^2)=\frac{127.875}{7}=18.27,$$

$$\sqrt{\widetilde{D}(X)} = S = \sqrt{18.27} \approx 4.274,$$

即该型号火箭射程均值的估计值为 50.375 km，方差的估计值为 18.27，标准差的估计值为 4.274 km.

由于样本$(X_1, X_2, \cdots, X_n)$是随机变量，从而总体未知参数的估计量也是随机变量，但总体未知参数却是不变的常数，所以如果用随机变量来估计非随机变量时. 样本不同，观察值就不同，同一个未知参数会得到不同的估计值. 如何判断一个估计量的好坏，就需要讨论估计量的评价问题. 一次抽样下，估计量的取值不见得恰好等于被估计的参数值，但总是希望一个好的估计量在综合所有可能样本的情况下，“平均”来说应等于被估计的参数，而且估计值与被估计参数间的偏差尽可能小. 这就是所谓的“无偏性”与“有效性”，即点估计的评价.

定义 4.3.2　设 $\hat{\theta}$ 是未知参数 θ 的估计量. 若 $E(\hat{\theta})=\theta$，则称 $\hat{\theta}$ 为 θ 的无偏估计.

可以证明，样本均值 $\overline{X}$ 是总体均值 $E(X)$ 的无偏估计量，样本方差 S^2 是总体方差 $D(X)$ 的无偏估计量，即

$$E(\overline{X})=E(X), \quad E(S^2)=D(X).$$

证明　设$(X_1, X_2, \cdots, X_n)$是来自总体 X 的简单随机样本，且总体的均值 $E(X)=\mu$ 和方差 $D(X)=\sigma^2$ 都存在，则

$$E(X_i) = E(X) = \mu, \quad D(X_i) = D(X) = \sigma^2,$$
$$E(X_i^2) = D(X_i) + (EX_i)^2 = \sigma^2 + \mu^2 \quad (i = 1, 2, \cdots, n)$$

又由定理 4.2.1 证明可得　$E(\overline{X})=\mu, \quad D(\overline{X})=\dfrac{\sigma^2}{n}$，

所以

$$E(\overline{X}^2)=D(\overline{X})+(\overline{EX})^2=\frac{\sigma^2}{n}+\mu^2.$$

故

$$E(\overline{X}) = E\left(\frac{1}{n}\sum_{i=1}^{n} X_i\right) = \frac{1}{n}\sum_{i=1}^{n} E(X_i) = \frac{1}{n} n\mu = \mu.$$

$$\begin{aligned}
E(S^2) &= E\left[\frac{1}{n-1}\sum_{i=1}^{n}(X_i - \overline{X})^2\right] = \frac{1}{n-1}E\left[\sum_{i=1}^{n}(X_i^2 - 2X_i\overline{X} + \overline{X}^2)\right] \\
&= \frac{1}{n-1}E\left[\sum_{i=1}^{n} X_i^2 - 2\overline{X}\sum_{i=1}^{n} X_i + n\overline{X}^2\right] \\
&= \frac{1}{n-1}\left[\sum_{i=1}^{n} E(X_i^2) - nE(\overline{X}^2)\right] \\
&= \frac{1}{n-1}\left\{\sum_{i=1}^{n}(\sigma^2 + \mu^2) - n\left[\frac{\sigma^2}{n} + \mu^2\right]\right\} \\
&= \frac{1}{n-1}\left[n(\sigma^2 + \mu^2) - \sigma^2 - n\mu^2\right] = \frac{1}{n-1}(n-1)\sigma^2 = \sigma^2,
\end{aligned}$$

其中 $\sum\limits_{i=1}^{n} X_i = n\overline{X}$. 所以，$S^2$ 是 $D(X)$ 的无偏估计.

注意　统计量 $S^{*2} = \dfrac{1}{n}\sum\limits_{i=1}^{n}(X_i - \overline{X})^2$ 不是总体方差 σ^2 的无偏估计. 事实上，根据期望性质，有

$$E(S^{*2}) = E\left[\frac{1}{n}\sum_{i=1}^{n}(X_i - \overline{X})^2\right] = E\left[\frac{n-1}{n}\,\frac{1}{n-1}\sum_{i=1}^{n}(X_i - \overline{X})^2\right]$$

$$=E\left(\frac{n-1}{n}S^2\right)=\frac{n-1}{n}E(S^2)=\frac{n-1}{n}\sigma^2\neq\sigma^2.$$

因此，按照给出的无偏性评价标准来说，S^2 作为 σ^2 的点估计比 S^{*2} 好. 这也就是通常采用 S^2 作为 σ^2 的点估计的原因. 但是

$$\lim_{n\to\infty}E(S^{*2})=\lim_{n\to\infty}\frac{n-1}{n}\sigma^2=\sigma^2,$$

所以称 S^{*2} 为 σ^2 的渐近无偏估计. 当样本容量 n 充分大时，可用渐近无偏估计代替无偏估计，误差不会很大.

对总体的某一参数的无偏估计往往不只一个，例如，设$(X_1,X_2,\cdots,X_n)$是来自总体 X 的样本，上面已证样本均值 $\overline{X}$ 就是总体均值 μ 的无偏估计量，容易验证只要 $\sum\limits_{i=1}^{n}a_i=1$，统计量 $\sum\limits_{i=1}^{n}a_iX_i$ 也都是总体均值 μ 的无偏估计量. 那么这些估计量中哪一个更好呢？很自然的想法是：一个好的无偏估计量与被估计的参数之间的偏差越小越好，也就是无偏估计量的方差越小越有效. 这就是所谓的"有效性".

定义 4.3.3 设$\tilde{\theta}_1$和$\tilde{\theta}_2$都是 θ 的无偏估计，若 $D(\tilde{\theta}_1)<D(\tilde{\theta}_2)$，则称$\tilde{\theta}_1$是较$\tilde{\theta}_2$更有效的估计. 如果在 θ 的一切无偏估计中，$\hat{\theta}$ 的方差达到最小，则 $\hat{\theta}$ 称为 θ 的最优无偏估计.

【例 2】 设(X_1,X_2,X_3)是来自总体 $X\sim N(\mu,\sigma^2)$的样本. 证明下列三个统计量：

$$\tilde{\theta}_1=\frac{1}{5}X_1+\frac{3}{10}X_2+\frac{1}{2}X_3,\quad \tilde{\theta}_2=\frac{1}{3}X_1+\frac{1}{3}X_2+\frac{1}{3}X_3,\quad \tilde{\theta}_3=\frac{1}{3}X_1+\frac{1}{6}X_2+\frac{1}{2}X_3$$

都是总体均值 μ 的无偏估计量，并指出哪一个最有效.

解 因为 $E(X_i)=E(X)=\mu,\quad D(X_i)=D(X)=\sigma^2\quad(i=1,2,3)$，
所以

$$E(\tilde{\theta}_1)=E\left(\frac{1}{5}X_1+\frac{3}{10}X_2+\frac{1}{2}X_3\right)=\left(\frac{1}{5}+\frac{3}{10}+\frac{1}{2}\right)\mu=\mu.$$

同理可证

$$E(\tilde{\theta}_2)=\mu,\quad E(\tilde{\theta}_3)=\mu.$$

故$\tilde{\theta}_1$、$\tilde{\theta}_2$、$\tilde{\theta}_3$都是总体均值 μ 的无偏估计. 又由于

$$D(\tilde{\theta}_1)=D\left(\frac{1}{5}X_1+\frac{3}{10}X_2+\frac{1}{2}X_3\right)=\left(\frac{1}{25}+\frac{9}{100}+\frac{1}{4}\right)\sigma^2=\frac{38}{100}\sigma^2,$$

$$D(\tilde{\theta}_2)=D\left(\frac{1}{3}X_1+\frac{1}{3}X_2+\frac{1}{3}X_3\right)=\left(\frac{1}{9}+\frac{1}{9}+\frac{1}{9}\right)\sigma^2=\frac{1}{3}\sigma^2,$$

$$D(\tilde{\theta}_3)=D\left(\frac{1}{3}X_1+\frac{1}{6}X_2+\frac{1}{2}X_3\right)=\left(\frac{1}{9}+\frac{1}{36}+\frac{1}{4}\right)\sigma^2=\frac{14}{36}\sigma^2,$$

经比较有 $D(\tilde{\theta}_2)<D(\tilde{\theta}_1)<D(\tilde{\theta}_3)$，所以统计量$\tilde{\theta}_2$最有效.

对于一般总体 X，不一定存在参数的最优无偏估计. 但对正态总体 $X\sim N(\mu,\sigma^2)$可以证明：样本均值 $\overline{X}$ 和方差 S^2 分别是总体均值 μ 和方差 σ^2 的最优无偏估计.

4.3.2 区间估计的概念

前面讨论了参数的点估计问题，只要给定样本观测值，就能算出参数的估计值. 但用点估计的方法得到的估计值不一定是参数的真实值，因为点估计量本身就是随机变量，即使点

估计值与参数真实值相等,也无法知道(因为总体参数本身是未知的),也就是说,点估计值只是待估参数的近似值,它没有告诉近似值的精确程度和可靠程度. 所以在实际应用中,需要给出一个包含参数 θ 的范围和一定的可靠程度,这个范围通常用区间形式表示,而可靠程度则用概率体现. 这就是参数的区间估计问题.

定义 4.3.4 设$(X_1,X_2,\cdots,X_n)$来自总体 X 的样本,θ 是总体的未知参数. 对于事先给定的 $\alpha(0<\alpha<1)$,若由确定的统计量$\tilde{\theta}_1=g_1(X_1,X_2,\cdots,X_n)$和$\tilde{\theta}_2=g_2(X_1,X_2,\cdots,X_n)$ $(\tilde{\theta}_1<\tilde{\theta}_2)$,使

$$P(\tilde{\theta}_1<\theta<\tilde{\theta}_2)=1-\alpha,$$

则称随机区间$(\tilde{\theta}_1,\tilde{\theta}_2)$为 θ 的**置信区间**,$1-\alpha$ 称为置信区间的**置信概率**或**置信度**.

置信区间是以统计量为端点的随机区间,不同的样本得到的置信区间$(\tilde{\theta}_1,\tilde{\theta}_2)$也不同,在置信度 $1-\alpha=0.90$ 的情形下,则等式 $P(\tilde{\theta}_1<\theta<\tilde{\theta}_2)=0.90$ 的直观意义是:在重复抽样 100 次下,产生 100 个随机样本,得到 100 个随机区间,在这 100 次区间估计中,大约有 90 个区间含有 θ 的真实值.

下面重点讨论总体均值和方差的区间估计. 由于正态总体是最常见的总体,且当样本容量比较大(一般不小于 50)时,其他非正态总体也可用正态总体来近似处理. 因此,本章只讨论正态总体的参数估计问题.

4.3.3 正态总体 $X\sim N(\mu,\sigma^2)$的均值 μ 区间估计

1. 方差 σ^2 已知时,均值 μ 的区间估计

设总体 $X\sim N(\mu,\sigma^2)$$(X_1,X_2,\cdots,X_n)$是来自总体 X 的样本. 由前面的讨论可知,样本均值 $\overline{X}$ 是总体均值 μ 的无偏估计,自然想到利用 $\overline{X}$ 来构造 μ 的置信区间. 由定理 4.2.1 知样本均值 $\overline{X}\sim N\left(\mu,\frac{\sigma^2}{n}\right)$,统计量

$$U=\frac{\overline{X}-\mu}{\sigma/\sqrt{n}}\sim N(0,1).$$

对于给定的置信度 $1-\alpha$,查正态分布表,可求得 $U_{\frac{\alpha}{2}}$,使

$$P(|U|<U_{\frac{\alpha}{2}})=P\left(\left|\frac{\overline{X}-\mu}{\sigma/\sqrt{n}}\right|<U_{\frac{\alpha}{2}}\right)=1-\alpha,$$

即

$$P\left(\overline{X}-U_{\frac{\alpha}{2}}\frac{\sigma}{\sqrt{n}}<\mu<\overline{X}+U_{\frac{\alpha}{2}}\frac{\sigma}{\sqrt{n}}\right)=1-\alpha.$$

上式表明,总体均值 μ 的置信度为 $1-\alpha$ 的置信区间为

$$\left(\overline{X}-U_{\frac{\alpha}{2}}\frac{\sigma}{\sqrt{n}},\overline{X}+U_{\frac{\alpha}{2}}\frac{\sigma}{\sqrt{n}}\right),$$

可以简记为 $\overline{X}\pm U_{\frac{\alpha}{2}}\frac{\sigma}{\sqrt{n}}$,并称为 **$U$ 法区间估计**.

实际应用中,置信度 $1-\alpha$ 通常只取 0.90,0.95,0.99 三个值,它们对应的置信区间如表 4-2 所示.

表 4-2 U 法区间估计表

置信度 $1-\alpha$	临界值 $U_{\frac{\alpha}{2}}$	置信区间
0.90	1.65	$\left(\overline{X}-1.65\frac{\sigma}{\sqrt{n}},\overline{X}+1.65\frac{\sigma}{\sqrt{n}}\right)$
0.95	1.96	$\left(\overline{X}-1.96\frac{\sigma}{\sqrt{n}},\overline{X}+1.96\frac{\sigma}{\sqrt{n}}\right)$
0.99	2.58	$\left(\overline{X}-2.58\frac{\sigma}{\sqrt{n}},\overline{X}+2.58\frac{\sigma}{\sqrt{n}}\right)$

【例 3】 某商店购进 A 商品 2000 包，其每包重量 X 服从正态分布，而且总体标准差 15 g. 从中随机抽测 100 包，得样本平均每包重量 500 g. 试以 95%的置信度估计购进的 2000 包平均每包重量的置信区间.

解 已知 $n=100,\overline{X}=500,\sigma^2=15^2,1-\alpha=0.95$ 所以 $U_{0.025}=1.96$，则所求区间为

$$\overline{X}\pm U_{0.025}\frac{\sigma}{\sqrt{n}}=500\pm 1.96\times\frac{15}{\sqrt{100}}=500\pm 2.94(\text{克}).$$

因此，有 95%的置信度估计所购 A 商品平均每包重量在 497.06～502.94 g 之间.

2. 总体方差 σ^2 未知时，均值 μ 的区间估计

在上面的讨论中，由于事先假定正态总体的方差 σ^2 为已知. 但在实际中，总体的方差通常是未知的. 这样，上述区间就无法算出. 一个很自然的想法就是，用样本方差 S^2 去代替总体方差 σ^2. 此时统计量为

$$t=\frac{\overline{X}-\mu}{S/\sqrt{n}}\sim t(n-1),$$

它服从自由度为 $n-1$ 的 t 分布. 给定置信度 $1-\alpha$，在 t 分布表中查自由度 $\mathrm{d}f=n-1$ 对应的临界值 $t_{\frac{\alpha}{2}}(n-1)$，使

$$P[t>t_{\frac{\alpha}{2}}(n-1)]=\frac{\alpha}{2},$$

于是由 t 分布的对称性，有

$$P[-t_{\frac{\alpha}{2}}(n-1)<t<t_{\frac{\alpha}{2}}(n-1)]=1-\alpha,$$

即

$$P\left[-t_{\frac{\alpha}{2}}(n-1)<\frac{\overline{X}-\mu}{S/\sqrt{n}}<t_{\frac{\alpha}{2}}(n-1)\right]=1-\alpha,$$

从而

$$P\left[\overline{X}-t_{\frac{\alpha}{2}}(n-1)\frac{S}{\sqrt{n}}<\mu<\overline{X}+t_{\frac{\alpha}{2}}(n-1)\frac{S}{\sqrt{n}}\right]=1-\alpha.$$

这就是说，μ 的置信度为 $1-\alpha$ 的置信区间为

$$\left(\overline{X}-t_{\frac{\alpha}{2}}(n-1)\frac{S}{\sqrt{n}},\overline{X}+t_{\frac{\alpha}{2}}(n-1)\frac{S}{\sqrt{n}}\right),$$

并称为 **t 法区间估计**.

【例 4】 从某灯泡厂生产的某批灯泡中随机抽取 5 只进行寿命测试，测得数据为(单位：h)1050，1100，1120，1250，1280. 假设灯泡寿命服从正态分布 $N(\mu,\sigma^2)$，试在 95%的置信度下估计该批灯泡的平均寿命 μ 的置信区间.

解　因为该批灯泡的寿命方差 σ^2 未知，且为小样本. 故用 t 法区间估计. 由样本数据可算得样本平均寿命

$$\overline{X}=\frac{1}{n}\sum_{i=1}^{n}X_i=\frac{1}{5}(1050+1100+1120+1250+1280)=1160\ \text{h}.$$

灯泡寿命的样本标准差

$$S=\sqrt{\frac{1}{n-1}\sum_{i=1}^{n}(X_i-\overline{X})^2}=\sqrt{\frac{1}{4}(110^2+60^2+40^2+90^2+120^2)}$$
$$=\sqrt{9950}=99.75\ \text{h}.$$

又由置信度 $1-\alpha=0.95$、自由度 $df=5-1=4$，查 t 分布表，得 $t_{0.025}(4)=2.776$. 于是，所求置信区间为

$$\left(1160-2.776\times\frac{99.75}{\sqrt{5}},1160+2.776\times\frac{99.75}{\sqrt{5}}\right)=(1160-124,1160+124).$$

故有 95% 的置信度估计该批灯泡的平均寿命 μ 在 1036～1284 h 之间.

4.3.4　正态总体 $X\sim N(\mu,\sigma^2)$ 的方差 σ^2 区间估计

在实际问题中，不但要对总体均值进行估计，还经常需要研究生产中某一指标的稳定性或精度等问题，这就需要对所研究总体的方差做区间估计.

设 $(X_1,X_2,\cdots,X_n)$ 是来自总体 $X\sim N(\mu,\sigma^2)$ 的样本，μ,σ^2 均未知. 由于样本方差 S^2 是总体方差 σ^2 的无偏估计，因此可以利用 S^2 来求得 σ^2 的置信区间. 由上一小节可知

$$\chi^2=\frac{(n-1)S^2}{\sigma^2}\sim\chi^2(n-1).$$

对于给定的 $1-\alpha(0<\alpha<1)$ 和自由度 $df=n-1$，查 χ^2 分布表，可得到临界值

$$\chi^2_{1-\frac{\alpha}{2}}(n-1),\quad \chi^2_{\frac{\alpha}{2}}(n-1),$$

使

$$P[\chi^2<\chi^2_{1-\frac{\alpha}{2}}(n-1)]=P[\chi^2>\chi^2_{\frac{\alpha}{2}}(n-1)]=\frac{\alpha}{2}.$$

于是，有

$$P[\chi^2_{1-\frac{\alpha}{2}}(n-1)<\chi^2<\chi^2_{\frac{\alpha}{2}}(n-1)]=1-\alpha,$$

即

$$P\left[\chi^2_{1-\frac{\alpha}{2}}(n-1)<\frac{(n-1)S^2}{\sigma^2}<\chi^2_{\frac{\alpha}{2}}(n-1)\right]=1-\alpha,$$

从而

$$P\left[\frac{(n-1)S^2}{\chi^2_{\frac{\alpha}{2}}(n-1)}<\sigma^2<\frac{(n-1)S^2}{\chi^2_{1-\frac{\alpha}{2}}(n-1)}\right]=1-\alpha.$$

这就是说，总体方差 σ^2 的置信度 $1-\alpha$ 的置信区间为

$$\left(\frac{(n-1)S^2}{\chi^2_{\frac{\alpha}{2}}(n-1)},\quad \frac{(n-1)S^2}{\chi^2_{1-\frac{\alpha}{2}}(n-1)}\right),$$

并称为 χ^2 **法区间估计**. 对上述区间的左右端点取**算术平方根**，就得到总体标准差 σ 的置信区间.

【例 5】　某种建筑用钢材的强度 X 服从正态分布 $N(\mu,\sigma^2)$，从中随机抽取 31 根，测得其强度的平均值为 1800 kg，标准差为 120 kg. 试在 0.90 置信度下估计这种钢材强度的方差

和标准差的置信区间.

解 由已知得 $n=31$，样本均值 $\overline{X}=1800$，样本标准差 $s=120$. 又由置信度 $1-\alpha=0.90$，自由度 $df=31-1=30$，查 χ^2 分布表，得

$$\chi^2_{0.95}(30)=18.493,\quad \chi^2_{0.05}(30)=43.773.$$

于是，所求钢条强度方差 σ^2 的置信区间为

$$\left(\frac{30\times 120^2}{43.773},\frac{30\times 120^2}{18.493}\right)=(9867,23\,360).$$

钢条强度标准差 σ 的置信区间为 $(\sqrt{9867},\sqrt{23\,360})=(99.3,152.8)$.

故有 95% 的置信度估计该种钢条强度的方差 σ^2 在 9867～23 360 之间，而以同等的置信度估计该种钢条强度的标准差 σ 在 99.3～152.8 kg 之间.

习题 4-3

1. 设 (X_1,X_2,X_3,X_4) 是来自总体 $X\sim N(\mu,\sigma^2)$ 的样本，试证明下面两个统计量都是总体均值 μ 的无偏估计，并比较哪个更有效？

(1) $\tilde{\mu}_1=\frac{1}{6}X_1+\frac{1}{8}X_2+\frac{3}{8}X_3+\frac{1}{3}X_4$；

(2) $\tilde{\mu}_2=\frac{1}{5}X_1+\frac{1}{2}X_2+\frac{1}{10}X_3+\frac{1}{5}X_4$

2. 正常人的脉搏平均为 72 次/分钟，现测得 10 人的脉搏（单位：次/分钟）为 54,67,68,78,70,66,67,70,65,69.

试求正常人脉搏的数学期望与标准差的无偏估计值.

3. 某市进行一项职工家庭生活费用调查，在全市居民家庭中抽取了一容量为 400 户的样本，算得样本月平均生活费为 152.4 元. 假设居民家庭月生活费服从正态分布在 $N(\mu,\sigma^2)$，其中总体标准差 $\sigma=26.3$ 元. 试求全市居民家庭的月平均生活费的置信区间（$1-\alpha=0.95$）.

4. 某工厂生产的一批滚珠，其直径服从正态分布 $N(\mu,0.05)$. 今从中抽取 8 个，测得其直径（单位：mm）分别为 14.7,15.1,14.8,14.9,15.2,14.2,14.6,15.1. 求这批滚珠平均直径的置信度为 99% 的置信区间.

5. 有一批出口灯泡，从中随机抽取 100 个进行检验，测得平均寿命为 1000 h，标准差为 200 h. 求这批灯泡平均寿命的置信区间（$1-\alpha=0.95$）.

6. 设某种装修用清漆的 9 个样品，其干燥时间（单位：h）分别为 7.0,5.7,5.8,6.5,7.0,6.3,5.6,6.1,5.0. 假设干燥时间服从正态分布 $N(\mu,\sigma^2)$，求这种清漆平均干燥时间 μ 的置信区间（$1-\alpha=0.99$）.

7. 设来自正态总体 X 的一个样本为 60,61,47,56,61,63,65,69,54,59. 求 X 的均值和方差的置信区间（置信度为 0.90）.

4.4 假设检验

4.4.1 假设检验原理

由于某种需要，对未知的或不完全知道的总体作出一些假设，用以说明总体的某种性质，这种假设称为**统计假设**. 针对这种假设，利用一个实际观测的样本，通过一定的程序，检验这个假设的合理性，从而决定接受或否定假设，这种检验称为**假设检验**. 它和区间估计一样，是数理统计中的重要内容之一.

【例 1】 某厂用包装机包装奶糖，包装机工作正常时，奶糖重量 X(单位：g)服从正态分布 $N(500,15^2)$. 某天开工后，为了检验包装机是否正常工作，随机抽取 9 袋奶糖，称得重量数据为 514,498,524,513,499,508,512,516,515. 问包装机该天工作是否正常？(假设方差不会发生变化.)

在这个例子中，只知道该天生产的奶糖重量仍然是正态分布，方差为 $\sigma^2=15^2$，而对于全部奶糖的平均重量却不知道. 由样本数据可算得样本平均每包重量 $\bar{x}=\frac{1}{9}\sum_{i=1}^{9}x_i=511$ g，显然与正常工作时的平均重量 500 g 有差异. 现在就是要根据样本均值 $\bar{x}=511$ 去说明该天包装的奶糖平均重量是否仍是 500 g. 其解决思路是：先假设该天包装机工作正常，即认为该天奶糖平均重量 $\mu=500$ g. 然后通过一定的程序，检验这个假设的合理性，并判断这个假设是否正确.

【例 2】 正常人的脉搏平均为 72 次/分钟，某医生对 10 位慢性四乙基铅中毒患者进行脉搏测试，其脉搏平均值为 67.4 次/分钟，脉搏标准差为 5.93 次/分钟，且已知四乙基铅中毒者的脉搏服从正态分布. 问四乙基铅中毒者的脉搏与正常人的脉搏有无显著性差异？

本例关心的是中毒者的脉搏与正常人的脉搏有无明显差异？类似于上一个例子，同样可以先假设没有明显差异，即认为中毒者的脉搏平均值仍是 $\mu=72$ 次/分钟，然后通过一定的程序，用抽样得到的样本值来检验这个假设是否正确.

在上面两个例子中，作为检验对象的假设称为**原假设**，通常用 H_0 表示. 例如，例 1 中的原假设为 H_0：$\mu=500$.

下面利用例 1 来说明假设检验的过程.

从定性的角度去分析，如果机器工作正常，即该天奶糖平均重量仍是 $\mu=500$ g，那么样本观测值 $\bar{x}$ 与 500 应该相差不大；反过来，若 $\bar{x}$ 与 500 相差很大，自然认为该天奶糖平均重量 $\mu\neq500$ g，即机器工作不正常，故可由 $|\bar{x}-\mu|$ 的大小来判断 H_0 的正确性.

于是可先假设 H_0：$\mu=500$ 为真，此时 $U=\frac{\overline{X}-\mu}{\sigma/\sqrt{n}}\sim N(0,1)$，因而衡量 $|\bar{x}-\mu|$ 的大小归结为衡量 $\left|\frac{\overline{X}-\mu}{\sigma/\sqrt{n}}\right|$ 的大小，适当选定一个正数 k，当样本观测值经 $\bar{x}$ 满足 $\left|\frac{\overline{X}-\mu}{\sigma/\sqrt{n}}\right|\geqslant k$ 时，就拒绝 H_0；反之，若 $\left|\frac{\overline{X}-\mu}{\sigma/\sqrt{n}}\right|<k$，就接受 H_0. 其中的 k 应该多大呢？这要由事先给定的一个小概率(即**检验水平**)$\alpha(0<\alpha<1)$来确定. 因为在 H_0：$\mu=500$ 为真时，事件 $\left|\frac{\overline{X}-\mu}{\sigma/\sqrt{n}}\right|\geqslant k$ 发生的概率不大，可令允许其发生的概率为 α，于是

$$P\left(\left|\frac{\overline{X}-\mu}{\sigma/\sqrt{n}}\right|\geqslant k\right)=P(|U|\geqslant k)=\alpha$$

成立. 假设取 $\alpha=0.05$，则查标准正态分布表 $N(0,1)$，得临界值 $k=U_{\frac{0.05}{2}}=1.96$，所以事件 $\left|\frac{\overline{X}-\mu}{\sigma/\sqrt{n}}\right|\geqslant1.96$ 为小概率事件. 本例中 $\bar{x}=511,n=9,\sigma=15$，即

$$\left|\frac{\overline{X}-\mu}{\sigma/\sqrt{n}}\right|=\left|\frac{511-500}{15/\sqrt{9}}\right|=2.2\geqslant1.96,$$

表明小概率事件在一次抽样中居然发生了，于是拒绝 H_0，认为包装机该天工作不正常.

假设检验的**基本原理**是小概率事件 B 的实际不可能原理．人们根据长期的经验坚持这样一个信念：概率很小的事件 B 在一次实际抽样中是不可能发生的．如果小概率事件 B 在一次抽样中居然发生了，人们宁愿认为此事件的前提条件是错误的，从而否定假设．

至于事件 B 的概率小到什么程度才能算是"小概率"，一般要根据实际问题的不同要求而定．小概率事件的概率用 α 表示，一般可取 0.1，0.05，0.01 等值．通常称 α 为**显著性水平**或**检验水平**．

当然，小概率事件并非绝对不会发生．因此，在进行假设检验时，是冒着犯错误的风险的：当 H_0 真实时，如果拒绝了它，则这种错误称为**第一类错误**（也称**弃真错误**）；当 H_0 虚假时，如果接受了它，则这种错误称为**第二类错误**（也称**纳伪错误**）．为了做出正确的决策，就要少犯错误，也就是要求这两类错误的概率值都较小才好．在实际中，通常总是先固定第一类错误的概率值，然后适当地选取样本容量去控制第二类错误的概率尽量小．

下面介绍几种常见的假设检验方法．

4.4.2 正态总体 $X\sim N(\mu,\sigma^2)$ 下对均值 μ 的检验

1．方差 σ^2 已知时，对均值 μ 的检验

在上面例 1 中，已经讨论了正态总体 $X\sim N(\mu,\sigma^2)$，方差 σ^2 已知时，关于均值 μ 的检验问题．在该例中利用了统计量 $U=\dfrac{\overline{X}-\mu}{\sigma/\sqrt{n}}\sim N(0,1)$，所以称这种检验法为 **$U$ 检验法**，其检验步骤如下：

（1）提出原假设 H_0：$\mu=\mu_0$．

（2）构造检验统计量 U，并确定其分布：$U=\dfrac{\overline{X}-\mu}{\sigma/\sqrt{n}}\sim N(0,1)$；

（3）对给定的检验水平 α，由 $P(|U|\geqslant k)=\alpha$ 查 $N(0,1)$，确定临界值 $k=U_{\frac{\alpha}{2}}$，形成小概率事件 B：

$$|U|=\left|\frac{\overline{X}-\mu}{\sigma/\sqrt{n}}\right|\geqslant U_{\frac{\alpha}{2}};$$

（4）由已知的样本资料，计算 U 值：若 $|U|\geqslant U_{\frac{\alpha}{2}}$，则小概率事件 B 发生，拒绝 H_0：$\mu=\mu_0$；若 $|U|<U_{\frac{\alpha}{2}}$，则小概率事件 B 没有发生，接受 H_0：$\mu=\mu_0$．

看下面的例子．

【例 3】 某厂生产一批产品，每瓶净重 X 服从正态分布，其产品设计标准为每瓶净重 250 g，标准差为 5 g．现从这批产品中随机抽取 100 瓶检验，测得样本平均每瓶净重是 251 g．试在 0.05 显著性水平下判断该批产品净重是否符合设计标准．

解 由已知，$\mu=250$，$\sigma=5$；而 $n=100$，$\overline{x}=251$．

（1）提出原假设 H_0：$\mu=250$．（即假设该批产品净重符合设计标准）；

（2）检验统计量 $U=\dfrac{\overline{X}-250}{\sigma/\sqrt{n}}\sim N(0,1)$；

（3）由 $\alpha=0.05$，查 $N(0,1)$，得临界值 $U_{\frac{\alpha}{2}}=1.96$，形成小概率事件 B：$|U|\geqslant 1.96$；

（4）而 $\overline{x}=251$，所以 $|U|=\left|\dfrac{\overline{X}-250}{\sigma/\sqrt{n}}\right|=\left|\dfrac{251-250}{5/\sqrt{100}}\right|=2\geqslant 1.96$；

这表明小概率事件 B 发生了，拒绝 H_0：$\mu=250$ 在 0.05 水平下认为该批产品净重不符合设

计标准.

2. 方差 σ^2 未知时，对均值 μ 的检验

在方差 σ^2 已知的条件下，可以用 U 检验法来检验正态总体的均值，但是，在许多实际问题中，方差 σ^2 往往未知，那么，如何检验正态总体的均值呢？自然想到用样本方差 S^2 去代替总体方差 σ^2，此时的检验统计量为

$$t=\frac{\overline{X}-\mu}{S/\sqrt{n}}\sim t(n-1).$$

所以此时的**检验法**为 t 检验法. 其检验步骤如下：

(1) 提出原假设 H_0：$\mu=\mu_0$.

(2) 构造检验统计量 t，并确定其分布：$t=\dfrac{\overline{X}-\mu}{S/\sqrt{n}}\sim t(n-1)$ (t 分布也是对称分布).

(3) 对给定的检验水平 α 和自由度 $df=n-1$，由 $P(|t|\geqslant k)=\alpha$ 查 t 分布表，确定临界值 $k=t_{\frac{\alpha}{2}}(n-1)$，形成小概率事件

$$B:\ |t|=\left|\frac{\overline{X}-\mu}{S/\sqrt{n}}\right|\geqslant t_{\frac{\alpha}{2}}(n-1).$$

(4) 由已知的样本资料，计算 t 值：若 $|t|\geqslant t_{\frac{\alpha}{2}}(n-1)$，则小概率事件 B 发生，拒绝 H_0：$\mu=\mu_0$；若 $|t|<t_{\frac{\alpha}{2}}(n-1)$，则小概率事件 B 没有发生，接受 H_0：$\mu=\mu_0$.

【例 4】 从一批矿砂中随机抽取 5 个样品，测得其镍含量(单位：%)数据为：3.25，3.27，3.24，3.26，3.24，且矿砂镍含量服从正态分布，试问在 0.01 水平下可否认为这批矿砂的镍含量均值为 3.25%？

解 (1) 提出原假设 H_0：$\mu=3.25$(即假设这批矿砂的镍含量均值为 3.25)；

(2) 检验统计量 $t=\dfrac{\overline{X}-3.25}{S/\sqrt{n}}\sim t(n-1)$；

(3) 由 $\alpha=0.01$ 和 $df=5-1=4$，查表得 $t_{0.005}(4)=4.604$. 形成小概率事件 B：$|t|\geqslant 4.604$；

(4) 由样本资料经计算得

$$\overline{x}=\frac{1}{5}\sum_{i=1}^{5}x_i=3.252,\ S=\sqrt{\frac{1}{5-1}\sum_{i=1}^{5}(x_i-\overline{x})^2}=0.013.$$

所以
$$|t|=\left|\frac{\overline{X}-3.25}{S/\sqrt{n}}\right|=\left|\frac{3.252-3.25}{0.013/\sqrt{5}}\right|=0.344<4.604.$$

这表明小概率事件 B 没有发生，接受 H_0：$\mu=3.25$；在 0.01 水平下认为这批矿砂的镍含量均值为 3.25%.

4.4.3 正态总体 $X\sim N(\mu,\sigma^2)$ 下，均值 μ 未知，对方差 σ^2 的检验

上面介绍的 U 检验法和 t 检验法，解决了正态总体的均值检验问题. 但在许多实际问题中，往往需要对正态总体的方差进行检验，即设 $X\sim N(\mu,\sigma^2)$，均值 μ 未知，检验原假设 H_0：$\sigma^2=\sigma_0^2$. 显然离不开样本方差 S^2，此时的检验统计量为

$$\chi^2=\frac{(n-1)S^2}{\sigma^2}\sim\chi^2(n-1).$$

这种检验法称为 χ^2 **检验法**，其检验步骤如下：

（1）提出原假设 $H_0: \sigma^2=\sigma_0^2$.

（2）构造检验统计量 χ^2，并确定其分布.

$$\chi^2=\frac{(n-1)S^2}{\sigma^2}\sim\chi^2(n-1) \quad (\chi^2\text{ 分布不是对称分布}).$$

（3）对给定的检验水平 α 和自由度 $df=n-1$，由 $P(\chi^2\leqslant\lambda_1)=\frac{\alpha}{2}$ 和 $P(\chi^2\geqslant\lambda_2)=\frac{\alpha}{2}$，查 χ^2 分布表，确定临界值 $\lambda_1=\chi^2_{1-\frac{\alpha}{2}}(n-1)$ 和 $\lambda_2=\chi^2_{\frac{\alpha}{2}}(n-1)$，形成小概率事件 $B:\chi^2\leqslant\chi^2_{1-\frac{\alpha}{2}}(n-1)$ 或 $\chi^2\geqslant\chi^2_{\frac{\alpha}{2}}(n-1)$.

（4）由已知的样本资料，计算 χ^2 值：若 $\chi^2\leqslant\chi^2_{1-\frac{\alpha}{2}}(n-1)$ 或 $\chi^2\geqslant\chi^2_{\frac{\alpha}{2}}(n-1)$，则小概率事件 B 发生，拒绝 $H_0: \sigma^2=\sigma_0^2$；若 $\chi^2_{1-\frac{\alpha}{2}}(n-1)<\chi^2<\chi^2_{\frac{\alpha}{2}}(n-1)$，则小概率事件 B 没有发生，接受 $H_0: \sigma^2=\sigma_0^2$.

【例 5】 某企业正常生产条件下，产品某一质量指标 X 服从正态总体，其方差为 16. 某日开工后，从生产的产品中随机抽取 21 件进行检测，测得该指标的样本方差为 12. 试在 0.05 显著水平下判断该天生产产品的该质量指标方差是否仍是 16.

解 由已知，正常生产下总体方差 $\sigma^2=16$；而 $n=21$，样本方差 $S^2=12$.

（1）提出原假设 $H_0: \sigma^2=16$；

（2）检验统计量 $\chi^2=\dfrac{(n-1)S^2}{\sigma^2}\sim\chi^2(n-1)$；

（3）由 $\alpha=0.05$ 及 $df=21-1=20$. 查 χ^2 分布表得临界值 $\chi^2_{0.975}(20)=9.59$ 和 $\chi^2_{0.025}(20)=34.17$，形成小概率事件 B：$\chi^2\leqslant 9.59$ 或 $\chi^2\geqslant 34.17$；

（4）因为样本方差 $S^2=12$，所以 $\chi^2=\dfrac{(n-1)S^2}{\sigma^2}=\dfrac{(21-1)\times 12}{16}=15$.

由于 $9.59<15<34.17$，表明小概率事件 B 没有发生，接受 $H_0: \sigma^2=16$；故在 0.05 水平下认为该天生产产品的质量指标方差仍是 16.

习题 4-4

1. 某产品设计标准每瓶净重为 250 g，标准差为 5 g. 随机抽取 100 瓶进行检验，测得样本每瓶平均净重是 251 g. 在检验水平 $\alpha=0.05$ 下，判断产品每瓶净重是否符合设计标准.

2. 已知某炼铁厂铁水含碳量服从正态分布 $N(4.48, 0.11^2)$，为了检验铁水平均含碳量，共测定了 8 炉铁水，其含碳量分别为 4.47，4.49，4.50，4.47，4.45，4.42，4，52，4.44. 如果方差没有什么变化，试检验铁水含碳量与原来有无显著差异($\alpha=0.05$).

3. 已知灯泡寿命正态总体，从一批灯泡中随机抽取 20 个，算得样本平均寿命 $\overline{X}=1900$ 小时，标准差 $S=490$ 小时. 试在检验水平 $\alpha=0.01$ 下，判断该批灯泡的平均使用寿命是否为 2000 小时？

4. 某类食品上一年价格波动的标准差为 5 元. 现对今年第一季度随机抽查了 25 天的价格资料，经计算价格波动的标准差为 6 元. 试问当 $\alpha=0.05$ 时，该类食品价格与上年相比波动是否有显著差异.

5. 一种元件，企业制定的质量标准是平均寿命为 1200 h，标准差为 50 h. 今在这种元件中随机抽取 9 只，测得样本平均寿命为 1178 h，样本标准差为 54 h. 已知元件寿命服从正态分布，试在 $\alpha=0.05$ 水平下确定这种元件是否符合要求.

4.5 一元线性回归

4.5.1 回归分析的概念

变量之间的关系大致可分为两类：一类称为**确定性关系**，也称**函数关系**. 如圆的面积 A

和半径 r 之间的关系，可用公式表示为 $A=\pi r^2$，当 r 确定时，A 也随之确定；自由落体运动下，下落的位移 S 与下落的时间 t 之间的关系，可表示为 $S=gt^2/2$（g 是重力加速度常数）. 另一类称为**非确定性关系**，又称为**相关关系**. 例如人的身高与体重之间的关系，一般身高越高，体重相应也越重，但身高与体重之间又没有很确定的关系. 具有相关关系的变量在实际生活中非常多. 例如，消费者对某种商品（比如西红柿）的月需求量与该种商品的价格之间的关系，农作物的产量与施肥量、气候、农药之间的关系，家庭收入水平与食品支出比重的关系等，都具有相关关系.

在确定变量之间具有相关关系的情况下，由一个或一组非随机变量（即自变量）来估计或预测某一个随机变量（即因变量）的观察值时，所建立的数学模型以及所进行的统计分析，称为**回归分析**. 如果这个模型是线性（几何体现为直线形态）的就称为**线性回归分析**. 反之，则为**非线性回归分析**（即曲线形态）. 回归分析是处理变量间相关关系的有力工具，它不仅告诉人们怎样建立变量间的数学表达式，即经验公式，而且还利用概率统计知识进行分析讨论，判断出所建立的经验公式的有效性，从而可以进行预测或估计. 因此，回归分析是现代化管理的一个重要工具，在生产实际中应用十分广泛.

根据变量的多少回归分析可分为一元回归分析和多元回归分析，其中一元回归分析是研究两个变量之间的相关关系，多元回归分析是研究两个以上变量之间的相关关系. 本节只针对具有直线形态的两变量间的回归分析，即**一元线性回归分析**.

4.5.2 一元线性回归方程的建立

设 X 与 Y 为具有相关关系的两个变量，X 是可控制的自变量，Y 是随机变化的因变量. 在实际问题中，首先对变量 X 与 Y 进行 n 次试验或观测，得到 n 组值 (x_i,y_i) $i=1,2,\cdots,n$. 然后将此 n 组值 (x_i,y_i) 在直角坐标平面中描绘出来，若该 n 个点大致围绕在一条直线周围，就可以认为 X 与 Y 呈线性相关关系，这样的图形称为**相关散点图**，如图 4-7 所示. 从图中可以看到，n 个散点没有准确落在直线上，而是在一条直线上下波动. 接下来就是求出这条直线的方程 $Y=a+bX$，也就是 X 与 Y 之间的数学模型，称为**一元线性回归方程**.

显然直线方程 $Y=a+bX$ 中的 a 与 b 是未知的，该怎么确定呢？由于 x_i 对应的 y_i 和直线上对应的纵坐标 Y_i 之间的偏差 y_i-Y_i 有正有负，相互抵消，有 $\sum_{i=1}^{n}(y_i-Y_i)=0$，所以要衡量散点 (x_i,y_i) 与直线 $Y=a+bX$ 的偏差大小，用 $\sum_{i=1}^{n}(y_i-Y_i)=0$ 是不行的，实际应用中，采用偏差平方和

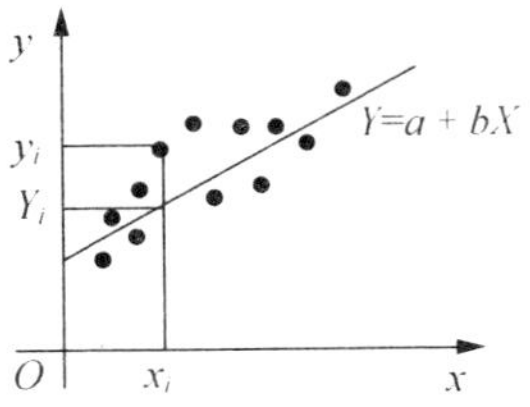

图 4-7

$$\sum_{i=1}^{n}(y_i-Y_i)^2=\sum_{i=1}^{n}(y_i-a-bx_i)^2,$$

它是关于 a、b 的二元函数，记作 $Q(a,b)=\sum_{i=1}^{n}(y_i-a-bx_i)^2$. 当 a,b 的取值使 $Q(a,b)$ 达到最小值时，表明回归直线 $Y=a+bX$ 是反映 X 与 Y 线性关系的最佳直线. 这种方法称为**最小平方法**（也叫**最小二乘法**）. 利用二元函数求极值的方法，对 $Q(a,b)$ 关于 a,b 求偏导数，得

$$\begin{cases} \dfrac{\partial Q}{\partial a} = -2\sum\limits_{i=1}^{n}(y_i - a - bx_i) = 0, \\ \dfrac{\partial Q}{\partial b} = -2\sum\limits_{i=1}^{n}(y_i - a - bx_i)x_i = 0. \end{cases}$$

整理，得

$$\begin{cases} na + b\sum\limits_{i=1}^{n}x_i = \sum\limits_{i=1}^{n}y_i, \\ a\sum\limits_{i=1}^{n}x_i + b\sum\limits_{i=1}^{n}x_i^2 = \sum\limits_{i=1}^{n}x_iy_i. \end{cases}$$

解方程组，得

$$\begin{cases} b = \dfrac{\sum\limits_{i=1}^{n}x_iy_i - n\overline{y}\,\overline{x}}{\sum\limits_{i=1}^{n}x_i^2 - n\overline{x}^2}, \\ a = \overline{y} - b\overline{x}. \end{cases}$$

可以证明，$Q(a,b)$确实在(a,b)取得最小值. 故关于 X 与 Y 的一元线性回归方程为

$$Y = a + bX,$$

其中 a 称为**回归截距**，b 称为**回归系数**.

【例 1】 以家庭为单位，某种商品年需求量与该商品价格之间的一组调查数据如下表：

价格 X/元	1	2	2	2.3	2.5	2.6	2.8	3	3.3	3.5
需求量 Y/kg	5	3.5	3	2.7	2.4	2.5	2	1.5	1.2	1.2

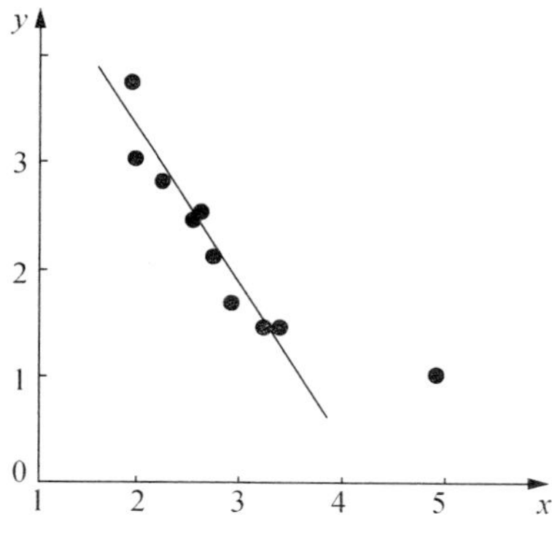

图 4-8

求商品价格 X 与商品年需求量 Y 的回归方程.

解 (1) 作散点图. 把表中 10 对数据所表示的 10 个点在直角坐标平面上描绘出来，即得散点图(图 4-8). 从图上可以看到，散点的分布大致围绕在一直线周围，因此 X 和 Y 的回归方程可考虑为一元线性回归方程 $Y=a+bX$.

(2) 用最小二乘法求参数 a 和 b，根据公式，需要计算 $\overline{X}, \overline{Y}, \sum\limits_{i=1}^{n}X_i^2, \sum\limits_{i=1}^{n}X_iY_i$. 为了方便，常将它们列成表 4-3 的形式.

表 4-3 回归计算表

序号	1	2	3	4	5	6	7	8	9	10	$\sum$
X_i	1	2	2	2.3	2.5	2.6	2.8	3	3.3	3.5	25
Y_i	5	3.5	3	2.7	2.4	2.5	2	1.5	1.2	1.2	25
X_iY_i	5	7	6	6.21	6	6.5	5.6	4.5	3.96	4.2	54.97
X_i^2	1	4	4	5.29	6.25	6.76	7.84	9	10.89	12.25	67.28

所以由表中数据知：$n=10$，$\sum_{i=1}^{10}X_iY_i=54.97$，$\sum_{i=1}^{10}X_i^2=67.28$，$\sum_{i=1}^{10}X_i=\sum_{i=1}^{10}Y_i=25$.

$$\overline{X}=\frac{1}{10}\sum_{i=1}^{10}X_i=\frac{1}{10}\times 25=2.5,$$

$$\overline{Y}=\frac{1}{10}\sum_{i=1}^{10}Y_i=\frac{1}{10}\times 25=2.5,$$

故

$$b=\frac{54.97-10\times 2.5\times 2.5}{67.28-10\times 2.5^2}\approx -1.6,$$

$$a=\overline{Y}-b\,\overline{X}\approx 2.5-(-1.6)\times 2.5=6.5,$$

其中回归系数 $b=-1.6$ 表示价格每增加一元，该商品年需求量平均下降 1.6 kg.

(3) 写出回归方程：

$$Y=6.5-1.6X.$$

如果用多功能电子计算器计算，在统计功能下可直接得到 $\sum_{i=1}^{n}Y_i$，$\sum_{i=1}^{n}X_i$，$\sum_{i=1}^{n}X_i^2$，以及 $\overline{X}$，$\overline{Y}$，但 $\sum_{i=1}^{n}X_iY_i$ 却只能另行计算.

【例 2】 为了研究家庭收入和食品支出的相关关系，随机抽取了 12 个家庭的样本，得到数据如下(表 4-4)：

表 4-4 收入支出表

月收入 X/百元	20	30	33	40	15	14	26	38	35	42	22	31
月支出 Y/百元	7	9	9	11	5	4	8	10	9	10	8	9

假定月收入 X 与月支出 Y 具有线性模型，试求 X 与 Y 一元线性回归方程.

解 显然 $n=12$，借助多功能计算器，可算得

$$\sum_{i=1}^{12}X_i=346,\quad \sum_{i=1}^{12}Y_i=99,\quad \sum_{i=1}^{12}X_i^2=10\,964,\quad \sum_{i=1}^{12}Y_i^2=863.$$

所以

$$\overline{X}=\frac{1}{12}\sum_{i=1}^{12}X_i=\frac{1}{12}\times 346=28.83,$$

$$\overline{Y}=\frac{1}{12}\sum_{i=1}^{12}Y_i=\frac{1}{12}\times 99=8.25,$$

$$\sum_{i=1}^{12}X_iY_i=20\times 7+30\times 9+\cdots+31\times 9=3056.$$

于是，得

$$b=\frac{\sum_{i=1}^{n}x_iy_i-n\,\overline{y}\,\overline{x}}{\sum_{i=1}^{n}x_i^2-n\overline{x}^2}=\frac{3056-12\times 28.83\times 8.25}{10\,964-12\times 28.83^2}=0.204,$$

$$a=\overline{y}-b\,\overline{x}=8.25-0.204\times 28.83=2.368.$$

故所求回归方程为

$$Y=2.368+0.204X.$$

回归方程说明，当收入为零时，每月也必须有 236.8 元的食品支出，而月收入每增加 100 元，则每月支出平均可望增加 20.4 元.

4.5.3 相关性检验

在前面的讨论中，总是预先假定变量间存在线性关系，这种假定是否有根据，还不知道. 当变量之间不存在线性关系时，用测得的数据给它配上回归直线，这条直线的意义不大. 如学生的体重与学习成绩显然没有任何关系，但仍然可以进行资料的收集，按照最小二乘法求出学生体重与成绩的回归方程，显然此回归方程没有任何意义. 因此，必须通过样本对变量间的线性相关程度进行描述和检验. 即进行相关分析，计算相关系数并检验.

英国统计学家卡尔·皮尔生为了正确地测定两个变量间变动关系的密切程度，用积差法定出了一个统计量，就是通常所说的皮尔生积差相关系数，简称**相关系数**. 相关系数是在两变量之间存在线性相关条件下，用来说明两变量之间相关关系和相关密切程度的统计分析指标，一般记为 r，其基本计算公式为

$$r=\frac{\sum_{i=1}^{n}(X_i-\overline{X})(Y_i-\overline{Y})}{\sqrt{\sum_{i=1}^{n}(X_i-\overline{X})^2}\sqrt{\sum_{i=1}^{n}(Y_i-\overline{Y})^2}}.$$

对上式进行变形，可得计算公式

$$r=\frac{n\sum_{i=1}^{n}X_iY_i-\sum_{i=1}^{n}X_i\sum_{i=1}^{n}Y_i}{\sqrt{n\sum_{i=1}^{n}X_i^2-(\sum_{i=1}^{n}X_i)^2}\sqrt{n\sum_{i=1}^{n}Y_i^2-(\sum_{i=1}^{n}Y_i)^2}}.$$

对相关系数 r 作几点说明如下：

（1）相关系数 r 的取值范围：$|r|\leqslant 1$，绝对值越接近于 1，表示 X 与 Y 之间直线相关密切程度越高；绝对值越接近于 0，表示 X 与 Y 之间直线相关密切程度越低.

（2）当 $|r|=1$ 时，表示所有散点都在回归直线上，此时称 X 与 Y **完全线性相关**. 当 $r=1$ 时，称为**完全正相关**（图 4-9(a)）；当 $r=-1$ 时，称为**完全负相关**（图 4-9(b)）；当 $r=0$ 时，称 X 与 Y **完全不相关**（图 4-9(c)）.

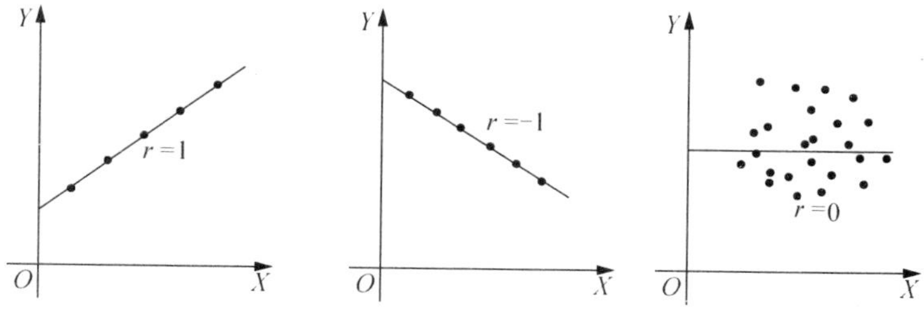

(a) 完全正相关　(b) 完全负相关　(c) 完全不相关

图 4-9

(3) 当 $0<r<1$ 时,即回归直线的斜率 b 为正,因变量 Y 随自变量 X 增加而增加,为同向变化.此时称 X 与 Y **直线正相关**(图 4-10(a)).

(4) 当 $-1<r<0$ 时,即回归直线的斜率 b 为负,因变量 Y 随自变量 X 增加而减少,为反向变化.此时称 X 与 Y **直线负相关**(图 4-10(b)).

提问:为什么相关系数 r 的正负能体现回归系数 b 的正负呢?

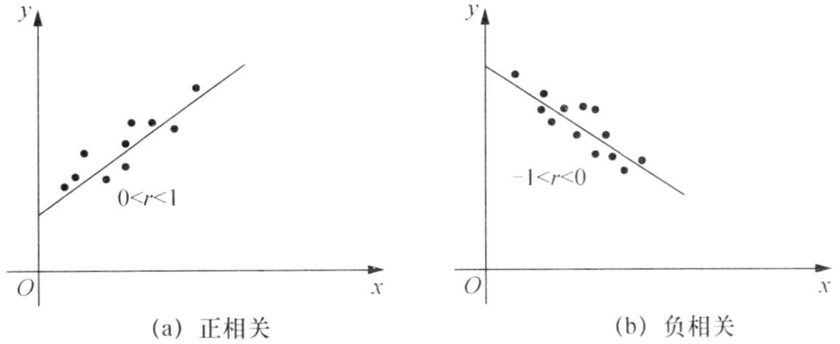

图　4-10

【例 3】 试求例 2 中家庭月收入 X 与家庭月支出 Y 的相关系数 r.

解　由例 2 的计算器结果,有

$$r=\frac{n\sum_{i=1}^{n}X_iY_i-\sum_{i=1}^{n}X_i\sum_{i=1}^{n}Y_i}{\sqrt{n\sum_{i=1}^{n}X_i^2-(\sum_{i=1}^{n}X_i)^2}\sqrt{n\sum_{i=1}^{n}Y_i^2-(\sum_{i=1}^{n}Y_i)^2}}$$

$$=\frac{12\times 3056-346\times 99}{\sqrt{12\times 10\,964-346^2}\sqrt{12\times 863-99^2}}=\frac{2418}{\sqrt{11\,852}\times\sqrt{555}}=0.94$$

上例中,r 值接近于 1,但还不能据此认为 X 与 Y 有很强的正相关,因为 r 的大小还与样本容量 n 的大小有关.例如,对于两点的回归直线来说,一定会通过这两点,这样就有 $|r|=1$,但这时并不能说明 X 与 Y 线性相关显著.因此,需要搞清楚的是,当样本容量 n 确定时,$|r|$ 至少应该取多大的值,才能保证 X 与 Y 线性相关是显著的.这就是说,需要找到一个判断 X 与 Y 相关显著性的相关系数的临界值.附表五中给出了相关系数的临界值,表中 r 的自由度 $\mathrm{d}f=n-2$,这是因为 r 中有两个约束条件,所以扣除了两个自由度.于是,用统计量 r 可进行相关性检验.这种检验法称为 **r 检验法**.由检验水平 α 及自由度 $\mathrm{d}f=n-2$,在附表五中查出临界值 λ,如果 $|r|>\lambda$,则 X 与 Y 之间线性相关显著;如果 $|r|<\lambda$,则 X 与 Y 之间线性相关不显著.

【例 4】 试检验例 2 中,家庭月收入 X 与家庭月支出 Y 相关是否显著($\alpha=0.05$).

解　由例 3 可知,$r=0.94$,又由 $\alpha=0.05$,自由度 $\mathrm{d}f=12-2=10$,查 r 检验临界表得 $\lambda=0.5760$.因为 $|r|=0.94>\lambda=0.5760$,所以在 0.05 水平下认为 X 与 Y 具有显著直线正相关关系.此时才能表明例 2 中解出的一元线性回归方程是有意义的,可以用它来进行预测和指导工作.

综上可知:相关性检验(通常称为相关分析)是回归分析的前提和条件,回归分析是相关分析继续和发展.

【例 5】 某企业为了了解广告投入是否给企业带来真正的效益,收集了 9 个不同地区的销售额(单位:万元)和广告费(单位:百元)资料如下:

销售额 Y/万元	180	190	190	210	240	260	270	310	330
广告费 X/百元	130	140	140	160	180	200	210	240	260

试求销售额 Y 与广告费 X 之间的回归方程，作相关显著性检验（$\alpha=0.05$），并求当广告费 $X=20\,000$ 元时的销售额预测值.

解 (1) 确定关系模型. 通过作相关散点图，可以看出广告费 X 与销售额 Y 大致成直线正相关关系，因此可选用线性回归模型.

(2) 求回归直线方程. 显然 $n=9$，借助多功能计算器得

$$\sum_{i=1}^{9} X_i = 1660,\quad \sum_{i=1}^{9} Y_i = 2180,\quad \sum_{i=1}^{9} X_i^2 = 323\,400,\quad \sum_{i=1}^{9} Y_i^2 = 551\,800.$$

所以

$$\overline{X} = \frac{1}{9}\sum_{i=1}^{9} X_i = \frac{1}{9}\times 1660 = 184.4,\quad \overline{Y} = \frac{1}{9}\sum_{i=1}^{9} Y_i = \frac{1}{9}\times 2180 = 242.2,$$

$$\sum_{i=1}^{9} X_iY_i = 180\times 130 + 190\times 140 + \cdots + 330\times 260 = 422\,300$$

于是，得

$$b = \frac{\sum_{i=1}^{n} x_iy_i - n\overline{y}\,\overline{x}}{\sum_{i=1}^{n} x_i^2 - n\overline{x}^2} = \frac{422\,300 - 9\times 184.4\times 242.2}{323\,400 - 9\times 184.4^2} = \frac{20\,344.88}{17\,369.76} = 1.17$$

$$a=\overline{Y}-b\overline{X}=242.2-1.17\times 184.4=26.45.$$

所以，所求回归方程为

$$Y=26.45+1.17X.$$

(3) 相关性检验. 根据相关系数的计算公式，得

$$r=\frac{9\times 422\,300-1660\times 2180}{\sqrt{9\times 323\,400-1660^2}\,\sqrt{9\times 551\,800-2180^2}}=\frac{181\,900}{\sqrt{155\,000}\times\sqrt{213\,800}}=0.9995.$$

由自由度 $df=n-2=9-2=7$，$\alpha=0.05$，查 r 检验临界表，得 $\lambda=0.6664$. 因为

$$|r|=0.9995>0.6664.$$

所以，在 $\alpha=0.05$ 水平下，认为 X 与 Y 线性相关显著，因此，求得的回归模型是有效的.

(4) 将 $X=200$ 代入回归方程中，得

$$Y=26.45+1.17X=26.45+1.17\times 200=260.45.$$

这就是说，当广告费投入为 20 000 元时，该产品的销售额大约是 260.45 万元. 并且当广告费投入每增加 100 元时，该产品的销售额平均增加 1.17 万元.

习题 4-5

1. 某厂生产一商品，产量与生产费之间的统计资料如下：

产量/千吨	289	298	316	322	327	328	329	331	350
生产费用/(元)	43.5	42.9	42.1	39.6	39.1	38.5	38	38	37

假定产量与生产费用之间呈线性模型，求生产费用与生产量之间的回归直线方程.

2. 炼铝厂测得所生产的铸模用的铝的硬度与抗张强度的数据如下：

硬度 X	68	53	70	84	60	72	51	83	70	64
抗张强度 Y	288	293	349	343	290	354	283	324	340	286

(1) 试求硬度与抗张强度之间的回归直线方程.

(2) 作相关显著性检验($\alpha=0.05$).

(3) 如果某批铝的硬度 $X=65$,试求抗张强度 Y 的预测值.

3. 对某矿体的8个采样进行测定,得到该矿体含铜量 $X(\%)$ 与含银量 $Y(\%)$ 的数据如下：

X	37	34	41	43	41	34	40	45
Y	1.9	2.4	10	12	10	3.6	10	13

求：(1) Y 与 X 的线性回归方程.(2) 在 $\alpha=0.01$ 水平下,检验 Y 与 X 线性关系是否显著.

4. 某市收集了10对有关玉米良种所占比重与亩产量的相关资料如下：

玉米良种所占比重 $X/\%$	40	43	47	50	55	57	60	66	70	72
玉米亩产量 Y/kg	350	380	400	390	400	440	430	460	450	480

(1) 试判断玉米良种所占比重与亩产量之间是否存在线性相关关系；

(2) 如果存在这种关系,求出回归直线方程；

(3) 在 $\alpha=0.05$ 水平下,检验玉米良种所占比重与亩产量之间的线性关系是否显著；

(4) 玉米良种比重每提高1%,亩产量平均增加多少千克?

本章小结

【主要内容】

总体,样本,统计量,统计量的分布,临界值以及总体参数的点估计,区间估计,假设检验和回归分析等.

【学习要求】

1. 了解总体、样本、样本容量；掌握样本均值、样本方差、样本标准差的计算；理解三个常见统计量的分布,会查 t 分布表,分布表.

2. 了解估计量的两个评价标准,掌握正态总体下总体均值和总体方差的最优无偏估计量；理解区间估计概念,会求总体参数的置信区间；了解假设检验的基本原理和假设检验的两种错误,会对总体参数进行假设检验.

3. 了解回归分析概念,掌握两相关变量散点图的描绘,会建立一元线性回归模型

【重点】总体参数的点估计,区间估计,假设检验.

【难点】常见统计量的分布,假设检验的两种错误.

复习题四

一、填空题

1. 若$(X_1,X_2,\cdots,X_n)$是来自总体 X 的简单随机样本,则$(X_1,X_2,\cdots,X_n)$满足的两个条件是__________和__________.

2. 给定一组样本观察值$(X_1,X_2,\cdots,X_{10})$，算得$\sum_{i=1}^{10}X_i=60$，$\sum_{i=1}^{10}X_i^2=405$，则样本平均数$\overline{X}=$________，样本方差$S^2=$________.

3. 若$P(\lambda<\chi^2(5)<11.071)=0.90$，则$\lambda=$________.

4. 若$P(|t(n)|\leqslant\lambda)=0.90$，则$P(t(n)>\lambda)=$________.

5. 设总体$X\sim N(\mu,\sigma^2)$，而$X_1,X_2,\cdots,X_n$为来自总体X的样本，$\overline{X}$为样本均值，则$\overline{X}$服从____分布.

6. 设X_1,X_2,X_3是来自正态总体$X\sim N(\mu,1)$的样本，则当$a=$________时，$\hat{\mu}=\frac{1}{3}X_1+\frac{1}{2}X_2+aX_3$是总体均值$\mu$的无偏估计.

7. 设正态总体$X\sim N(\mu,\sigma^2)$的方差$\sigma^2=4$，来自总体X且容量为25的样本均值$\overline{X}=2$，则总体μ的置信度为0.95的置信区间是________.

8. 若$(X_1,X_2,\cdots,X_n)$是来自正态总体$X\sim N(\mu,144)$的样本，检验原假设H_0：$\mu=150$，则使用的检验统计量为________.

9. 某厂生产某种产品，在稳定生产情况下该产品的某种指标服从正态分布$X\sim N(\mu,0.36)$. 现从某日生产的产品中抽测20件，用来检验这批产品该指标的方差σ^2有无显著变化，应采用的检验方法是________，而检验统计量为________.

10. 设随机变量X与Y呈直线相关模型，对它们进行10次观察，得到的数据如下：

X	-2	0	1	4	5	7	10	11	13	16
Y	15	18	19	22	23	27	29	31	33	35

则回归方程是________，相关系数是________，在检验水平$\alpha=0.05$条件下，相关显著性检验结果是________.

二、选择题

1. 设(X_1,X_2)是来自总体X的一个容量为2的样本，则在下列$E(X)$的无偏估计量中，最有效的估计量是（　　）.

A. $\frac{1}{2}(X_1+X_2)$　　B. $\frac{2}{3}X_1+\frac{1}{3}X_2$　　C. $\frac{3}{4}X_1+\frac{1}{4}X_2$　　D. $\frac{3}{5}X_1+\frac{2}{5}X_2$

2. 设总体$X\sim N(\mu,\sigma^2)$，其中σ^2已知，μ未知，X_1,X_2,X_3为其样本，下列各项中不是统计量的是（　　）.

A. $X_1+X_2+X_3$　　B. $\min\{X_1,X_2,X_3\}$　　C. $\sum_{i=1}^{3}\frac{X_i^2}{\sigma^2}$　　D. $X_1-\mu$

3. 设总体X，而$X_1,X_2,\cdots,X_n$是取自总体X的一个样本，$\overline{X}$为样本均值，则不是总体期望μ的无偏估计量的是（　　）.

A. $\overline{X}$　　B. $X_1+X_2-X_3$　　C. $0.2X_1+0.3X_2+0.5X_3$　　D. $\sum_{i=1}^{n}X_i$

*第 5 章　排列与组合

计数问题，即计算具有某种特性的对象有多少，而排列组合是计数中最常见和最简单的基本问题.计数的基本原理是加法和乘法原理.

5.1　两个基本计数原理

5.1.1　加法原理

加法原理　相互独立的事件 A、B 分别有 m 和 n 种方法产生，则产生 A 或 B 的方法数为 $m+n$ 种.

集合论语言：若 $|A|=m$，$|B|=n$，$A\cap B=\varnothing$，则 $|A\cup B|=m+n$.

【例 1】　某班选修企业管理的有 18 人，不选的有 10 人，则该班共有多少人？

解　共有 $18+10=28$ 人.

【例 2】　北京每天直达上海的客车有 5 班次，客机有 3 班次，则每天由北京直达上海的旅行方式有多少种？

解　每天由北京直达上海的旅行方式有 $5+3=8$ 种.

【例 3】　学校给一名物理竞赛优胜者发奖，奖品有三类：第一类是 4 种不同版本的物理参考书；第二类是 3 种不同版本的法汉词典；第三类是 2 种不同的奖杯.这位优胜者只能挑选一样奖品，请问他挑选奖品的方法有多少种.

解　他挑选奖品的方法有 $4+3+2=9$ 种.

5.1.2　乘法原理

乘法原理　相互独立的事件 A、B 分别有 m 和 n 种方法产生，则产生 A 与 B 的方法数为 $m\times n$ 种.

集合论语言：若 $|A|=m$，$|B|=n$，$A\times B=\{(a,b)\,|\,a\in A,b\in B\}$，则 $|A\times B|=mn$.

【例 4】　从 A 到 B 有三条道路，从 B 到 C 有两条道路，则从 A 经 B 到 C 有多少条道路？

解　从 A 经 B 到 C 有 $3\times 2=6$ 条道路.

【例 5】　设某班有男生 30 名，女生 24 名.现要从中选出男、女生各 1 名代表班级参加比赛，共有多少种不同的选法？

解　由分步乘法原理，共有 $30\times 24=720$ 种不同的选法.

【例 6】　某种字符串由两个字符组成，第一个字符可选自 $\{a,b,c,d,e\}$，第二个字符可选自 $\{1,2,3\}$，则这种字符串共有多少个？

解　这种字符串共有 $5\times 3=15$ 个.

【例 7】　要从甲、乙、丙 3 幅不同的画中选出 2 幅，分别挂在左、右两边墙上的指定位置，

---

* 此章为选修章节，供有需求的同学学习。

共有多少种不同的挂法？

解 从3幅画中选出2幅分别挂在左、右两边墙上，可以分成两个步骤完成：第一步，从3幅画中选1幅挂在左边墙上，有3种选法；第二步，从剩下的2幅画中选1幅挂在右边墙上，有2种选法．根据分步乘法计数原理，挂法的种数是

$$N=3\times 2=6.$$

【例8】 书架的第一层放有4本不同的计算机书，第二层放有3本不同的文艺书，第三层放有2本不同的体育书．问：

（1）从书架上任取1本书，有多少种不同取法？

（2）从书架的第一、二、三层各取1本书，有多少种不同取法？

解 （1）从书架上任取1本书，有三种方法：一是从第一层取1本计算机书，有4种取法；方法二是从第二层取1本文艺书，有3种取法；方法三是从第三层取1本体育书，有2种取法．根据分类加法计数原理，取法的种数是

$$N=m_1+m_2+m_3=4+3+2=9.$$

（2）从书架的第一、二、三层各取1本书，可以分成3个步骤完成：第一步，从第一层取1本计算机书，有4种取法；第二步，从第2层取1本文艺书，有3种取法；第三步，从第3层取1本体育书，有2种取法．根据分步乘法计数原理，取法的种数是

$$N=m_1m_2m_3=4\times 3\times 2=24.$$

接下来我们看一些加法与乘法原理的综合应用．

【例9】 国际会议洽谈贸易，有5家英国公司、6家日本公司、8家中国公司，彼此都希望与异国的每个公司单独洽谈一次．请问要安排多少个会谈场次？

解 每两国会议次数用乘法原理得：

中、英会谈场次$=5\times 8=40$，

英、日会谈场次$=5\times 6=30$，

中、日会谈场次$=6\times 8=48$。

由于上述三类会谈互不相交，会谈总场次数可用加法原理，一共要安排$40+30+48=118$场次．

【例10】 某种样式的运动服的着色由底色和装饰条纹的颜色配成．底色可选红、蓝、橙、黄色，条纹色可选黑、白色．共有多少种着色方案？

解 着色方案有$4\times 2=8$种．

若此例改成底色和条纹都用红、蓝、橙、黄四种颜色的话，着色方案并不是$4\times 4=16$种，而只有$4\times 3=12$种．因此在乘法法则中要注意事件A和事件B的相互独立性．

分类加法计数原理和分步乘法计数原理，回答的都是有关做一件事的不同方法的种数问题．区别在于：分类加法计数原理针对的是“分类”问题，其中各种方法相互独立，用其中任何一种方法都可以做完这件事；分步乘法计数原理针对的是“分步”问题，各个步骤中的方法互相依存，只有各个步骤都完成才算做完这件事．

用两个计数原理解决计数问题时，最重要的是在开始计算之前要仔细分析——需要分类还是分步：

分类要做到“不重不漏”，分类后再分别对每一类进行计数，最后用分类加法计数原理求和，得到总数．

分步要做到“步骤完整”，完成了所有步骤，恰好完成任务（当然，步与步之间要相互独

立)，分步后再计算每一步方法数，最后根据分步乘法计数原理，把完成每一步的方法数相乘，得到总数.

习 题 5-1

1. 填空

(1) 一件工作可以用 2 种方法完成，有 5 人只会用第一种方法完成，另有 4 人只会用第 2 种方法完成. 从中选出 1 人来完成这件工作，不同选法的种数是______；

(2) 从 A 村去 B 村的道路有 3 条，从 B 村去 C 村的道路有 3 条，从 A 村经 B 村去 C 村，不同路线的条数是______

2. 现有高一年级的学生 3 名，高二年级的学生 5 名，高三年级的学生 4 名. 问：

(1) 从中任选 1 人参加接待外宾的活动，有多少种不同的选法？

(2) 从三个年级的学生各选 1 人参加接待外宾的活动，有多少种不同的选法？

3. 乘积$(a_1+a_2+a_3)(b_1+b_2+b_3+b_4)(c_1+c_2+c_3+c_4+c_5)$展开后共有多少项？

4. 某电话局管辖范围内的电话号码由 8 位数字组成，其中前 4 位的数字是不变的，后 4 位数字是 0～9 之间的一个数字，那么这个电话局不同的电话号码最多有多少个？

5. 从 5 名同学中选出正、副班长各一名，有多少种不同的选法？

6. 某商场有 6 扇门. 如果某人从其中的任意一扇门进入商场，并且要求从其他的门出去，共有多少种不同的进出商场的方式？

5.2　排列组合

5.2.1　排列

定义 5.2.1　从 n 个不同元素中，取 r 个按顺序排成一列，称为从 n 中取 r 的排列. 排列的个数用 A_n^r 表示.

这里值得注意的是，所谓“按顺序排列”无非就是提醒我们，如果两个排列的元素相同而排列次序也相同，就是两个相同的排列，只能算作一种排列. 换句话说，如果两个排列所包含的元素及排列的次序，只要二者有一个不相同，它们就是两种不同的排列. 而 $P(n,r)$就是求从 n 个元素中取元素个数为 r，但排列次序不同的排列数.

从 n 中取 r 个排列的典型模型是把 r 个不同颜色的球放到 n 个编号不同的盒子中去，而且每个盒子只能放一只球. 很显然，这些球的不同放法是

$$A_n^r=n(n-1)(n-2)\cdots(n-r+1),$$

也可写成

$$A_n^r=\frac{n!}{(n-r)!}.$$

当 $r=0$ 时，一个元素也不取，算作是取 0 个元素的一种排列，即 $A_n^0=1$；当 $r=n$ 时，有 $A_n^n=n!$，称作全排列；而 $0<r<n$ 的情况称作选排列.

从下面几个例子中我们可以看到，把球放到盒中去这个问题的讨论并非毫无意义.

【例 1】　在 5 天之内安排三次考试，且不允许 1 天内有 2 次考试，那么一共有多少种安排方法？

解　假定把三次考试看作三只颜色不同的球，5 天看作 5 个编号不同的盒子，那么我们

得到的结果是

$$A_5^3=5\times4\times3=60(\text{种}).$$

【例 2】 确定各位数中不重复的四位十进制数的个数.

解 从 0,1,2,…,9 的十个数中选 4 个数的排列数可以看作是把 4 个颜色不同的球放入 10 个标号盒的不同方法数：

$$A_{10}^4=5040(\text{个}).$$

但其中的以“0”开头的为

$$9\times8\times7=504(\text{个}).$$

因此,不以“0”开头的四位数有

$$5040-504=4536(\text{个}).$$

【例 3】 由 5 种颜色的星状物、20 种不同的花中,取出 5 件排列成如下图案：两边是星状物,中间是 3 朵花.问共有多少种这样的图案？

解 两边是星状物,从 5 种颜色的星状物中取 2 个的排列,排列数是

$$A_5^2=20(\text{种})；$$

20 种不同的花取 3 种的排列,排列数是

$$A_{20}^3=20\times19\times18=6840(\text{种}).$$

根据乘法原理得图案数为

$$20\times6840=136\,800(\text{种}).$$

5.2.2 组合

定义 5.2.2 从 n 个不同元素中,任取 r 个而不考虑次序时,称为从 n 中取 r 个组合,其组合数记作 C_n^r.

值得注意的是,所谓“不考虑次序”无非是提醒我们,如果两个组合中的元素相同,不管元素的次序如何,都是相同的组合,即算作一种组合.只有当两个组合中元素不完全相同时,才是不同的组合.

组合的模型：

从 n 个不同的球中,取出 r 个,放入 r 个相同的盒子,每个盒子放 1 个；

从 n 个中取 r 个的组合,若放入盒子后再将盒子标号区别,则又回到排列模型；

每一个组合可有 $r!$个标号方案(排列).故有

$$C_n^r\cdot r!=A_n^r,$$

即

$$C_n^r=\frac{A_n^r}{r!}=\frac{n(n-1)\cdots(n-r+1)}{r!}=\frac{n!}{(n-r)!\,r!}.$$

这里,有两种特殊情况：

(1) 一个元素也不取的组合也算作是一个组合,即 $C_n^0=1$；

(2) 取全部元数的组合也算作是一个组合,即 $C_n^n=1$.

【例 4】 A 单位有 7 名代表,B 单位有 3 名代表,排成一列合影.要求 B 单位的 3 人排在一起,问有多少种不同的排列方案.

解 先将 B 单位 3 名代表排在一起,看成一个人,参与排列,有 $(7+1)!$ 种,然后 B 单位内部之间有一个排列 $3!$,故按乘法法则,共有 $3!\times8!$种.

【例 4】中,若 A 单位的 2 人排在队伍两端,B 单位的 3 人不能相邻,问有多少种不同的排

列方案?

解 先将 A 单位 7 名代表排好,有 7!种,然后 B 单位的 3 人插入 A 单位的两两代表之间,有 A_6^3 种,故按乘法原理,共有 $7!\times A_6^3$ 种.

【例 5】 有 5 本不同的日文书,7 本不同的英文书,10 本不同的中文书.请问:

(1) 取 2 本不同文字的书,有多少种不同取法?

(2) 取 2 本相同文字的书,有多少种不同取法?

(3) 任取两本书,有多少种不同取法?

解 (1) $5\times7+5\times10+7\times10=155$(种).

(2) $C_5^2+C_7^2+C_{10}^2=10+21+45=76$(种).

(3) 解法一 $155+76=231$(种).

解法二 因总共的书有 $5+7+10=22$(种),故 $C_{22}^2=231$(种).

【例 6】 在 15 个学生中间选 4 人组成代表队参加国际奥林匹克信息学竞赛.若要使得学生 A 和学生 B 至少有一个必须在 4 个成员的代表内,共有多少种选法?

解 在 15 个学生中选一个 4 人代表的数目是 C_{15}^4,把 A 和 B 都排除在外的代表数目是 C_{13}^4,

因此选法的总数是

$$C_{15}^4-C_{13}^4=650(种)$$

【例 7】 从 1~300 之间任选 3 个不同的数,使得其之和正好被 3 除尽.问共有多少种方案?

解 将 1~300 的 300 个数分成三类:

(1) 被 3 整除的余数为 1 的数集 $A=\{1,4,7,\cdots,298\}$,$|A|=100$;

(2) 被 3 整除的余数为 2 的数集 $B=\{2,5,8,\cdots,299\}$,$|B|=100$;

(3) 被 3 整除的余数为 0 的数集 $C=\{1,4,7,\cdots,298\}$,$|C|=100$.

任选三个数,其和正好被 3 除尽的有两种情况:

(1) 三个数同属 A、B 或 C,应有

$$C_{100}^3+C_{100}^3+C_{100}^3=3C_{100}^3(种).$$

(2) 三个数分别属于集合 A,B,C,根据乘法原理应有 $100\times100\times100=100^3$(种).

综上所述,根据加法原理,任选三个不同的数,它们的和正好被 3 除尽的方案种数为

$$3C_{100}^3+100^3=1\ 485\ 100(种).$$

5.2.3 组合的性质

二项式系数

函数 C_n^k 是排列组合中无处不在的一个角色.它主要有以下三个重要意义:

(1) 是 n 元集中取 k 个元素的组合数,称为组合意义;

(2) 显示表示为 $C_n^k=\dfrac{A_n^r}{r!}=\dfrac{n(n-1)\cdots(n-r+1)}{r!}=\dfrac{n!}{(n-r)!\,r!}$;

(3) 二项展开式系数,即有恒等式如下:

$$(x+y)^n=\sum_{k=0}^{n}C_n^kx^{n-k}y^k \quad 或 \quad (1+x)^n=\sum_{k=0}^{n}C_n^kx^k.$$

故有二项式定理:

$$\begin{aligned}(a+b)^n &= C_n^0 a^n + C_n^1 a^{n-1} b + C_n^2 a^{n-2} b^2 + \cdots + C_n^k a^{n-k} b^k + \cdots + C_n^n b^n \\ &= \sum_{k=0}^{n} C_n^k a^{n-k} b^k.\end{aligned}$$

由上面的定理看到，$(a+b)^n$ 的二项式展开有 $n+1$ 项，其中各项系数 $C_n^k(k\in\{0,1,2,\cdots,n\})$叫做二项式系数(binomial coefficient)，$C_n^k a^{n-k} b^k$ 叫做二项展开式的通项，用 T_{k+1} 表示，即通项为展开式的第 $k+1$ 项：

$$T_{k+1}=C_n^k a^{n-k} b^k$$

在二项式定理中，如果设 $a=1,b=x$，则得到公式：

$$\begin{aligned}(1+x)^n &= C_n^0 + C_n^1 x + C_n^2 x^2 + \cdots + C_n^k x^k + \cdots + C_n^n x^n \\ &= \sum_{k=0}^{n} C_n^k x^k.\end{aligned}$$

【例 8】 求 $\left(2\sqrt{x}-\dfrac{1}{\sqrt{x}}\right)^6$ 的展开式.

分析： 为了方便，可以先化简后展开.

解 先将原式化简，再展开，得

$$\begin{aligned}\left(2\sqrt{x}-\frac{1}{\sqrt{x}}\right)^6 &= \left(\frac{2x-1}{\sqrt{x}}\right)^6 = \frac{1}{x^3}(2x-1)^6 \\ &= \frac{1}{x^3}[C_6^0(2x)^6 - C_6^1(2x)^5 + C_6^2(2x)^4 - C_6^3(2x)^3 + C_6^4(2x)^2 - C_6^5(2x) + C_6^6] \\ &= \frac{1}{x^3}(64x^6 - 6\times 32x^5 + 15\times 16x^4 - 20\times 8x^3 + 15\times 4x^2 - 6\times 2x + 1) \\ &= 64x^3 - 192x^2 + 240x - 160 + \frac{60}{x} - \frac{12}{x^2} + \frac{1}{x^3}.\end{aligned}$$

【例 9】 (1) 求$(1+2x)^7$ 的展开式的第 4 项的系数；

(2) 求 $\left(x-\dfrac{1}{x}\right)^9$ 的展开式中 x^3 的系数.

解 (1) $(1+2x)^7$ 的展开式的第 4 项是

$$\begin{aligned}T_{3+1} &= C_7^3 \times 1^{7-3} \times (2x)^3 \\ &= C_7^3 \times 2^3 \times x^3 = 280x^3.\end{aligned}$$

所以展开式第四项的系数是 280.

(2) $\left(x-\dfrac{1}{x}\right)^9$ 的展开式的通项是

$$C_9^r x^{9-r}\left(-\frac{1}{x}\right)^r = (-1)^r C_9^r x^{9-2r}.$$

根据题意，得 $9-2r=3, r=3$。因此 x^3 的系数是

$$(-1)^3 C_9^3 = -84.$$

二项式性质

(1) 对称性：

$$C_n^m = C_n^{n-m}.$$

(2) 各二项式系数的和. 已知$(1+x)^n = C_n^0 + C_n^1 x + C_n^2 x^2 + \cdots + C_n^k x^k + \cdots + C_n^n x^n$. 令 $x=1$，则

$$2^n = C_n^0 + C_n^1 + C_n^2 + \cdots + C_n^k + \cdots + C_n^n.$$

这就是说，$(a+b)^n$ 的展开式得各个二项式系数的和等于 2^n.

【例 10】 试证：在$(a+b)^n$ 的展开式中，奇数项的二项式系数和等于偶数项的二项式系数和.

证明　在展开式

$$(a+b)^n=C_n^0a^n+C_n^1a^{n-1}b+C_n^2a^{n-2}b^2+\cdots+C_n^ka^{n-k}b^k+\cdots+C_n^nb^n$$

中，令 $a=1,b=-1$，则得

$$(1-1)^n=C_n^0-C_n^1+C_n^2-C_n^3+\cdots+C_n^k(-1)^k+\cdots+C_n^n(-1)^n,$$

即

$$0=(C_n^0+C_n^2+\cdots)-(C_n^1+C_n^3+\cdots).$$

所以

$$C_n^0+C_n^2+\cdots=C_n^1+C_n^3+\cdots,$$

即在$(a+b)^n$ 的展开式中，奇数项的二项式系数和等于偶数项的二项式系数和.

习 题 5-2

1. 从参加乒乓球团体比赛的 5 名运动员中选出 3 名，并按排定的顺序出场比赛，有多少种不同方法？
2. 从 4 种蔬菜品种中选 3 种，分别种植在不同土质的 3 块土地上进行试验，有多少种不同的种植方法？
3. 用 0～9 这 10 个数字，可以组成多少个没有重复数字的三位数？
4. 甲、乙、丙、丁四个足球队举行单循环赛，请列出：(1) 所有各场比赛双方；(2) 所有冠亚军的可能情况.
5. 已知 A,B,C,D 这 4 个点中任何 3 个点都不在一条直线上，写出由其中每 3 个点为顶点的所有三角形.
6. 学校开设了 6 门任意选修课，要求每个学生从中选 3 门，共有多少种不同选法？
7. 用二项式定理展开：(1) $(a+\sqrt[3]{b})^4$；　(2) $\left(\dfrac{\sqrt{x}}{2}-\dfrac{2}{\sqrt{x}}\right)^5$.
8. 求：(1) $(1-2x)^{15}$的展开式中前 4 项；　(2) $(2a^3-3b^2)^{10}$的展开式中第 8 项.
9. 已知$(1+x)^n$ 的展开式中第 4 项与第 8 项的二项式系数相等，求这两项的二项式系数.

5.3　排列组合的应用

排列组合问题，联系实际，生动有趣，但题型多样，思路灵活，不易掌握.

【例 1】 一支足球队共有 17 名初级学员，他们中没有一个参加过比赛. 按照足球比赛规则，比赛时一个足球队的上场队员是 11 人. 问：

(1) 这 17 名学员可以形成多少种学员上场方案？

(2) 如果在选出 11 名上场队员时，还要确定其中的守门员，那么有多少种上场方案？

解　(1) 由于上场学员没有角色差异，所以可以形成的学员上场方案种数为 $C_{17}^{11}=12\,376$.

(2) 可以分两步完成这件事情：第一步，从 17 名学员中选 11 人组成上场组，共有 C_{17}^{11}种选法；第二步，从选出的 11 人中选出 1 名守门员，共有 C_{11}^1 种选法.

所以做这件事情的方式种数为

$$C_{17}^{11}C_{11}^1=136\,136(种).$$

【例 2】 平面内有 10 个点，(1)以其中每 2 个点为端点的线段共有多少条？(2) 以其中每 2 个点为端点的有向线段共有多少条？

解 (1) 以平面内 10 个点中每两个点为端点的线段的条数，就是从 10 个不同的元数中取出 2 个元数的组合数，即线段条数为

$$C_{10}^{2}=\frac{10\times 9}{1\times 2}=45.$$

(2) 由于有向线段的两端点中一个是起点，另一个是终点，以平面内 10 个点中每 2 个为点为端点的有向线段的条数，就是从 10 个不同元数中取出 2 个元数的排列数，即有向线段条数为

$$A_{10}^{2}=10\times 9=90.$$

【例 3】 在 100 件产品中，有 98 件合格品，2 件次品. 从这 100 件产品中任意抽出 3 件.

(1) 有多少种不同的抽法？

(2) 抽出的 3 件中恰好有 1 件是次品的抽法有多少种？

(3) 抽出的 3 件中至少有 1 件是次品的抽法有多少种？

解 (1) 求不同抽法的种数，就是从 100 件产品中取出 3 件组合数，所以不同抽法的种数为

$$C_{100}^{3}=\frac{100\times 99\times 98}{3\times 2\times 1}=161\ 700.$$

(2) 从 2 件次品中抽出 1 件次品的抽法有 C_2^1 种，从 98 件合格品中抽出 2 件合格品的抽法有 C_{98}^2 种，因此抽出的 3 件中恰好有 1 件次品的抽法种数为

$$C_2^1C_{98}^2=9506.$$

(3) 解法一：从 100 件次品抽出 3 件至少有 1 件是次品，包括 1 件次品和 2 件次品两种情况. 在(2)中已求得其中 1 件是次品的抽法是 $C_2^1C_{98}^2$ 种，因此根据分类加法计数原理，抽出的 3 件中至少有 1 件是次品的抽法种数为

$$C_2^1C_{98}^2+C_2^2C_{98}^1=9604.$$

解法二：抽出的 3 件产品中至少有 1 件是次品的抽法的种数，也就是从 100 件中抽出 3 件的抽法种数减去 3 件中都是合格品的抽法种数，即

$$C_{100}^{3}-C_{98}^{3}=161\ 700-152\ 096=9604.$$

习 题 5-3

1. 学校要安排一场文艺晚会的 11 个节目的演出顺序. 除第 1 个节目和最后一个节目已经确定外，4 个音乐节目要求排在第 2，5，7，10 的位置，3 个舞蹈节目要求排在第 3，6，9 的位置，2 个曲艺节目要求排在第 4，8 的位置，共有多少种排法？

2. 圆上有 10 个点. 问：

(1) 过每 2 个点画一条弦，共可以画多少条？

(2) 过每 3 个点画一个圆的内接三角形，共可以画多少个圆内接？

3. 一个学生有 20 本不同的书. 这些书能够以多少种不同的方式排在一个单层的书架上？

4. 在一次考试的选作题部分，要求在第一题的 4 个小题中选作 3 个小题，在第二题的 3 个小题中选作 2 个小题，在第三题的 2 个小题中选作 1 个小题，有多少种不同的选法？

5. 6 人同时被邀请参加一项活动，要求必须有人去，去几人自行决定. 共有多少种不同的去法？

6. 在 200 件产品中，有 2 件次品，从中任取 5 件. 问：

(1) 其中恰好有 2 件次品的抽法有多少种？

(2) 其中恰好有 1 件次品的抽法有多少种?

(3) 其中没有次品的抽法有多少种?

(4) 其中至少有 1 件次品的抽法有多少种?

7. 从 1,3,5,7,9 中任取 3 个数字,从 2,4,6,8 中任取 2 个数字,一共可以组成多少个没有重复数字的五位数?

本章小结

【主要内容】 两个计数原理;排列及排列数公式;组合及组合数公式;二项式定理及排列组合的应用.

【学习要求】

1. 掌握两个计数原理;

2. 熟练掌握排列数和组合数公式;

3. 会用排列组合解决生活中的计数问题.

【重点】 排列数和组合数公式.

【难点】 排列组合的应用.

复习题五

1. 填空

(1) 学生可从本年级开设 7 门选修课中任意选择 3 门,从 6 种课外活动小组中选择 2 种. 不同的选法种数为__________.

(2) 安排 6 名歌手演出顺序时,要求某歌手不是第一个出场,也不是最后出场,那么不同的排法种数是__________.

(3)5 个人分 4 张足球票,每人至多分 1 张,而且票必须分完,那么不同分法的种数为__________.

(4)一种汽车牌照号码由 2 个英文字母后接 4 个数字组成,且 2 个英文字母不能相同. 不同牌照号码的个数是__________.

2. 某学生邀请 10 位同学中的 6 位参加一项活动,其中两位同学要么都请,要么都不请,共有多少种邀请方法?

3. 100 件产品中,有 97 件合格品,3 件次品. 从中任意抽取 5 件进行检查,问:

(1) 5 件都是合格品的抽法有多少种?

(2) 5 件中恰好有 2 件是次品的抽法有多少种?

(3) 5 件至少有 2 件是次品的抽法有多少种?

4. 求 $\left(9x+\frac{1}{3\sqrt{x}}\right)^{18}$ 展开式的常数项.

5. 某种产品的加工需要经过 5 道工序. 问:

(1) 如果其中某一工序不能放在最后,有多少种加工的方法?

(2) 如果其中两道工序既不能放在最前,也不能放在最后,有多少种加工的方法?

部分习题答案

第1章 微分方程基础

习题 1-1

1. (1) $y=\sin x+C$.　　(2) $y=e^x+x^2+C_1x+C_2$;

   (3) $y=\ln|x|-\frac{1}{2}x^2+1$;　　(4) $y=-\frac{1}{4}\sin 2x+\frac{1}{2}x+2$;

   (5) $y=\frac{1}{8}e^{2x}-\frac{1}{4}x$.

2. $k=\pm 2$.　　3. $y=x^3+C$.　　4. $s=-2\cos t+10+\sqrt{2}$.

5. (1) $y'=x$;　　(2) $y'=-\frac{2x}{y}$.

习题 1-2

1. (1) $y=\frac{1}{2}(\arctan x)^2+C$;　　(2) $y^3=x^3+C$;

   (3) $y=Ce^{\sin x}$;　　(4) $y=C\sin^2 x$.

2. (1) $y=5x$;　　(2) $\ln|y|=\ln|x-1|$.

3. (1) $y=e^{x^2}(\sin x+C)$;　　(2) $y=Ce^{\frac{3}{2}x^2-\frac{1}{3}}$;　　(3) $y=\frac{1}{x}(e^x+C)$;

   (4) $y=\frac{1}{x^2-1}(\sin x+C)$;　　(5) $y=C\cos x-2\cos^2 x$.

4. (1) $y=7e^{-\frac{1}{2}x}+3$;　　(2) $y=5x-2$;　　(3) $y=\frac{x+1}{x-1}\left(\frac{1}{2}x^2-x\right)$.

习题 1-3

1. (1) $y=C_1(x-e^{-x})+C_2$;　　(2) $y=C_1\arcsin x+C_2$;

   (3) $y=(C_1x+C_2)^{\frac{2}{3}}$;　　(4) $y=-\ln|\cos(x+c_1)|+C_2$.

2. (1) $e^{-2y}=1-x$; (2) $y=\ln\frac{e^{-x}+e^x}{2}$.

习题 1-4

1. (1) $y=C_1e^{2x}+C_2e^{-x}$;　　(2) $y=C_1e^{2x}+C_2e^{-2x}$;

   (3) $y=C_1e^{2x}+C_2e^{-\frac{4}{3}x}$;　　(4) $y=C_1\cos x+C_2\sin x$;

   (5) $y=e^{-3x}(C_1\cos 2x+C_2\sin 2x)$;　　(6) $y=e^x\left(C_1\cos\frac{1}{2}x+C_2\sin\frac{1}{2}x\right)$;

   (7) $y=(C_1+C_2x)e^x$;　　(8) $y=(C_1+C_2x)e^{\frac{5}{2}x}$.

2. (1) $y=-3e^{3x}+9e^x$;　　(2) $y=\left(1+\frac{5}{2}x\right)e^{-\frac{1}{2}x}$;

   (3) $y=2\cos 2x+3\sin 2x$;　　(4) $s=(4+6t)e^{-t}$.

3. (1) $y^*=Ax^2+Bx+C$;　　(2) $y^*=x(Ax^2+Bx+C)e^{-3x}$;

(3) $y^*=Ax^3+Bx^2+Cx+D$； (4) $y^*=Ax^2e^{-\frac{3}{2}x}$.

4. (1) $y=C_1e^{-x}+C_2e^{\frac{1}{2}x}+2e^x$； (2) $y=C_1+C_2e^{-\frac{5}{2}x}+\frac{1}{3}x^3-\frac{3}{5}x^2+\frac{7}{25}x$；

(3) $y=C_1e^{-x}+C_2e^{-2x}+\left(\frac{3}{2}x^2-3x\right)e^{-x}$； (4) $y=(C_1+C_2x)e^{3x}+(x+3)e^{2x}$.

习题 1-5

1. $ax-x^2=Ce^{-kt}$.
2. $s=\frac{1}{k^2}\ln\frac{e^{k\sqrt{gt}}+e^{-k\sqrt{gt}}}{2}$，其中 $k^2=\frac{C^2}{m}$.
3. $y=\frac{1}{6}x^3+\frac{1}{2}x+1$.
4. $s=\frac{29}{4}-\frac{29}{4}e^{-2t}-\frac{5}{2}t$.
5. $s=\frac{m^2g}{k^2}e^{-\frac{k}{m}t}-\frac{m^2g}{k^2}+\frac{mg}{k}t$.
6. $y=\cos2x-\frac{1}{6}\sin2x+\frac{1}{3}\sin x$.

复习题一

1. (1) $y=x-\frac{1}{x-C}$； (2) $y=\ln|x+y+1|+C$； (3) $x=\frac{1}{2}y^2+Cy$； (4) $y=e^x(C_1\cos2x+C_2\sin2x)+\frac{1}{3}e^x\sin x$； (5) $y=e^x(C_1\cos2x+C_2\sin2x)-\frac{1}{4}xe^x\cos2x$； (6) $y=C_1\cos2x+C_2\sin2x+\frac{2}{9}\sin x+\frac{1}{3}x\cos x$.

2. (1) $y=(4+26x)e^{-6x}$； (2) $y=(1+x^2)+\sqrt{1+x^2}\left[\ln(x+\sqrt{1+x^2})-\frac{1}{2}\right]$；

(3) $y=e^{-x^2}\left(\frac{1}{2}x^2+1\right)$； (4) $y=e^y[\ln(e^x+1)-x+1-\ln^2x]-1$；

(5) $y=2xe^{-3x}+\frac{5}{6}x^3e^{-3x}$.

3. $y=(1-x)e^{2x}$.

第 2 章 线性代数初步

习题 2-1

1. (1) -10； (2) -36； (3) $2m-1$； (4) 0；
(5) 0； (6) -30.

2. (1) $\begin{cases}x=7,\\y=9.\end{cases}$ (2) $\begin{cases}x=\frac{21}{32},\\y=\frac{9}{32}.\end{cases}$ (3) $\begin{cases}x=\frac{8}{5},\\y=\frac{3}{5}.\end{cases}$ (4) $\begin{cases}x=1,\\y=0,\\z=-1.\end{cases}$

3. 略.
4. (1) 4； (2) 0.
5. (1) 1,2； (2) $-1,1,-2,2$.
6. 略.

7. （1）-40；（2）18.

8. （1）$\begin{cases} x_1=0, \\ x_2=0, \\ x_3=0. \end{cases}$ （2）$\begin{cases} x_1=3, \\ x_2=1, \\ x_3=1. \end{cases}$

9. （1）$\lambda_1=1,\lambda_2=2$；（2）$\lambda_1=\frac{9}{4},\lambda_2=1$.

10. $P(x)=x^3-x^2+x-1$.

习题 2-2

1. $\begin{cases} x=3, \\ y=-8. \end{cases}$

2. （1）不相等，因为阶数不同. （2）不相等.

3. $3\boldsymbol{A}+2\boldsymbol{B}=\begin{pmatrix} 19 & 2 & 24 \\ -14 & 15 & 18 \\ 14 & 21 & 12 \end{pmatrix}$； $2\boldsymbol{A}-3\boldsymbol{B}=\begin{pmatrix} -9 & 10 & 10 \\ 21 & -16 & 12 \\ 5 & 14 & -5 \end{pmatrix}$.

4. （1）$\begin{pmatrix} 35 \\ 24 \end{pmatrix}$； （2）10； （3）$\begin{pmatrix} -2 & 4 \\ -1 & 2 \\ -3 & 6 \end{pmatrix}$； （4）$\begin{pmatrix} 6 & -7 & 8 \\ 20 & -5 & -6 \end{pmatrix}$.

5. （1）$\boldsymbol{AB}=\begin{pmatrix} 2 & 6 \\ 1 & 4 \end{pmatrix},\boldsymbol{AC}=\begin{pmatrix} 2 & 6 \\ 1 & 4 \end{pmatrix}$； （2）$\boldsymbol{B}'\boldsymbol{A}'=\begin{pmatrix} 2 & 1 \\ 6 & 4 \end{pmatrix}$.

6. （1）$\boldsymbol{AB}=\begin{pmatrix} 3 & 6 \\ 4 & 6 \end{pmatrix},\boldsymbol{BA}=\begin{pmatrix} 1 & 2 \\ 3 & 6 \end{pmatrix}\boldsymbol{AB}\neq\boldsymbol{BA}$； （2）不成立.

7. $\boldsymbol{A}^2=\begin{pmatrix} \lambda^2 & 2\lambda & 1 \\ 0 & \lambda^2 & 2\lambda \\ 0 & 0 & \lambda^2 \end{pmatrix}$； $\boldsymbol{A}^3=\begin{pmatrix} \lambda^3 & 3\lambda^2 & 3\lambda \\ 0 & \lambda^3 & 3\lambda^2 \\ 0 & 0 & \lambda^3 \end{pmatrix}$； $\boldsymbol{A}^k=\begin{pmatrix} \lambda^k & k\lambda^{k-1} & \frac{k(k-1)}{2}\lambda^{k-2} \\ 0 & \lambda^k & k\cdot\lambda^{k-1} \\ 0 & 0 & \lambda^k \end{pmatrix}$.

8. $\begin{bmatrix} 1 & 2n & 2(n-1)n \\ 0 & 1 & 2n \\ 0 & 0 & 1 \end{bmatrix}$. 提示：$\begin{pmatrix} 1 & 0 & 0 \\ 0 & 1 & 2 \\ 0 & 0 & 1 \end{pmatrix}=\begin{pmatrix} 1 & 0 & 0 \\ 0 & 1 & 0 \\ 0 & 0 & 1 \end{pmatrix}+\begin{pmatrix} 0 & 2 & 0 \\ 0 & 0 & 2 \\ 0 & 0 & 0 \end{pmatrix}$

10. （1）$\begin{pmatrix} 5 & -2 \\ -2 & 1 \end{pmatrix}$； （2）$\begin{pmatrix} 1 & 3 & -2 \\ -\frac{3}{2} & -3 & \frac{5}{2} \\ 1 & 1 & -1 \end{pmatrix}$； （3）$\begin{pmatrix} 0 & \frac{1}{6} & 0 \\ \frac{1}{3} & \frac{1}{18} & -\frac{2}{3} \\ \frac{1}{3} & -\frac{5}{18} & \frac{1}{3} \end{pmatrix}$；

（4）$\begin{pmatrix} \frac{1}{2} & 0 & 0 \\ -\frac{1}{8} & \frac{1}{4} & 0 \\ -\frac{13}{8} & \frac{1}{4} & 1 \end{pmatrix}$.

11. （1）$\begin{pmatrix} 2 & -23 \\ 0 & 8 \end{pmatrix}$； （2）$\begin{pmatrix} 18 & -32 \\ 5 & -8 \end{pmatrix}$； （3）$\begin{pmatrix} -\frac{15}{8} & -\frac{17}{4} \\ \frac{5}{8} & \frac{7}{4} \end{pmatrix}$.

12. （1）$x_1=1,x_2=2,x_3=-2$. （2）$x_1=1,x_2=0,x_3=0$.

13. （1）$\because \boldsymbol{C}^{-1}\boldsymbol{B}^{-1}\boldsymbol{A}^{-1}(\boldsymbol{A}\cdot\boldsymbol{B}\cdot\boldsymbol{C})=(\boldsymbol{A}\cdot\boldsymbol{B}\cdot\boldsymbol{C})\boldsymbol{C}^{-1}\boldsymbol{B}^{-1}\boldsymbol{A}^{-1}$

$=\boldsymbol{C}^{-1}\boldsymbol{B}^{-1}\boldsymbol{A}^{-1}\cdot\boldsymbol{A}\cdot\boldsymbol{B}\cdot\boldsymbol{C}=1.$

$\therefore(\boldsymbol{A}\cdot\boldsymbol{B}\cdot\boldsymbol{C})^{-1}=\boldsymbol{C}^{-1}\cdot\boldsymbol{B}^{-1}\cdot\boldsymbol{A}^{-1}.$

(2) $\because \boldsymbol{A}\cdot\boldsymbol{A}^*=\boldsymbol{A}^*\cdot\boldsymbol{A}=|\boldsymbol{A}|\cdot\boldsymbol{E}$ $\quad\therefore(\boldsymbol{A}^*)^{-1}=\dfrac{\boldsymbol{A}}{|\boldsymbol{A}|}.$

(3) 两边同乘 $\boldsymbol{A}^{-1}$.

14. $\boldsymbol{A}^2-\boldsymbol{A}=2\boldsymbol{E}$,即$\dfrac{\boldsymbol{A}}{2}\cdot(\boldsymbol{A}-\boldsymbol{E})=\boldsymbol{E}$,又$(\boldsymbol{A}-\boldsymbol{E})\cdot\dfrac{\boldsymbol{A}}{2}=\boldsymbol{E}$,故$(\boldsymbol{A}-\boldsymbol{E})^{-1}=\dfrac{\boldsymbol{A}}{2}$同理$\boldsymbol{A}^{-1}=\dfrac{1}{2}(\boldsymbol{A}-\boldsymbol{E})$.

15. (1) $\boldsymbol{A}+\boldsymbol{B}=\begin{pmatrix}9&2&2&4&2\\5&2&2&4&0\\5&12&15&1&1\\4&1&13&5&1\end{pmatrix}$; $\boldsymbol{A}-\boldsymbol{B}=\begin{pmatrix}1&2&-2&2&0\\-1&0&0&4&0\\1&0&1&-1&-1\\0&1&1&1&1\end{pmatrix}$.

(2) $\boldsymbol{A}+\boldsymbol{B}=\begin{pmatrix}1&6&8&10\\3&2&0&0\\5&0&2&0\end{pmatrix}$; $\boldsymbol{A}-\boldsymbol{B}=\begin{pmatrix}1&0&0&0\\1&0&0&0\\1&0&0&0\end{pmatrix}$.

16. (1) $\begin{pmatrix}5&-1&2&3\\5&0&9&1\\-2&-5&0&0\\0&-4&0&0\end{pmatrix}$; (2) $\begin{pmatrix}1&1&0&0\\0&0&-1&1\\0&0&1&1\\1&-1&0&2\end{pmatrix}$.

17. (1) $\begin{pmatrix}A_1\cdot B_{11}&A_1\cdot B_{12}\\A_2\cdot B_{21}&A_2\cdot B_{22}\end{pmatrix}$;

(2) $\begin{pmatrix}A_{11}\cdot B_{11}&A_{11}\cdot B_{12}+A_{12}\cdot B_{22}&A_{11}\cdot B_{13}+A_{12}\cdot B_{23}+A_{13}\cdot B_{33}\\0&A_{22}\cdot B_{22}&A_{22}\cdot B_{23}+A_{23}\cdot B_{33}\\0&0&A_{33}\cdot B_{33}\end{pmatrix}$.

18. (1) $\begin{pmatrix}\frac{1}{2}&0&0&0&0\\0&\frac{1}{2}&-\frac{1}{2}&0&0\\0&-1&2&0&0\\0&0&0&1&-1\\0&0&0&-1&2\end{pmatrix}$; (2) $\begin{pmatrix}\frac{1}{2}&0&-\frac{3}{2}&1\\0&1&-2&1\\0&0&1&-1\\0&0&0&1\end{pmatrix}$.

习题 2-3

1. (1) $\begin{pmatrix}1&0\\0&1\end{pmatrix}$; (2) $\begin{pmatrix}1&0&0\\0&1&0\\0&0&1\end{pmatrix}$; (3) $\begin{pmatrix}1&0&0\\0&1&0\end{pmatrix}$.

2. $\boldsymbol{E}(1,2)\cdot\boldsymbol{A}=\begin{pmatrix}0&3&1\\2&1&3\\3&0&5\end{pmatrix}$; $\boldsymbol{A}\cdot\boldsymbol{E}[2,1(2)]\begin{pmatrix}4&1&3\\6&3&1\\3&0&5\end{pmatrix}$.

3. $\boldsymbol{P}_1=\begin{pmatrix}1&0&0\\-1&1&0\\0&0&1\end{pmatrix}$; $\boldsymbol{P}_2=\begin{pmatrix}1&0&0\\0&1&0\\0&1&1\end{pmatrix}$; $\boldsymbol{P}_3=\begin{pmatrix}1&0&0\\0&1&0\\0&0&\frac{1}{2}\end{pmatrix}$;

$\boldsymbol{P}_4=\begin{pmatrix}1&0&0\\0&1&-2\\0&0&1\end{pmatrix}$; $\boldsymbol{P}_5=\begin{pmatrix}1&0&0\\0&-1&0\\0&0&1\end{pmatrix}$; $\boldsymbol{P}_6=\begin{pmatrix}1&-1&0\\0&1&0\\0&0&1\end{pmatrix}$.

4. 因为 $\begin{pmatrix}1 & -2\\0 & 1\end{pmatrix}\begin{pmatrix}1 & 0\\0 & -\frac{1}{3}\end{pmatrix}\begin{pmatrix}1 & 0\\-2 & 1\end{pmatrix}\begin{pmatrix}\frac{1}{3} & 0\\0 & 1\end{pmatrix}\begin{pmatrix}3 & 6\\2 & 1\end{pmatrix}=\begin{pmatrix}1 & 0\\0 & 1\end{pmatrix}$，

所以 $\begin{pmatrix}3 & 6\\2 & 1\end{pmatrix}=\begin{pmatrix}\frac{1}{3} & 0\\0 & 1\end{pmatrix}^{-1}\begin{pmatrix}1 & 0\\-2 & 1\end{pmatrix}^{-1}\begin{pmatrix}1 & 0\\0 & -\frac{1}{3}\end{pmatrix}^{-1}\begin{pmatrix}1 & -2\\0 & 1\end{pmatrix}^{-1}$

$$=\begin{pmatrix}3 & 0\\0 & 1\end{pmatrix}\begin{pmatrix}1 & 0\\2 & 1\end{pmatrix}\begin{pmatrix}1 & 0\\0 & -3\end{pmatrix}\begin{pmatrix}1 & 2\\0 & 1\end{pmatrix}.$$

5. (1) $\begin{pmatrix}-10 & 2 & -5\\-5 & 1 & -2\\6 & -1 & 3\end{pmatrix}$；　　(2) $\begin{pmatrix}1 & -4 & -3\\1 & -5 & -3\\-1 & 6 & 4\end{pmatrix}$；

(3) $\begin{pmatrix}\frac{2}{3} & -\frac{1}{3} & -\frac{2}{3} & \frac{2}{3}\\-\frac{4}{3} & \frac{2}{3} & \frac{4}{3} & -\frac{1}{3}\\-\frac{1}{3} & \frac{2}{3} & \frac{1}{3} & -\frac{1}{3}\\\frac{2}{3} & -\frac{1}{3} & -\frac{1}{6} & \frac{1}{6}\end{pmatrix}$；　　(4) $\begin{pmatrix}1 & -a & 0 & 0\\0 & 1 & -a & 0\\0 & 0 & 1 & -a\\0 & 0 & 0 & 1\\0 & 0 & 0 & 0\end{pmatrix}$.

6. $\begin{pmatrix}2 & \frac{5}{3}\\-2 & -\frac{7}{3}\\1 & \frac{5}{3}\end{pmatrix}$.

7. 解：(1) $\bar{A}=\begin{bmatrix}4 & 2 & -1 & 2\\3 & -1 & 2 & 10\\11 & 3 & 0 & 8\end{bmatrix}\xrightarrow{r_1+r_2}\begin{bmatrix}1 & 3 & -3 & -8\\3 & -1 & 2 & 10\\11 & 3 & 0 & 8\end{bmatrix}$

$\xrightarrow[r_3- -11r_1]{r_2-3r_1}\begin{bmatrix}1 & 3 & -3 & -8\\0 & -10 & 11 & 34\\0 & -30 & 33 & 96\end{bmatrix}$

$\xrightarrow{r_3-3r_2}\begin{bmatrix}1 & 3 & -3 & -8\\0 & -10 & 11 & 34\\0 & 0 & 0 & -6\end{bmatrix}$，因为 $r(\mathbf{A})\neq r(\bar{\mathbf{A}})$，所以方程组无解.

(2) $\bar{A}=\begin{bmatrix}2 & 1 & -1 & 1 & 1\\4 & 2 & -2 & 1 & 2\\2 & 1 & -1 & -1 & 1\end{bmatrix}\xrightarrow[r_3-r_1]{r_2-2r_1}\begin{bmatrix}2 & 1 & -1 & 1 & 1\\0 & 0 & 0 & -1 & 0\\0 & 0 & 0 & -2 & 0\end{bmatrix}\xrightarrow{r_3-2r_2}\begin{bmatrix}2 & 1 & -1 & 1 & 1\\0 & 0 & 0 & -1 & 0\\0 & 0 & 0 & 0 & 0\end{bmatrix}$

$\xrightarrow[-r_2]{r_1+r_2}\begin{bmatrix}2 & 1 & -1 & 0 & 1\\0 & 0 & 0 & 1 & 0\\0 & 0 & 0 & 0 & 0\end{bmatrix}$，

所以 $\begin{cases}2x_1+x_2-x_3=1\\x_4=0\end{cases}$，即 $\begin{cases}x_2=1-2x_1+x_3\\x_4=0\end{cases}$，取 $x_1=t_1, x_3=t_2$，(t_1, t_2 为任意常数)，

则方程的一般解为 $\begin{cases}x_1= & t_1\\x_2= & 1-2t_1+t_2\\x_3= & t_2\\x_4= & 0\end{cases}$.

(3) $\overline{\boldsymbol{A}}=\begin{bmatrix}2&3&1&4\\1&-2&4&-5\\3&8&-2&13\\4&-1&9&-6\end{bmatrix}\xrightarrow[r_1\leftrightarrow r_2]{\substack{r_1-2r_2\\r_3-3r_2\\r_4-4r_2}}\begin{bmatrix}1&-2&4&-5\\0&7&-7&14\\0&14&-14&28\\0&7&-7&14\end{bmatrix}\xrightarrow{\substack{r_3-2r_2\\r_4-r_2\\\frac{1}{7}r_2}}\begin{bmatrix}1&-2&4&-5\\0&1&-1&2\\0&0&0&0\\0&0&0&0\end{bmatrix}$

$\xrightarrow{r_1+2r_2}\begin{bmatrix}1&0&2&-1\\0&1&-1&2\\0&0&0&0\\0&0&0&0\end{bmatrix}$，所以$\begin{cases}x_1+2x_3=-1\\x_2-x_3=2\end{cases}$，即$\begin{cases}x_1=-1-2x_3\\x_2-x_3=2+x_3\end{cases}$，取 $x_3=t$，(t 为任意常数)，

则解得方程组的一般解为$\begin{cases}x_1=-1-2t\\x_2=2+t\\x_3=t\end{cases}$.

(4) $\overline{A}=\begin{bmatrix}2&1&-1&1&1\\3&-2&1&-3&4\\1&4&-3&5&-2\end{bmatrix}\xrightarrow[r_1\leftrightarrow r_3]{\substack{r_1-2r_3\\r_2-3r_3}}\begin{bmatrix}1&4&-3&5&-2\\0&-14&10&-18&10\\0&-7&5&-9&5\end{bmatrix}$

$\xrightarrow[r_2\leftrightarrow r_3]{r_2-2r_3}\begin{bmatrix}1&4&-3&5&-2\\0&-7&5&-9&5\\0&0&0&0&0\end{bmatrix}\xrightarrow{\substack{r_1+\frac{4}{7}r_2\\-\frac{1}{7}r_2}}\begin{bmatrix}1&0&-\frac{1}{7}&-\frac{1}{7}&\frac{6}{7}\\0&1&-\frac{5}{7}&\frac{9}{7}&-\frac{5}{7}\\0&0&0&0&0\end{bmatrix}$，

所以$\begin{cases}x_1-\frac{1}{7}x_3-\frac{1}{7}x_4=\frac{6}{7}\\x_2-\frac{5}{7}x_3+\frac{9}{7}x_4=-\frac{5}{7}\end{cases}$，即$\begin{cases}x_1=\frac{6}{7}+\frac{1}{7}x_3+\frac{1}{7}x_4\\x_2=-\frac{5}{7}+\frac{5}{7}x_3-\frac{9}{7}x_4\end{cases}$，取 $x_3=t_1,x_4=t_2$，(t_1,t_2 为任意常数)

则解得方程组的一般解为$\begin{cases}x_1=\frac{1}{7}(6+t_1+t_2)\\x_2=\frac{1}{7}(-5+5t_1-9t_2)\\x_3=t_1\\x_4=t_2\end{cases}$.

复习题二

1. (1) 6； (2) -6； (3) $\begin{pmatrix}1&-3\\3&0\end{pmatrix}$； (4) $\begin{pmatrix}0&17\\14&13\\-3&10\end{pmatrix}$； (5) $r+1$； (6) $a=1$ 或 $a=3$； (7) $81k$.

2. C、A、C、D、B、B、D

3. (1) -24； (2) $(-1)^{n+1}n!$.

4. (1) $r=3$； (2) $r=2$.

5. (1) $\begin{pmatrix}-5&0&-8\\-3&-1&-6\\2&0&3\end{pmatrix}$； (2) $\frac{1}{4}\begin{pmatrix}1&1&1&1\\1&1&-1&-1\\1&-1&1&-1\\1&-1&-1&1\end{pmatrix}$.

6. $\begin{pmatrix}-5&4&-2\\-4&5&-2\\-9&7&-4\end{pmatrix}$.

7. $a=1,b=2$.

8. (1) 无解； (2) $\begin{pmatrix}x_1\\x_2\\x_3\end{pmatrix}=k\begin{pmatrix}-1\\0\\1\end{pmatrix}+\begin{pmatrix}-3\\1\\0\end{pmatrix}(k\in R)$；

(3) $\begin{pmatrix}x_1\\x_2\\x_3\\x_4\\x_5\end{pmatrix}=k_1\begin{pmatrix}1\\-2\\1\\0\\0\end{pmatrix}+k_2\begin{pmatrix}1\\-2\\0\\1\\0\end{pmatrix}+k_3\begin{pmatrix}5\\-6\\0\\0\\1\end{pmatrix}+\begin{pmatrix}-16\\23\\0\\0\\0\end{pmatrix}(k_1,k_2\in R)$.

9. (1) $k\neq1,-2$； (2) $k=-2$； (3) $k=1$, $\begin{pmatrix}x_1\\x_2\\x_3\end{pmatrix}=k_1\begin{pmatrix}-1\\1\\0\end{pmatrix}+k_2\begin{pmatrix}-1\\0\\1\end{pmatrix}+\begin{pmatrix}1\\0\\0\end{pmatrix}(k_1,k_2\in R)$.

第三章 概　　率

习题 3-1

1. $\Omega=\{3,4,5,6,7,8,9,10,11,12,13,14,15,16,17,18\}$；$A=\{13,14,15,16,17,18\}$.
2. (1) $B\subset A$；(2) $B\subset A$.
3. Ω 含有 16 个基本事件；A 含有 4 个基本事件；B 含有 5 个基本事件.
5. (1) $\overline{A}\cdot\overline{B}\cdot\overline{C}\cdot\overline{D}$； (2) $A+B+C+D$； (3) $ABC\overline{D}+ABD\overline{C}+ACD\overline{B}+BCD\overline{A}$；
(4) $A\cdot\overline{B}\cdot\overline{C}\cdot\overline{D}+\overline{A}\cdot B\cdot\overline{C}\cdot\overline{D}+\overline{A}\cdot\overline{B}\cdot C\cdot\overline{D}+\overline{A}\cdot\overline{B}\cdot\overline{C}\cdot D$.
6. 0.25.
7. $\frac{3}{7}$；$\frac{13}{14}$.
8. $P(A)=\frac{2}{9}$；$P(B)=\frac{4}{9}$；$P(C)=\frac{7}{9}$.
9. 0.75；0.25.
10. $P(A\overline{B})=0.05$；$P(\overline{A}B)=0.30$；$P(\overline{AB})=0.5$.

习题 3-2

1. $P(A|B)=\frac{1}{3}$；$P(B|A)=\frac{3}{4}$；$P(A|\overline{B})=\frac{1}{11}$.
2. $\frac{1}{3}$.
3. 0.76.
4. 0.4.
5. 0.24；0.536.
6. 0.36.
7. 0.62.
8. 0.997 88.
9. (1) 0.38；(2) $\frac{15}{38}$.
10. 0.7.
11. 0.8.
12. 0.056.

13. $P_{10}(3)=C_{10}^{3}0.25^{3}0.75^{7}$；获得 30 分的概率 $P_{10}(6)=C_{10}^{6}0.25^{6}0.75^{4}$.

14. 0.320 76；0.436 24.

习题 3-3

1. $c=1$；$k=\frac{1}{15}$.

2. X 的分布列为

X	1	3	2	1
P	0.05	0.15	0.30	0.50

$P(X\geqslant 3)=0.95$.

3. $X\sim B(10,0.1)$；$Y\sim B(10,0.9)$；$P(X\geqslant 2)=0.264$.

4. 对实力较强的队员有利.

5.

X	0	1	2	3	4
P	0.4	0.24	0.144	0.0864	0.1296

6. $P(X=3)=\frac{1}{6\mathrm{e}}$.

7. (1) $k=2$；$P(X\geqslant 0.5)=\mathrm{e}^{-1}$； (2) $k=6$；$P\left(-1<X\leqslant\frac{1}{3}\right)=\frac{7}{27}$.

8. $\frac{2}{3}$.

9. $1-(1-\mathrm{e}^{-1})^{3}$.

10. 0.8413；0.1587；0.13；0.1587；0.6826；0.045

11. 0.3929；0.8413；0.0454.

12. $1-\Phi(1)$；$\Phi(0.5)-\Phi(-0.5)$ 或 $2\Phi(0.5)-1$.

习题 3-4

1. 甲的成绩略优于乙的成绩.

2. $E(X)=\frac{12}{7}$；$D(X)=\frac{24}{49}$.

3. $E(X)=0.3$；$D(X)=\frac{351}{1100}$.

4. $E(X)=1.6$；$D(X)=0.96$.

5. $E(X)=2$；$D(X)=0.42$.

6. $p_3=0.2$；$x_2=10$.

7. $E(Y)=5$；$D(Y)=18$.

8. $E(X)=\frac{\pi}{2}-1$；$D(X)=\pi-3$.

9. $a=0.4$；$b=1.2$；$D(X)=\frac{11}{150}$.

10. $E(X)=1$；$D(X)=\frac{1}{6}$；$\sqrt{D(X)}=\frac{\sqrt{6}}{6}$.

11. $n=8$；$p=0.2$.

12. $D(X)=2.76$；$E(X^5+5)=13.4$；$D(-2X+1)=11.04$.

13. $E(Y_1)=90$；$D(Y_1)=21$. $E(Y_2)=29$；$D(Y_2)=106$.

14. $D(3X_1-4X_2)=16.2$.

习题 3-5

1. 该公司每天生产 300 盒，其期望利润最大.
2. 应该选择中型开发规模.
3. 可以免掉检验程序.

复习题三

1. (1) $A(B+C)$； (2) $P(\overline{B})=\frac{5}{6}$； (3) $P(B)=\frac{1}{3}$； (4) $P(A+B)=0.93$； (5) $P(A|B)=\frac{2}{3}$； (6) $1-(1-p)^n$；$(1-p)^n+np(1-p)^{n-1}$； (7) $P(B|A)=\frac{1}{3}$； (8) $P(1.5<X<2.5)=\frac{1}{3}$； (9) $a=4$； (10) $n=8$；$p=0.2$.

2. (1) D；(2) B；(3) A；(4) B；(5) C；(6) D.

3. (1) 0.3；(2) 0.6.

4. 0.488.

5. (1) 0.87；(2) $\frac{2}{13}$.

6. (1) $1-e^{-2}$；(2) e^{-2}.

7. $a=1$；$b=0.5$.

8. $p=\frac{2}{3}$.

9. $P(X=0)=\frac{1}{15}$；$P(X=1)=\frac{7}{15}$；$P(X=2)=\frac{7}{15}$；$E(X)=1.4$；$D(X)=\frac{28}{75}$.

10. 平均比赛场数 $E(X)=\frac{93}{16}$.

第四章　统计初步

习题 4-1

1. 略
2. 抗压均值为 18.13；方差为 13.44.
3. 甲区的平均产量和方差分别为 60 和 7.11；乙区分别为 56.1 和 6.77.
4. 共 16 个可能样本（略），而全部样本的平均值的平均值为 15.

习题 4-2

1. 0.8293.
2. 0.0454.
3. 略.
4. $n=16$.

习题 4-3

1. μ_1 比 μ_2 更有效.

2. 67.4;5.929.

3. 152.4±2.5774.

4. 14.825±0.204.

5. 1000±39.2.

6. 6.1111±0.7428.

7. 均值区间 59.5±3.5;方差区间(19.89,101.20).

习题 4-4

1. 不符合设计标准.

2. 没有显著差异.

3. 可以认为灯泡的平均寿命仍为 2000 小时.

4. 价格波动没有显著差异.

5. 平均寿命和标准差都符合质量标准.

习题 4-5

1. $y=79.32-0.123x$.

2. $y=188.99+1.8668x$.

3. $y=-33.15+1.042x$.

4. $y=223.624+3.471x$.

复习题四

一、填空题

1. $X_1,X_2,\cdots,X_n$ 相互独立;$X_1,X_2,\cdots,X_n$ 与总体 X 同分布.

2. $\overline{X}=6;S^2=5$.

3. $\lambda=1.1455$.

4. $P(t(n)>\lambda)=0.05$.

5. $\overline{X}\sim N\left(\mu,\frac{\sigma^2}{n}\right)$.

6. $a=\frac{1}{6}$.

7. 2±0.784.

8. $U=\frac{\overline{X}-150}{12/\sqrt{n}}\sim N(0,1)$.

9. χ^2 法;$\chi^2=\frac{19S^2}{0.36}\sim\chi^2(19)$.

10. $y=1.1397x+17.792,r=0.99534$,显著.

二、选择题

1. A.　　2. D.　　3. D.

第 5 章　排列与组合

习题 5-1

1. (1) 9;　(2) 9.

2. (1) 12;　(2) 60.

3. 60.

4. 10^4.

5. 20.

6. 30.

习题 5-2

1. 60.

2. 24.

3. 648.

4. (1) 甲乙、甲丙、甲丁、乙丙、乙丁、丙丁

(2) 甲冠军乙亚军、乙冠军甲亚军、甲冠军丙亚军、丙冠军甲亚军、甲冠军丁亚军、丁冠军甲亚军、乙冠军丙亚军、丙冠军乙亚军、乙冠军丁亚军、丁冠军乙亚军、丙冠军丁亚军、丁冠军丙亚军.

5. $\triangle ABC$、$\triangle ABD$、$\triangle ACD$、$\triangle BCD$.

6. 20.

7. (1) $a^4+4a^3b^{\frac{1}{3}}+6a^2b^{\frac{2}{3}}+4ab+b^{\frac{4}{3}}$； (2) $\frac{1}{32}x^{\frac{5}{2}}-\frac{5}{8}x^{\frac{3}{2}}+5x^{\frac{1}{2}}-20x^{-\frac{1}{2}}+40x^{-\frac{3}{2}}-32x^{-\frac{5}{2}}$.

8. (1) $1-30x+420x^2-3640x^3$； (2) $-C_{10}^7 2^3 3^7 a^9 b^{14}$.

9. C_{10}^3.

习题 5-3

1. 288.

2. (1) 45； (2)120.

3. 20!.

4. 24.

5. 63.

6. (1) C_{198}^3； (2) $C_2^1C_{198}^4$； (3) C_{198}^5； (4) $C_{198}^3+C_2^1C_{198}^4$ 或 $C_{200}^5-C_{198}^5$.

7. $C_5^3C_4^2\cdot 5!=14\,400$.

复习题五

1. (1) 50； (2) 480； (3) 5； (4) $C_{26}^2\cdot 10^4$.

2. 98.

3. (1) C_{97}^5； (2) $C_{97}^3C_3^2$； (3) $C_{97}^3C_3^2+C_{97}^2C_3^3$.

4. C_{18}^6.

5. (1) 96； (2) 36.

附表一　泊松分布表

$$P(X=k)=\frac{\lambda^k}{k!}e^{-\lambda}$$

k	λ								
	0.1	0.2	0.3	0.4	0.5	0.6	0.7	0.8	0.9
0	0.904 84	0.818 73	0.740 82	0.670 32	0.606 53	0.548 81	0.496 59	0.449 33	0.406 57
1	0.090 48	0.163 75	0.222 25	0.268 13	0.303 27	0.329 29	0.347 61	0.359 46	0.365 91
2	0.004 52	0.016 37	0.033 34	0.053 63	0.075 82	0.098 79	0.121 66	0.143 79	0.164 66
3	0.000 15	0.001 09	0.003 33	0.007 15	0.012 64	0.019 76	0.028 39	0.038 34	0.049 40
4	0.000 00	0.000 05	0.000 25	0.000 72	0.001 58	0.002 96	0.004 97	0.007 67	0.011 11
5		0.000 00	0.000 02	0.000 06	0.000 16	0.000 36	0.000 70	0.001 23	0.002 00
6			0.000 00	0.000 00	0.000 01	0.000 04	0.000 08	0.000 16	0.000 30
7					0.000 00	0.000 00	0.000 01	0.000 02	0.000 04

k	λ								
	1.0	1.5	2.0	2.5	3.0	3.5	4.0	4.5	5.0
0	0.367 88	0.223 13	0.135 34	0.082 08	0.049 79	0.030 20	0.018 32	0.011 11	0.006 74
1	0.367 88	0.334 70	0.270 67	0.205 21	0.149 36	0.105 69	0.073 26	0.049 99	0.033 69
2	0.183 94	0.251 02	0.270 67	0.256 52	0.224 04	0.184 96	0.146 53	0.112 48	0.084 22
3	0.061 31	0.125 51	0.180 45	0.213 76	0.224 04	0.215 79	0.195 37	0.168 72	0.140 37
4	0.015 33	0.047 07	0.090 22	0.133 60	0.168 03	0.188 81	0.195 37	0.189 81	0.175 47
5	0.003 07	0.014 12	0.036 09	0.066 80	0.100 82	0.132 17	0.156 29	0.170 83	0.175 47
6	0.000 51	0.003 53	0.012 03	0.027 83	0.050 41	0.077 10	0.104 20	0.128 12	0.146 22
7	0.000 07	0.000 76	0.003 44	0.009 94	0.021 60	0.038 55	0.059 54	0.082 36	0.104 44
8	0.000 01	0.000 14	0.000 86	0.003 11	0.008 10	0.016 87	0.029 77	0.046 33	0.065 28
9	0.000 00	0.000 02	0.000 19	0.000 86	0.002 70	0.006 56	0.013 23	0.023 16	0.036 27
10		0.000 00	0.000 04	0.000 22	0.000 81	0.002 30	0.005 29	0.010 42	0.018 13
11			0.000 01	0.000 05	0.000 22	0.000 73	0.001 92	0.004 26	0.008 24
12			0.000 00	0.000 01	0.000 06	0.000 21	0.000 64	0.001 60	0.003 43
13				0.000 00	0.000 01	0.000 06	0.000 20	0.000 55	0.001 32
14					0.000 00	0.000 01	0.000 06	0.000 18	0.000 47
15					0.000 00	0.000 00	0.000 02	0.000 05	0.000 16
16						0.000 00	0.000 00	0.000 02	0.000 05
17							0.000 00	0.000 00	0.000 01

附表二　标准正态分布表

$$\Phi(x)=\frac{1}{\sqrt{2\pi}}\int_{-\infty}^{x}\mathrm{e}^{-\frac{t^2}{2}}\mathrm{d}t.\ (x\geqslant 0)$$

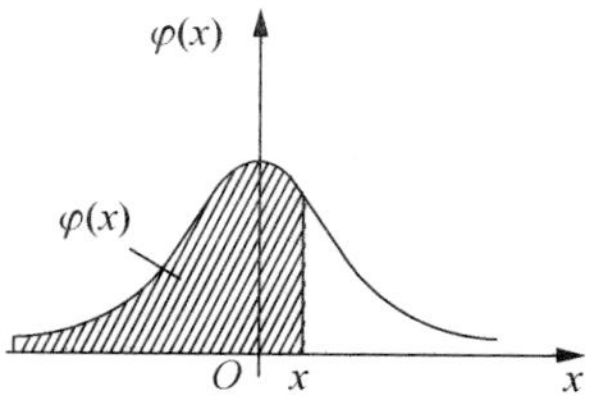

x	0.00	0.01	0.02	0.03	0.04	0.05	0.06	0.07	0.08	0.09
0.0	0.5000	0.5040	0.5080	0.5120	0.5160	0.5199	0.5239	0.5279	0.5319	0.5359
0.1	0.5398	0.5438	0.5478	0.5517	0.5557	0.5596	0.5636	0.5675	0.5714	0.5753
0.2	0.5793	0.5832	0.5871	0.5910	0.5948	0.5987	0.6026	0.6064	0.6103	0.6141
0.3	0.6179	0.6217	0.6255	0.6293	0.6331	0.6368	0.6406	0.6443	0.6480	0.6517
0.4	0.6554	0.6591	0.6628	0.6664	0.6700	0.6736	0.6772	0.6808	0.6844	0.6879
0.5	0.6915	0.6950	0.6985	0.7019	0.7054	0.7088	0.7123	0.7157	0.7190	0.7224
0.6	0.7257	0.7291	0.7324	0.7357	0.7389	0.7422	0.7454	0.7486	0.7517	0.7549
0.7	0.7580	0.7611	0.7642	0.7673	0.7704	0.7734	0.7764	0.7794	0.7823	0.7852
0.8	0.7881	0.7910	0.7939	0.7967	0.7995	0.8023	0.8051	0.8078	0.8106	0.8133
0.9	0.8159	0.8186	0.8212	0.8238	0.8264	0.8289	0.8315	0.8340	0.8365	0.8389
1.0	0.8413	0.8438	0.8461	0.8485	0.8508	0.8531	0.8554	0.8577	0.8599	0.8621
1.1	0.8643	0.8665	0.8686	0.8708	0.8729	0.8749	0.8770	0.8790	0.8810	0.8830
1.2	0.8849	0.8869	0.8888	0.8907	0.8925	0.8944	0.8962	0.8980	0.8997	0.9015
1.3	0.9032	0.9049	0.9066	0.9082	0.9099	0.9115	0.9131	0.9147	0.9162	0.9177
1.4	0.9192	0.9207	0.9222	0.9236	0.9251	0.9265	0.9279	0.9292	0.9306	0.9319
1.5	0.9332	0.9345	0.9357	0.9370	0.9382	0.9394	0.9406	0.9418	0.9429	0.9441
1.6	0.9452	0.9463	0.9474	0.9484	0.9495	0.9505	0.9515	0.9525	0.9535	0.9545
1.7	0.9554	0.9564	0.9573	0.9582	0.9591	0.9599	0.9608	0.9616	0.9625	0.9633
1.8	0.9641	0.9649	0.9656	0.9664	0.9671	0.9678	0.9686	0.9693	0.9699	0.9706
1.9	0.9713	0.9719	0.9726	0.9732	0.9738	0.9744	0.9750	0.9756	0.9761	0.9767
2.0	0.9772	0.9778	0.9783	0.9788	0.9793	0.9798	0.9803	0.9808	0.9812	0.9817
2.1	0.9821	0.9826	0.9830	0.9834	0.9838	0.9842	0.9846	0.9850	0.9854	0.9857
2.2	0.9861	0.9864	0.9868	0.9871	0.9875	0.9878	0.9881	0.9884	0.9887	0.9890

（续表）

x	0.00	0.01	0.02	0.03	0.04	0.05	0.06	0.07	0.08	0.09
2.3	0.9893	0.9896	0.9898	0.9901	0.9904	0.9906	0.9909	0.9911	0.9913	0.9916
2.4	0.9918	0.9920	0.9922	0.9925	0.9927	0.9929	0.9931	0.9932	0.9934	0.9936
2.5	0.9938	0.9940	0.9941	0.9943	0.9945	0.9946	0.9948	0.9949	0.9951	0.9952
2.6	0.9953	0.9955	0.9956	0.9957	0.9959	0.9960	0.9961	0.9962	0.9963	0.9964
2.7	0.9965	0.9966	0.9967	0.9968	0.9969	0.9970	0.9971	0.9972	0.9973	0.9974
2.8	0.9974	0.9975	0.9976	0.9977	0.9977	0.9978	0.9979	0.9979	0.9980	0.9981
2.9	0.9981	0.9982	0.9982	0.9983	0.9984	0.9984	0.9985	0.9985	0.9986	0.9986
3.0	0.9987	0.9987	0.9987	0.9988	0.9988	0.9989	0.9989	0.9989	0.9990	0.9990
3.1	0.9990	0.9991	0.9991	0.9991	0.9992	0.9992	0.9992	0.9992	0.9993	0.9993
3.2	0.9993	0.9993	0.9994	0.9994	0.9994	0.9994	0.9994	0.9995	0.9995	0.9995
3.3	0.9995	0.9995	0.9995	0.9996	0.9996	0.9996	0.9996	0.9996	0.9996	0.9997
3.4	0.9997	0.9997	0.9997	0.9997	0.9997	0.9997	0.9997	0.9997	0.9997	0.9998
3.5	0.9998	0.9998	0.9998	0.9998	0.9998	0.9998	0.9998	0.9998	0.9998	0.9998

附表三　χ^2 分布表

$$P\{\chi^2(n) > \chi_\alpha^2(n)\} = \alpha$$

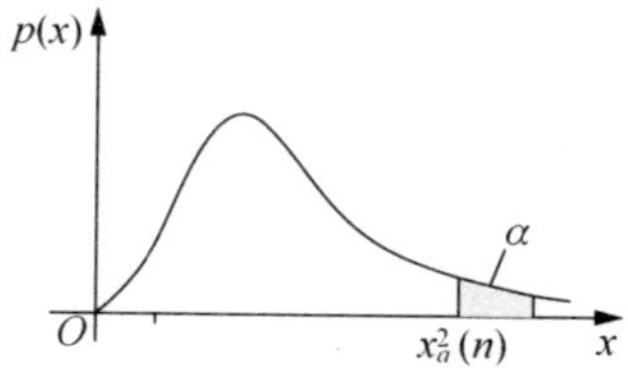

n/α	0.250	0.100	0.050	0.025	0.010	0.005
1	1.3233	2.7055	3.8415	5.0239	6.6349	7.8794
2	2.7726	4.6052	5.9915	7.3778	9.2103	10.5966
3	4.1083	6.2514	7.8147	9.3484	11.3449	12.8382
4	5.3853	7.7794	9.4877	11.1433	13.2767	14.8603
5	6.6257	9.2364	11.0705	12.8325	15.0863	16.7496
6	7.8408	10.6446	12.5916	14.4494	16.8119	18.5476
7	9.0371	12.0170	14.0671	16.0128	18.4753	20.2777
8	10.2189	13.3616	15.5073	17.5345	20.0902	21.9550
9	11.3888	14.6837	16.9190	19.0228	21.6660	23.5894
10	12.5489	15.9872	18.3070	20.4832	23.2093	25.1882
11	13.7007	17.2750	19.6751	21.9200	24.7250	26.7568
12	14.8454	18.5493	21.0261	23.3367	26.2170	28.2995
13	15.9839	19.8119	22.3620	24.7356	27.6882	29.8195
14	17.1169	21.0641	23.6848	26.1189	29.1412	31.3193
15	18.2451	22.3071	24.9958	27.4884	30.5779	32.8013
16	19.3689	23.5418	26.2962	28.8454	31.9999	34.2672
17	20.4887	24.7690	27.5871	30.1910	33.4087	35.7185
18	21.6049	25.9894	28.8693	31.5264	34.8053	37.1565
19	22.7178	27.2036	30.1435	32.8523	36.1909	38.5823
20	23.8277	28.4120	31.4104	34.1696	37.5662	39.9968
21	24.9348	29.6151	32.6706	35.4789	38.9322	41.4011
22	26.0393	30.8133	33.9244	36.7807	40.2894	42.7957
23	27.1413	32.0069	35.1725	38.0756	41.6384	44.1813

（续表）

n/a	0.250	0.100	0.050	0.025	0.010	0.005
24	28.2412	33.1962	36.4150	39.3641	42.9798	45.5585
25	29.3389	34.3816	37.6525	40.6465	44.3141	46.9279
26	30.4346	35.5632	38.8851	41.9232	45.6417	48.2899
27	31.5284	36.7412	40.1133	43.1945	46.9629	49.6449
28	32.6205	37.9159	41.3371	44.4608	48.2782	50.9934
29	33.7109	39.0875	42.5570	45.7223	49.5879	52.3356
30	34.7997	40.2560	43.7730	46.9792	50.8922	53.6720
31	35.8871	41.4217	44.9853	48.2319	52.1914	55.0027
32	36.9730	42.5847	46.1943	49.4804	53.4858	56.3281
33	38.0575	43.7452	47.3999	50.7251	54.7755	57.6484
34	39.1408	44.9032	48.6024	51.9660	56.0609	58.9639
35	40.2228	46.0588	49.8018	53.2033	57.3421	60.2748
36	41.3036	47.2122	50.9985	54.4373	58.6192	61.5812
37	42.3833	48.3634	52.1923	55.6680	59.8925	62.8833
38	43.4619	49.5126	53.3835	56.8955	61.1621	64.1814
39	44.5395	50.6598	54.5722	58.1201	62.4281	65.4756
40	45.6160	51.8051	55.7585	59.3417	63.6907	66.7660

（续表）

n/a	0.995	0.990	0.975	0.950	0.900	0.750
1	0.0000	0.0002	0.0010	0.0039	0.0158	0.1015
2	0.0100	0.0201	0.0506	0.1026	0.2107	0.5754
3	0.0717	0.1148	0.2158	0.3518	0.5844	1.2125
4	0.2070	0.2971	0.4844	0.7107	1.0636	1.9226
5	0.4117	0.5543	0.8312	1.1455	1.6103	2.6746
6	0.6757	0.8721	1.2373	1.6354	2.2041	3.4546
7	0.9893	1.2390	1.6899	2.1673	2.8331	4.2549
8	1.3444	1.6465	2.1797	2.7326	3.4895	5.0706
9	1.7349	2.0879	2.7004	3.3251	4.1682	5.8988
10	2.1559	2.5582	3.2470	3.9403	4.8652	6.7372
11	2.6032	3.0535	3.8157	4.5748	5.5778	7.5841
12	3.0738	3.5706	4.4038	5.2260	6.3038	8.4384
13	3.5650	4.1069	5.0088	5.8919	7.0415	9.2991
14	4.0747	4.6604	5.6287	6.5706	7.7895	10.1653
15	4.6009	5.2293	6.2621	7.2609	8.5468	11.0365
16	5.1422	5.8122	6.9077	7.9616	9.3122	11.9122
17	5.6972	6.4078	7.5642	8.6718	10.0852	12.7919
18	6.2648	7.0149	8.2307	9.3905	10.8649	13.6753
19	6.8440	7.6327	8.9065	10.1170	11.6509	14.5620
20	7.4338	8.2604	9.5908	10.8508	12.4426	15.4518
21	8.0337	8.8972	10.2829	11.5913	13.2396	16.3444
22	8.6427	9.5425	10.9823	12.3380	14.0415	17.2396
23	9.2604	10.1957	11.6886	13.0905	14.8480	18.1373
24	9.8862	10.8564	12.4012	13.8484	15.6587	19.0373
25	10.5197	11.5240	13.1197	14.6114	16.4734	19.9393
26	11.1602	12.1981	13.8439	15.3792	17.2919	20.8434
27	11.8076	12.8785	14.5734	16.1514	18.1139	21.7494
28	12.4613	13.5647	15.3079	16.9279	18.9392	22.6572
29	13.1211	14.2565	16.0471	17.7084	19.7677	23.5666
30	13.7867	14.9535	16.7908	18.4927	20.5992	24.4776
31	14.4578	15.6555	17.5387	19.2806	21.4336	25.3901
32	15.1340	16.3622	18.2908	20.0719	22.2706	26.3041

（续表）

n/a	0.995	0.990	0.975	0.950	0.900	0.750
33	15.8153	17.0735	19.0467	20.8665	23.1102	27.2194
34	16.5013	17.7891	19.8063	21.6643	23.9523	28.1361
35	17.1918	18.5089	20.5694	22.4650	24.7967	29.0540
36	17.8867	19.2327	21.3359	23.2686	25.6433	29.9730
37	18.5858	19.9602	22.1056	24.0749	26.4921	30.8933
38	19.2889	20.6914	22.8785	24.8839	27.3430	31.8146
39	19.9959	21.4262	23.6543	25.6954	28.1958	32.7369
40	20.7065	22.1643	24.4330	26.5093	29.0505	33.6603
41	21.4208	22.9056	25.2145	27.3256	29.9071	34.5846
42	22.1385	23.6501	25.9987	28.1440	30.7654	35.5099
43	22.8595	24.3976	26.7854	28.9647	31.6255	36.4361
44	23.5837	25.1480	27.5746	29.7875	32.4871	37.3631
45	24.3110	25.9013	28.3662	30.6123	33.3504	38.2910

附表四　t 分布表

$$P\{|t(n)| > t_a\} = \alpha$$

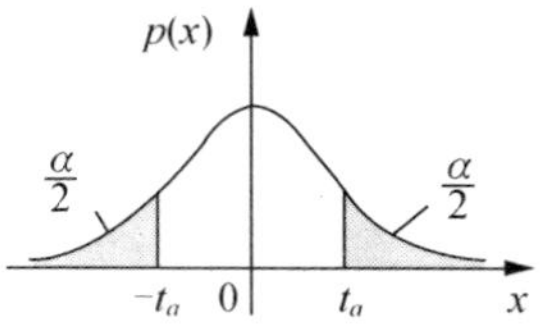

n/a	0.250	0.100	0.050	0.025	0.010	0.005	0.001
1	2.4142	6.3138	12.7062	25.4517	63.6567	127.3213	636.6192
2	1.6036	2.9200	4.3027	6.2053	9.9248	14.0890	31.5991
3	1.4226	2.3534	3.1824	4.1765	5.8409	7.4533	12.9240
4	1.3444	2.1318	2.7764	3.4954	4.6041	5.5976	8.6103
5	1.3009	2.0150	2.5706	3.1634	4.0321	4.7733	6.8688
6	1.2733	1.9432	2.4469	2.9687	3.7074	4.3168	5.9588
7	1.2543	1.8946	2.3646	2.8412	3.4995	4.0293	5.4079
8	1.2403	1.8595	2.3060	2.7515	3.3554	3.8325	5.0413
9	1.2297	1.8331	2.2622	2.6850	3.2498	3.6897	4.7809
10	1.2213	1.8125	2.2281	2.6338	3.1693	3.5814	4.5869
11	1.2145	1.7959	2.2010	2.5931	3.1058	3.4966	4.4370
12	1.2089	1.7823	2.1788	2.5600	3.0545	3.4284	4.3178
13	1.2041	1.7709	2.1604	2.5326	3.0123	3.3725	4.2208
14	1.2001	1.7613	2.1448	2.5096	2.9768	3.3257	4.1405
15	1.1967	1.7531	2.1314	2.4899	2.9467	3.2860	4.0728
16	1.1937	1.7459	2.1199	2.4729	2.9208	3.2520	4.0150
17	1.1910	1.7396	2.1098	2.4581	2.8982	3.2224	3.9651
18	1.1887	1.7341	2.1009	2.4450	2.8784	3.1966	3.9216
19	1.1866	1.7291	2.0930	2.4334	2.8609	3.1737	3.8834
20	1.1848	1.7247	2.0860	2.4231	2.8453	3.1534	3.8495
21	1.1831	1.7207	2.0796	2.4138	2.8314	3.1352	3.8193
22	1.1815	1.7171	2.0739	2.4055	2.8188	3.1188	3.7921
23	1.1802	1.7139	2.0687	2.3979	2.8073	3.1040	3.7676
24	1.1789	1.7109	2.0639	2.3909	2.7969	3.0905	3.7454

（续表）

n/a	0.250	0.100	0.050	0.025	0.010	0.005	0.001
25	1.1777	1.7081	2.0595	2.3846	2.7874	3.0782	3.7251
26	1.1766	1.7056	2.0555	2.3788	2.7787	3.0669	3.7066
27	1.1756	1.7033	2.0518	2.3734	2.7707	3.0565	3.6896
28	1.1747	1.7011	2.0484	2.3685	2.7633	3.0469	3.6739
29	1.1739	1.6991	2.0452	2.3638	2.7564	3.0380	3.6594
30	1.1731	1.6973	2.0423	2.3596	2.7500	3.0298	3.6460
31	1.1723	1.6955	2.0395	2.3556	2.7440	3.0221	3.6335
32	1.1716	1.6939	2.0369	2.3518	2.7385	3.0149	3.6218
33	1.1710	1.6924	2.0345	2.3483	2.7333	3.0082	3.6109
34	1.1703	1.6909	2.0322	2.3451	2.7284	3.0020	3.6007
35	1.1698	1.6896	2.0301	2.3420	2.7238	2.9960	3.5911
36	1.1692	1.6883	2.0281	2.3391	2.7195	2.9905	3.5821
37	1.1687	1.6871	2.0262	2.3363	2.7154	2.9852	3.5737
38	1.1682	1.6860	2.0244	2.3337	2.7116	2.9803	3.5657
39	1.1677	1.6849	2.0227	2.3313	2.7079	2.9756	3.5581
40	1.1673	1.6839	2.0211	2.3289	2.7045	2.9712	3.5510
41	1.1669	1.6829	2.0195	2.3267	2.7012	2.9670	3.5442
42	1.1665	1.6820	2.0181	2.3246	2.6981	2.9630	3.5377
43	1.1661	1.6811	2.0167	2.3226	2.6951	2.9592	3.5316
44	1.1657	1.6802	2.0154	2.3207	2.6923	2.9555	3.5258
45	1.1654	1.6794	2.0141	2.3189	2.6896	2.9521	3.5203

附表五　相关系数 r 的临界值表

df	$\alpha=0.05$	$\alpha=0.01$	df	$\alpha=0.05$	$\alpha=0.01$	df	$\alpha=0.05$	$\alpha=0.01$
1	0.997	1.000	16	0.468	0.590	35	0.325	0.418
2	0.950	0.990	17	0.456	0.575	40	0.304	0.393
3	0.878	0.959	18	0.444	0.561	45	0.288	0.372
4	0.811	0.917	19	0.433	0.549	50	0.273	0.354
5	0.754	0.874	20	0.423	0.537	60	0.250	0.325
6	0.707	0.834	21	0.413	0.526	70	0.232	0.302
7	0.666	0.798	22	0.404	0.515	80	0.217	0.283
8	0.632	0.765	23	0.396	0.505	90	0.205	0.267
9	0.602	0.735	24	0.388	0.496	100	0.195	0.254
10	0.576	0.708	25	0.381	0.487	125	0.174	0.228
11	0.553	0.684	26	0.374	0.478	150	0.159	0.208
12	0.532	0.661	27	0.367	0.470	200	0.138	0.181
13	0.514	0.641	28	0.361	0.463	300	0.113	0.148
14	0.497	0.623	29	0.355	0.456	400	0.098	0.128
15	0.482	0.606	30	0.349	0.449	1 000	0.062	0.081

参考文献

[1] 叶永春,张玲,毛建生,李涛.高职数学[M].北京:北京理工大学出版社,2011.

[2] 同济大学数学系.微积分[M].(第三版).北京:高等教育出版社,2010.

[3] 金路.微积分[M].北京:北京大学出版社,2006.

[4] 同济大学数学系.高等数学[M].(第六版).北京:高等教育出版社,2007.

[5] 顾静相.经济数学基础,[M].(第二版).北京:高等教育出版社,2004.

[6] 叶鹰,李萍,刘小茂.概率论与数理统计[M].(第二版).武汉:华中科技大学出版社,2004.

[7] 贺新瑜.应用数学(高职分册)[M].大连:东北财经大学出版社,2003.

[8] 同济大学概率统计教研组.概率统计[M].(第二版).上海:同济大学出版社,2000.

[9] 刘书田,冯翠莲,侯明华.微积分[M].(第二版).北京:北京大学出版社,2004.

[10] 冯翠莲,赵益坤.应用经济数学[M].北京:高等教育出版社,2006.

[11] 冉兆平.高等数学[M].上海:上海财经大学出版社,2006.

[12] 夏勇,汪晓空.经济数学基础(微积分及其应用)[M].北京:清华大学出版社,2004.

[13] 张凤祥,刘贵基.高等数学(微积分)[M].兰州:兰州大学出版社,2002.

[14] 冯红.高等代数全程学习指导[M].大连:大连理工大学出版社,2005.